高等职业教育电子信息类专业规划教材
GAO DENG ZHI YE JIAO YU DIAN ZI XIN XI LEI ZHUAN YE GUI HUA JIAO CAI

通信原理

（第2版）

沈保锁 孙小红 刘松 崔雁松 编著

人民邮电出版社
北京

图书在版编目（CIP）数据

通信原理 / 沈保锁等编著. -- 2版. -- 北京 : 人民邮电出版社, 2011.9(2020.1 重印)
高等职业教育电子信息类专业规划教材
ISBN 978-7-115-25995-0

Ⅰ. ①通… Ⅱ. ①沈… Ⅲ. ①通信原理－高等职业教育－教材 Ⅳ. ①TN911

中国版本图书馆CIP数据核字(2011)第135436号

内 容 提 要

本书是针对高等职业教育的特点，结合高职学生的特点和多年来高职教育的实践经验编写而成的。全书共分为 9 章，第 1 章绪论；第 2 章信号分析与信道；第 3 章模拟通信系统；第 4 章模拟信号的数字传输系统；第 5 章数字信号的基带传输系统；第 6 章数字信号的频带传输系统；第 7 章通信系统中的同步；第 8 章通信系统中的差错控制编码技术；第 9 章利用 System View 对通信系统进行仿真。在编写上力求通俗易懂、简化数学推导过程，适当增加例题和习题练习，适当淡化理论公式推导，强调应用。使学生通过学习本课程，掌握通信原理在编码、传输、调制及信道等方面的基本理论和分析方法，为学好通信及相关专业课程打好理论基础。

本书的特点是系统性强，内容编排连贯，突出基本概念、基本原理，减少不必要的数学推导和计算，各章均有小结及习题。

本书可以作为通信、电子信息、电子工程、自动化、计算机等专业高职高专、函授和成人教育的教材，也可供有关专业技术人员参考。

高等职业教育电子信息类专业规划教材

通信原理（第 2 版）

◆ 编　　著　沈保锁　孙小红　刘　松　崔雁松
　责任编辑　李　强

◆ 人民邮电出版社出版发行　　北京市丰台区成寿寺路 11 号
　邮编　100164　　电子邮件　315@ptpress.com.cn
　网址　http://www.ptpress.com.cn
　固安县铭成印刷有限公司印刷

◆ 开本：787×1092　1/16
　印张：13.75
　字数：341 千字　　　　2011 年 9 月第 2 版
　印数：15 401—16 000 册　　2020 年 1 月河北第 12 次印刷

ISBN 978-7-115-25995-0

定价：28.00 元

读者服务热线：(010)81055488　印装质量热线：(010)81055316

反盗版热线：(010)81055315

再版前言

本书以各种基本通信系统为主线，共分为 9 章。第 1 章从系统出发，给出了通信系统的通用模型；第 2 章把通信原理中涉及的数学定义、公式和理论集中到一起，不追求数学上烦琐的推导；第 3 章到第 8 章，每章都以通信系统的通用模型的框图为线索，介绍了模拟通信系统、模拟信号的数字传输系统、数字信号的基带传输系统、数字信号的频带传输系统、通信系统中的同步、通信系统中的差错控制编码技术的基本原理、基本概念和相关技术。此次再版，在原版理论知识的基础上，又加入了一些实用的典型通信系统，使抽象的内容具有真实性和实用性。第 9 章为新增章节，介绍了通信仿真软件 System View 的使用和仿真操作实验，通过仿真软件的相关实验，起到对理论的验证作用。

本书在内容选择方面注重体现职业教育的特色，强调物理概念，注意实用性及其与后续课程的衔接；力求系统地阐述现代通信系统的基本原理和新技术，突出系统的基本分析方法、工作原理和信号流程，以便建立数字通信的整体概念；注重数字通信技术核心内容的阐述；每章末附有习题或思考题。

本书可作为高职高专通信、电子、信息工程类专业的教材，也可供应用型本科、电大、函大、成人自考等相关专业选用，还可供相关工程技术人员参考。

编　者

目　　录

第 1 章　绪　　论

1.1　通信的概念

在人类社会里，为满足生产和生活的需要，人们在进行思想感情的交流以及知识的获取等方面都离不开信息的传递。古代的烽火台、金鼓、旌旗；当今的书信、电报、电话、可视电话、电视等都是传递信息的方式。广义地说，通信就是由一地向另一地传递信息。

随着人类社会文明、科学技术的发展，通信所传递的信息形式越来越多，不仅有语言、符号、文字、音乐，还包括数据、图片、图像和文本等。实现这些消息的传递可采用各种各样的通信方式，在诸多通信方式中，利用“电”来传递信息的通信方式——电通信，能使消息几乎在任意通信距离上实现既迅速、有效，又准确、可靠的传递，缩短了通信双方的时间和距离的差异，因而得到飞速的发展及广泛的应用。电话、传真、可视电话、数据传输、电视、广播、雷达、遥测、遥控等均属于 “电”通信方式。本书所讲的通信即为“电”通信，简称通信。

1.2　通信系统模型

1.2.1　通信系统模型

通信是由通信系统来实现的，通信系统是指完成信息传输过程的全部设备和传输媒介。点对点通信系统的模型如图 1-1 所示，它可将消息从发送端送到接收端。图 1-1 中，信息源的作用是把各种可能的消息转换成原始电信号；为了使这个原始电信号适合在信道中传输，在发送端通过发送设备对其进行某种变换后送入信道；信道是指信号的传输媒介；在接收端，接收设备的功能与发送设备的功能相反，它能从接收信号中恢复出相应的原始电信号，而受信者（或信息宿）是将原始电信号复原转换成相应的消息；图中的噪声源是信道中的噪声以及分散在通信系统其他各处噪声的集中表示。

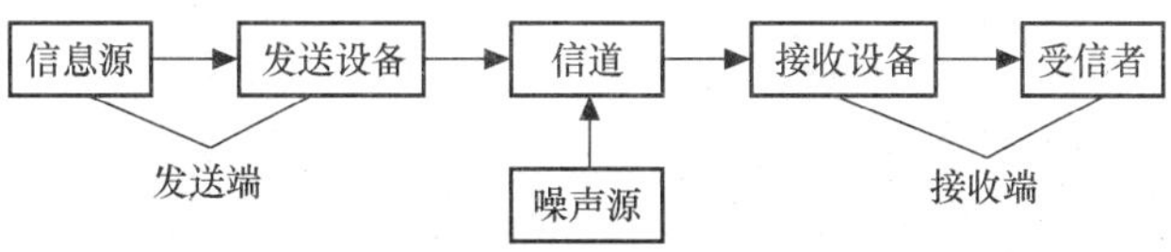

图 1-1　通信系统的模型

上述通信系统的模型表示了通信系统的基本组成。根据我们所研究的对象及所涉及问题的不同，将会选择不同形式的较具体的通信系统模型。本书就是围绕与通信系统模型有关的通信原理及基本理论进行讨论的。

1.2.2 模拟通信系统模型

通信所传输的各种消息可分成两大类：一类是状态连续变化的消息——连续消息（或模拟消息），如连续变化的语言、图像等；另一类是消息的状态是可数的或离散的消息——离散消息（或数字消息），如符号、文字和数据等。

为了传递消息需将各种消息转换成电信号参数的变化。这种转换就是在消息与电信号的某一参量或几个参量间建立起一一对应的关系。若消息为离散消息，它所对应的电信号参量是离散取值的，该信号为数字信号；若消息为连续消息，它所对应的电信号参量是连续取值的，这样的信号为模拟信号。我们按信道中传输信号的特征是模拟信号还是数字信号，相应地把通信系统分为模拟通信系统和数字通信系统。

此外，可以采用数字通信系统来传递模拟信号。它是在发送端先将模拟信号变换成数字信号（A/D 转换），再经数字通信系统传输后，在接收端再进行相反的转换（D/A 转换），还原出模拟信号。

模拟通信系统的模型如图 1-2 所示。其中包含两种重要的变换：一是在发送端将连续消息变换成原始电信号，或在接收端作相反变换，它是由信息源或受信者完成；二是在发送端将原始电信号转换成其频带适合于信道传输的信号或在接收端作相反变换，即调制或解调，它们由调制器或解调器完成。经第一种变换所得到的原始电信号具有较低的频谱分量，一般不宜直接进行远距离传输，因此在模拟通信系统中常常需要进行第二种变换。通常我们将在发送端调制前或接收端解调后的信号称为基带信号，因此原始电信号又称基带信号，而经过调制的信号称已调信号。调制的目的主要有 3 方面：①将基带信号变换为适合于信道传输的频带信号，如在无线通信中，必须将基带信号运载在高频上才能发射出去；②改善系统性能；③实现信道复用，提高信道利用率。

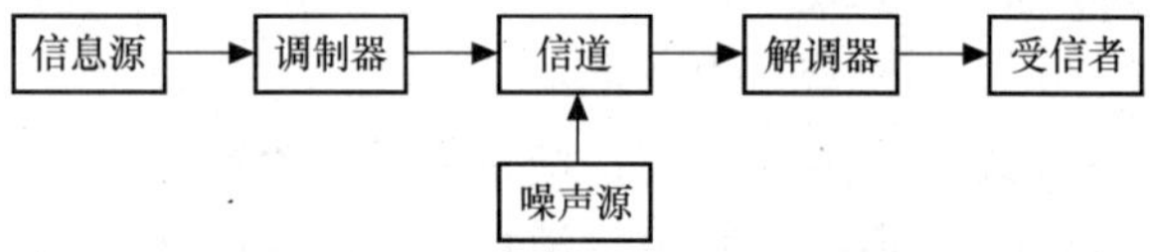

图 1-2 模拟通信系统模型

除了上述两个变换外，模拟通信系统中还包括滤波、放大、变频及二/四线转换等环节。本书重点介绍两个变换及反变换，其他部分的重要环节也给予简要介绍。

从模拟通信系统模型可看出，模拟通信研究的基本问题包括：①收发两端的换能过程及基带信号的特性；②调制与解调原理；③信道与噪声特性及其对信号传输的影响；④存在噪声条件下的系统性能等。

1.2.3 数字通信系统模型

数字通信系统的模型如图 1-3 所示。在数字通信中，必须保证接收端数字信号与发送端数字信号有一致的节拍，否则就会使收发步调不一致，而造成数据混乱，使传输出错。这个节拍我们称为同步。图 1-3 中应包含同步环节，但由于数字通信中有 3 种同步方式，且每种方式的位置又不是固定的，故图中没有示出。

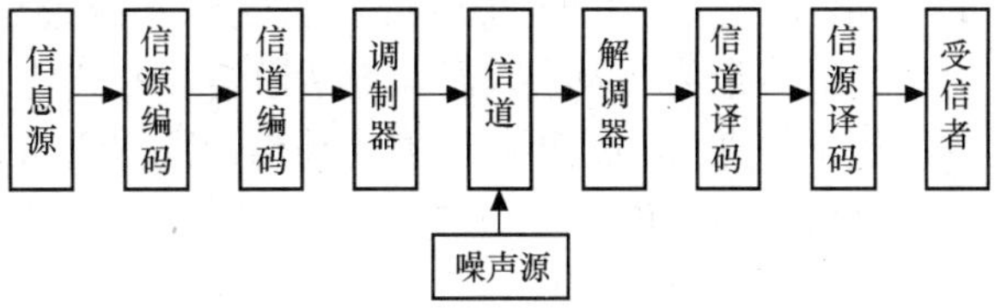

图 1-3 数字通信系统模型

图 1-3 中，编码和译码组成一对环节，编码包括信源编码和信道编码。信源编码的主要任务是提高数字信号传输的有效性，包括数/模转换和数据压缩。若从信息源传来的信号是模拟信号，则先要进行 A/D 转换，信源编码的输出就是信息码。此外，信源编码还包括数据扰乱、数据加密、话音和图像压缩编码等。信道编码的主要任务是提高数字信号传输的可靠性。由于数字通信在信道传输过程中混入的噪声或干扰会造成数字信号传输的差错，需通过差错控制编码来实现差错控制，以提高系统的可靠性。

调制器与解调器构成一对环节，其作用与模拟通信系统中的调制与解调作用相同，不同的是这里的调制与解调的是数字信号。数字通信系统中，基带信号仍是调制器前和解调器后的信号，信道中传输的调制后的信号为已调信号。

上述所列数字通信的有些环节（如编码与译码、调制与解调）并不是必需的，它可根据不同的条件和要求决定是否采用。没有调制器与解调器环节，直接传输基带信号的数字通信系统称为数字基带传输系统。

从数字通信系统模型可看出，数字通信研究的基本问题包括：①收、发两端的换能过程，模拟信号数字化及数字式基带信号的特征；②数字调制与解调原理；③信道与噪声的特性及其对信号传输的影响；④抗干扰编码和译码，即差错控制编码；⑤通信保密；⑥同步。

目前，无论是模拟通信还是数字通信，都是已经获得广泛应用的通信方式。综合模拟通信和数字通信的各自特点，数字通信与模拟通信相比有以下优点。

① 数字传输的抗噪声（即抗干扰）能力强，数字信号传输中可通过中继再生消除噪声的累积。

② 数字通信可以通过差错控制编码技术，提高通信的可靠性。

③ 便于利用现代数字信号处理技术对数字信息进行处理。

④ 数字信息易于加密，且保密性强。

⑤ 数字通信可以传递各种消息（模拟的和离散的），使通信系统灵活性好、通用性强。

⑥ 数字通信采用数字集成电路，具有体积小、重量轻、可靠性高及调整调试方便的优点。

但是，数字通信与模拟通信相比较为突出的缺点是其信号占有的频带宽。如一路模拟电话仅占 4kHz 带宽，而一路数字电话要占 20～64kHz 的带宽。然而由于毫米波通信和光纤通信的出现，带宽问题得到解决，数字通信将逐步取代模拟通信。

本书以下各章将分别对上述两种通信系统中的基本问题进行较为详细的讨论。

1.3 通信系统的分类及通信方式

1.3.1 通信系统的分类

通信系统有多种分类方法，下面介绍常见的 5 种通信系统的分类方法。

1．按通信业务类型分类

根据通信业务类型的不同，通信系统可分为电报通信系统、电话通信系统、数据通信系统、图像通信系统等。由于电话通信网最为普及，因而除电话通信外的其他一些通信业务也常通过公共电话通信网进行传输，如电报通信和远距离计算机通信（数据通信）都可通过电话信道传输。现在建成的综合业务数字通信网（ISDN）适应于多种类型业务的信息传递。

2．按调制方式分类

按照信道中传输的信号是否经过调制，可将通信系统分为基带传输和频带传输。基带传输是将未经调制的信号直接传输，如远距离音频电话、有线广播等；频带传输是将基带信号经调制后送入信道传输。调制方式很多，常用的调制方式及用途如表1-1所示。

表1-1　　常用调制方式及用途

调制方式			用途举例
连续波调制	线性调制	振幅调制（AM）	广播
		单边带调制（SSB）	载波通信、短波无线电话通信
		抑制载波双边带调制（DSB）	立体声广播
		残留边带调制（VSB）	电视广播、传真
	非线性调制	频率调制（FM）	微波中继、卫星通信、广播
		相位调制（PM）	中间调制方式
连续波调制	数字调制	幅移键控（ASK）	数据传输
		频移键控（FSK）	数据传输
		相移键控（PSK）、DPSK等	数据传输、数字微波、空间通信
		其他高效数字调制QAM、MSK等	数字微波、空间通信
脉冲调制	脉冲模拟调制	脉幅调制（PAM）	中间调制方式、遥测
		脉宽调制（PDM、PWM）	中间调制方式
		脉位调制（PPM）	遥测、光纤传输
	脉冲数字调制	脉码调制（PCM）	市话中继线、卫星、空间通信
		增量调制DM（ΔM）、CVSD等	军用、民用数字电话
		差分脉码调制（DPCM）	电视电话、图像编码
		其他话音编码方式ADPCM、LPC等	中速数字电话

3．按信号特征分类

按照信道中传输的是模拟信号还是数字信号，可相应地把通信系统分为模拟通信系统和数字通信系统两类。模拟通信系统传输的是模拟信号，数字通信系统则传输数字信号。

4．按传输媒介分类

按传输媒介，通信系统分为有线通信系统和无线通信系统。有线通信系统以传输缆线作为传输媒介，传输媒介包括电缆通信、光纤通信等；无线通信系统是无线电波在自由空间传播信息，包括微波通信、卫星通信等。

5．按信号复用方式分类

按信号复用方式，通信系统又可分为频分复用（FDM）、时分复用（TDM）和码分复用（CDM）等系统。频分复用是用频谱搬移的方法使不同信号占据不同的频率范围；时分复用是用抽样或脉冲调制方法使不同信号占据不同的时间区间；码分复用则是用互相正交的码型来区分多路信号。

传统的模拟通信中大都采用频分复用，如广播、电视通信。随着数字通信的发展，时分复用通信系统得到了广泛的应用。码分复用在现代通信系统中获得广泛应用，如卫星通信系统、移动通信系统和光纤通信系统。

1.3.2 通信方式

通信系统中有多种通信方式，它可按不同的方法划分如下。

1. 按传输的方向与时间关系划分

对于点对点的通信，按传输的方向与时间关系，通信方式可分单工通信、半双工通信及全双工通信3种。

单工通信是指消息只能单方向传输的工作方式，如图1-4（a）所示。例如广播、电视、遥测等都是单工通信方式。

半双工通信是指通信的双方都能收发信息，但各方不能同时进行收发信息的通信方式，如图1-4（b）所示。例如无线电对讲机和普通无线电收发报机等是半双工通信方式。

全双工通信是指通信的双方都可同时收发信息的通信方式，如图1-4（c）所示。例如普通电话、计算机通信网络等采用的就是全双工通信方式。

2. 按数字信号码元排列方法划分

在数字通信中按数字信号码元排列方法不同，可划分为串序传输和并序传输两种通信方式。串序传输是将数字信号码元序列按时间顺序一个接一个地在信道中传输，如图1-5（a）所示，如计算机网络通信。

并序传输是将数字信号码元序列分割成两路或两路以上的数字信号码元序列同时在信道中传输，如图1-5（b）所示。例如计算机和打印机之间的数据传输。

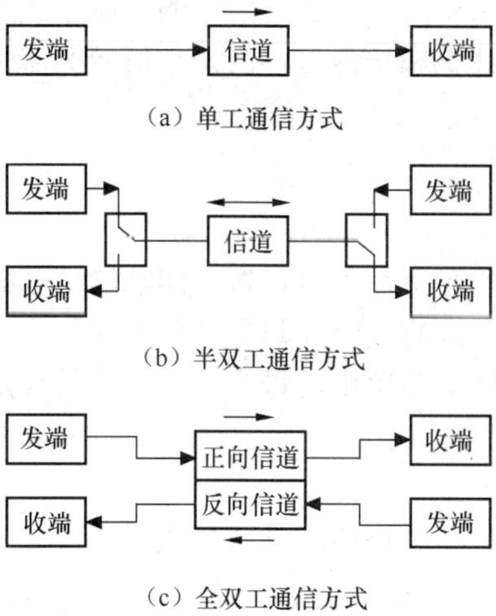

（a）单工通信方式

（b）半双工通信方式

（c）全双工通信方式

图1-4 通信方式示意图

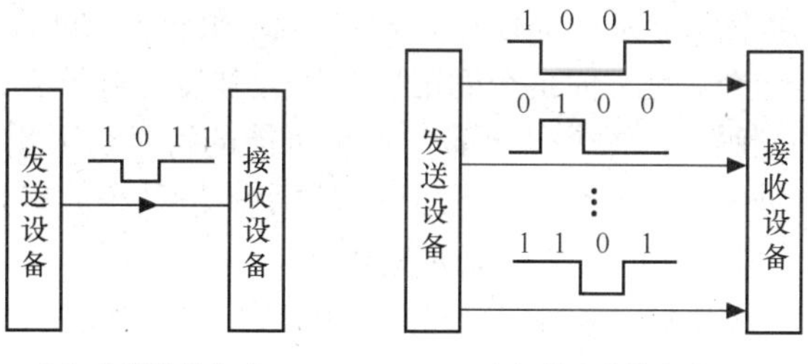

（a）串序传输方式 （b）并序传输方式

图1-5 串序和并序传输方式

串序传输方式只需一条通路，线路成本低，适合于长距离的通信；而并序传输方法需要多条通路，线路成本高，传输速度快，适合于短距离的通信。

3. 按照网络结构划分

通信系统按照网络结构划分为专线和通信网两类。点对点的通信是专线通信；多点间的通信属网通信。网通信的基础仍是点对点的通信。

1.4 通信系统的主要性能指标

设计和评价一个通信系统，往往要涉及许多性能指标，如系统的有效性、可靠性、适应性、经济性、标准性及使用维护方便性等。这些指标可从各个方面评价通信系统的性能，但从研究信息传输方面考虑，通信的有效性和可靠性是通信系统中最主要的性能指标。有效性主要是指消息传输的“速度”问题，而可靠性主要是指消息传输的“质量”问题。由香农（Shannon）定理可知，系统的带宽能够决定信号的极限传输速度。信号在传输过程中的噪声干扰和信道特性不理想使信号产生畸变，造成接收信号与发送信号间出现差异，影响了通信质量。有效性和可靠性的要求是相互矛盾而又相互联系的。提高有效性会降低可靠性，反之亦然。因此在设计通信系统时，对二者应统筹考虑。

1.4.1 模拟通信系统的性能指标

在模拟通信系统中，有效性是利用消息传输速度（即单位时间内传输的信息量）或者有效传输频带来衡量的。同样的消息采用不同的调制方式，则需要不同频带的宽度。频带宽度越窄，则有效性越好。如传输一路模拟电话，单边带信号只需要 4kHz 带宽，而常规调幅需要 8kHz 的带宽，因此在一定频带内用单边带信号传输的路数比标准调幅信号多一倍，显然，单边带系统的有效性比标准调幅系统要好。

模拟通信系统的可靠性用接收机输出端的信噪比（即输出信号平均功率与噪声平均功率的比值）来衡量，如通常电话要求信噪比为 20～40dB，电视则要求 40dB 以上。输出信噪比越高，通信质量越好，它除了与信号功率和噪声功率的大小有关外，还与信号的调制方式有关。如调频信号的抗噪声性能（输出信噪比/输入信噪比）比调幅信号好，但调频信号所需传输频带要宽于调幅信号。

1.4.2 数字通信系统的性能指标

在数字通信系统中，常常用相同的时间间隔去表示一个 N 进制信号，每个间隔的信号都是一个码元，而这个间隔就是码元宽度。对于 N 进制通信系统的每个 N 进制信号都是一个 N 进制码元，每个码元都有 N 种可能的符号可采用。二进制通信系统中的每个二进制信号都是二进制码元 0 或 1。下面讨论数字通信系统的有效性和可靠性问题。

1. 数字通信系统的有效性

数字通信系统的有效性可用码元速率、信息速率及系统带宽利用率这 3 个性能指标来描述。

（1）码元速率 R_B

码元速率 R_B 又称码元传输速率或传码率。它被定义为每秒所传送的码元数目，单位为“波特（Baud）”，常用符号“B”或“Bd”表示。

（2）信息速率 R_b

信息速率 R_b 又称信息传输速率或传信率。它被定义为每秒所传输的信息量，单位为“比特/秒”，或记为 bit/s（也可写成 bps）。

由于每位二进制数都包含有 1bit 的信息量，因此信息速率也就是每秒传输的二进制码元数。对于二进制码元的传输，码元速率与信息速率相等即 $R_B=R_b$；而对于 N 进制码元的传输来说，由于每一位 N 进制码元可用 $\log_2 N$（$N=2^K$，K 为每位 N 进制码元所用二进制码元表示的位数）个二进制码元表示，传输一个 N 进制码元相当于传输了 $\log_2 N$ 个二进制码元，因此信息速率与码元速率的关系是：

$$R_b = R_B \log_2 N \text{ (bit/s)} \tag{1.1}$$

对于不同进制通信系统来说，码元速率高的通信系统，其信息速率不一定高。因此在对它们的传输速度进行比较时，不能直接比较码元速率，需将码元速率换算成信息速率后再进行比较。

（3）系统的频带利用率

在比较两个通信系统的有效性时，仅从传输速率上看是不够的，还应考察系统所使用频带的大小。这是因为香农定理指出通信系统的频带影响传输信息的能力。衡量系统效率的另一个指标是系统频带的利用率。通信系统的频带利用率定义为每秒在单位频带上传输的信息量，单位为比特/秒·赫兹或记为 bit/s·Hz。不同的调制方式具有不同的频带利用率，如二进制振幅调制系统频带利用率为 1/2。系统的频带利用率越高，其有效性发挥得越好。

2. 数字通信系统的可靠性

由于在数字通信系统中（尤其是信道中）存在干扰，接收到的数字码元可能会发生错误，而使通信的可靠性受到影响。数字通信系统的可靠性指标主要用误码率 P_e 或误信率 P_b 衡量。

（1）误码率 P_e

误码率是指通信过程中，系统传错码元的数目与所传输的总码元数目之比，也就是传错码元的概率，即

$$P_e = \frac{\text{传错码元的数目}}{\text{传输的总码元数目}} \tag{1.2}$$

（2）误信率 P_b

误信率又称误比特率，是指错误接收的信息量（传错的比特数）与传输的总信息量（传输的总比特数）的比，即

$$P_b = \frac{\text{传错比特的数目}}{\text{传输的总比特数目}} \tag{1.3}$$

显然，在二进制通信系统中有 $P_e = P_b$。

通信系统中存在误码是不可避免的。不同的应用场合对误码率的要求也不一样，如数字电话通信中误码率在 10^{-3}～10^{-6} 即可满足正常通话的要求；而计算机通信中对可靠性要求更高，误码率更小。为减小误码率，可采取减小干扰、改进调制方式和解调方法及采用差错控制措施等方案。

1.5　通信的发展历史及趋势

1.5.1　通信系统的发展历史

自从有了人类社会以来，通信就产生并逐步发展起来。按照通信交流方式与技术的不同可以将通信的发展划分为 4 个历史阶段。第一阶段是语言通信，人们通过人力、马力以及烽火台等原始通信手段传递消息；第二阶段是出现文字后的邮政通信；第三阶段是电气通信时代，其主要代表性的通信方式是电话、电报和广播等；第四阶段是信息时代，它不仅要求对信息的

传递，还包括了对信息的存储、处理和加工，其主要代表为计算机网络和信息高速公路等。

真正有实用意义的电通信起源于 19 世纪 30 年代。1835 年，莫尔斯电码出现；1837 年，莫尔斯电磁式电报机出现；1866 年，利用大西洋海底电缆实现了越洋电报通信；1876 年，贝尔发明了电话机，开始了有线电报、电话通信，使消息传递既迅速又准确。

19 世纪末，出现了无线电报；20 世纪初电子管的出现使无线电话成为可能。从 20 世纪 60 年代以来，随着晶体管、集成电路的出现和应用，无线电通信迅速发展，无线电话、广播、电视和传真通信相继出现并发展起来。

进入 20 世纪 80 年代以来，随着人造卫星的发射，电子计算机、大规模集成电路和光导纤维等现代化科学技术成果的问世和应用，特别是数字通信技术的飞速发展，进一步促进了微波通信、卫星通信、光纤通信、移动通信和计算机通信等各种现代通信系统的竞相发展，以不断满足人们在各个方面对通信的越来越高的要求。

1.5.2 通信系统的发展趋势

通信就意味着信息的传递和交换，在当代社会中，信息的交换日益频繁，随着通信技术和计算机技术的发展及它们的密切结合，已能克服空间和时间的限制，大量的、远距离的信息传递和存取已成为可能。展望未来通信技术正在向数字化、智能化、综合化、宽带化、个人化方向迅速发展，各种新的电信业务也应运而生，朝着信息服务多种领域广泛延伸。未来通信将在以下 7 个领域快速发展。

① 传输在向高速、大容量、长距离发展，光纤传输速率越来越高，波长从 1.3m 发展到 1.55m 并已大量采用。波分复用技术已进入实用阶段，相干光通信、光孤子通信已取得重大进展。光放大代替光电转换中继器可使无中继距离延长到几百甚至上千公里。无线传输包括微波接力和卫星通信已由 4/6GHz 的 C 频段发展到 11/14GHz 的 Ku 频段，并在向 20/30GHz 的 Ku 频段甚至更高发展，这样不但扩充了可用频段，而且大大地增加了容量。传输复用采用同步数字系列 SDH 使各国复用系列得到了统一，上下电路则更为灵活。同时采用数字交叉连接设备（DXC）使传输网上具有电路群交换功能，大大便利了组网，并提高了网的效率和可靠性。

② 交换技术发展趋势：一个是增大单个交换机的容量，目前技术上已可达到几十万线；二是实行分散化和采用模块技术，使之更接近用户以缩短用户线。模块的功能也在不断提高。更多应用了计算技术，如总线技术、并行技术等，使交换机结构上更为合理。另一个趋势是为了适应传递宽带信号的要求发展宽带交换。目前以快速分组交换为原理的异步转移模式 ATM 作为宽带交换技术基础已成为定论。

③ 数据网的速率越来越高、DDN 已可达 149Mbit/s，同时随着传输质量的提高、误码率的减少，网的规程简化，出现帧中继方式。另外随着美国的因特网计算机通信网向国际发展，TCP/IP 协议的应用范围越来越广，各种服务器、连接器也层出不穷，得到大量应用。

④ 为了克服每种业务（电报、电话、数据、图像）建单独网的缺陷，更好地满足用户多种业务的需要，通信网在向综合业务网发展。目前以两个话路带宽加一个信令通道（2B+D，144kbit/s 宽带）为单元的宽带综合业务网已在使用，在发达国家已达到电话用户的 1%～5%。宽带网正在大力开发中。

⑤ 随着通信接续的自动化，原来由话务员、报务员操作的功能已转由用户自己来操作。随着技术的发展，通信网可提供更多的功能。因此把由用户来判断、操作的相当部分功能交

给通信网来进行，从而使通信网具有人工智能功能，这是通信发展的智能化方向。目前已有一批智能业务，使用最广泛的如被叫集中付费、转移呼叫、电话卡、语言信箱等业务，随着需求和技术的发展，还将有更多的智能业务被开发。

⑥ 随着人的流动性增加，移动通信使用越来越广泛，技术发展也非常快。从无绳电话、寻呼到蜂窝式移动电话。下一步发展目标是实现个人化，即一个人在任何地方均可以用一号码实现主叫和被叫通信，这样号码就不是分配给固定地点的固定终端，而是分配给特定的人。为了实现更大覆盖，除了地面手段外，卫星移动通信正在取得进展。在业务上除了移动电话外，移动数据通信发展也很快。

⑦ 由于综合业务，尤其是宽带业务的发展使得用户接入成为突出的问题，因此目前重点为接入网工程，已开始有采用原电话对称铜线提高使用频率，原电缆电视的同轴线与光纤混合，使用全光纤、无线接入等多种方式。这是一个正在蓬勃发展的领域。

习　题

1-1　什么是模拟通信？什么是数字通信？数字通信有哪些优缺点？

1-2　模拟通信和数字通信系统模型中的各主要组成部分功能是什么？

1-3　模拟通信和数字通信研究的基本问题各是什么？

1-4　按照调制方式、通信业务类型、信号特征、传输媒介及复用方式，分别指出通信系统是如何分类的？

1-5　按数字信号码元排列方法划分了哪两类通信方式？各有何优缺点？

1-6　以无线广播和电视为例，说明图 1-1 模型中信息源、受信者及信道包含的具体内容是什么？

1-7　按消息的物理特征，通信系统如何分类？

1-8　按调制方式，通信系统如何分类？

1-9　模拟通信和数字通信系统主要性能指标是什么？它们是如何定义的。

1-10　某一数字通信系统传输的是四进制码元，4 秒钟传输了 8000 个码元，求系统的码元速率是多少？信息速率是多少？若另一通信系统传输的是十六进制码元，6 秒钟传输了 7200 个码元，求它的码元速率是多少？信息速率是多少？并指出哪个系统传输速度快。

1-11　一个四进制数字通信系统，码速率为 1kBd，连续工作 1 小时后，接收到的错码为 10 个，求误码率。

1-12　设一数字传输系统传递二进制码元的速率为 1200B，试求该系统的信息传输速率，若该系统改为八进制码元传递，传码率仍为 1200B，此时信息传输速率又为多少？

1-13　已知二进制数字信号的传输速率为 2400bit/s。试问变换成 4 进制数字信号时，传输速率为多少波特？

第 2 章 信号分析与信道

在通信系统的研究中，人们感兴趣的是信号怎样在通信系统中传输。因此，了解描述信号特征的时域与频域等概念及利用这些知识对信号进行处理时所涉及的相关基础知识就显得十分重要。尽管信号原本表示的是物理量，但当其变换为用数学函数表示时，信号的相关问题就变为如何处理这些函数的数学问题了。

2.1 信号分析

在通信理论中，首先要弄清消息、信号与信息这些基本的概念。

2.1.1 消息与信号

消息是通信系统要传输的对象，如话音、图像、数据、文字等。信号是消息的载体，而消息是信号的具体内容。在消息中包含一定的信息，但消息的传送一般都不是直接的，它必须借助一定形式的信号（如光信号、电信号等），才能传输和进行各种处理。

所谓信号就是随时间变化的某物理量（电压或电流）。在数学上，信号可以描述为时间的函数 $f(t)$。如声音是随时间变化的一维函数 $f(t)$，电视图像是随随时间变化的二维函数，可以用 $f(x,t)$ 表示。

根据信号的特征，可以将各类信号进行分类，如周期信号与非周期信号、确知信号与随机信号、能量信号与功率信号等，下面就将各类信号进行简要介绍。

1. 周期信号与非周期信号

周期信号是指经过一定时间可以重复出现的信号，满足条件

$$f(t+nT)=f(t) \tag{2.1}$$

式中，T——周期，$T=2\pi/\omega_0$；

ω_0——基频；

$n=0,\pm1,\cdots$

例如，正弦波信号、矩形脉冲等信号，即为周期信号。图 2-1 为一周期信号的波形。

非周期信号是不会重复出现的信号。例如，说话的话音信号、锤子的敲击力、承载缆绳断裂时的应力变化、热电偶插入加热炉中温度的变化过程等，这些信号都属于瞬变非周期信号。图 2-2 为一非周期信号的波形。

2. 确知信号与随机信号

确知信号是指信号可以被表示为唯一确定的时间函数。对于指定的某一时刻，可有确定的函数值相对应。如：$f(t)=\cos\omega_0 t$，如图 2-3 所示。

随机信号不能用数学关系式描述，其幅值、相位变化是不可预知的，所描述的物理现象是一种随机过程。例如，汽车奔驰时所产生的振动、飞机在大气流中的浮动、树叶随风飘荡、

环境噪声等，如图 2-4 所示。

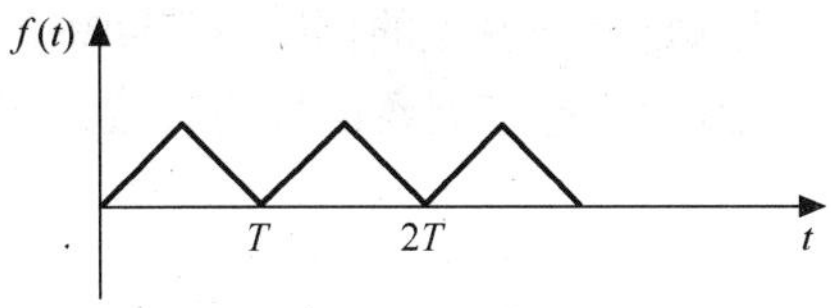

图 2-1　周期信号波形

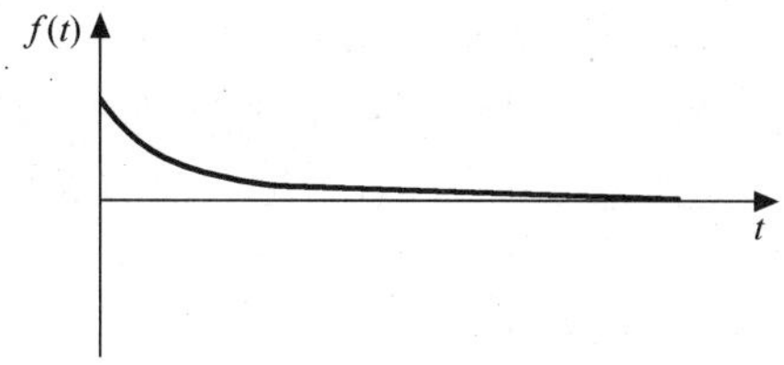

图 2-2　非周期信号波形

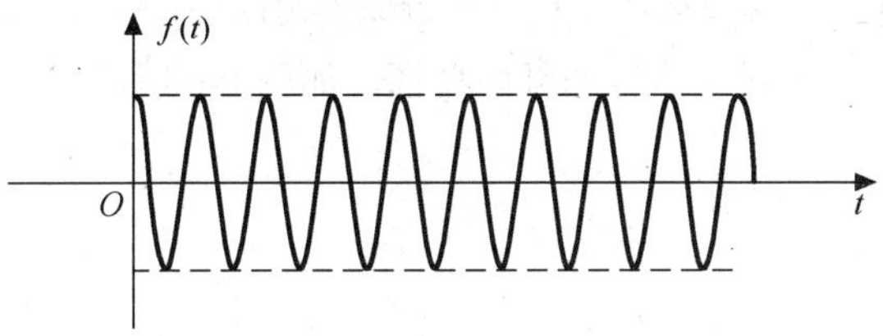

图 2-3　确知信号

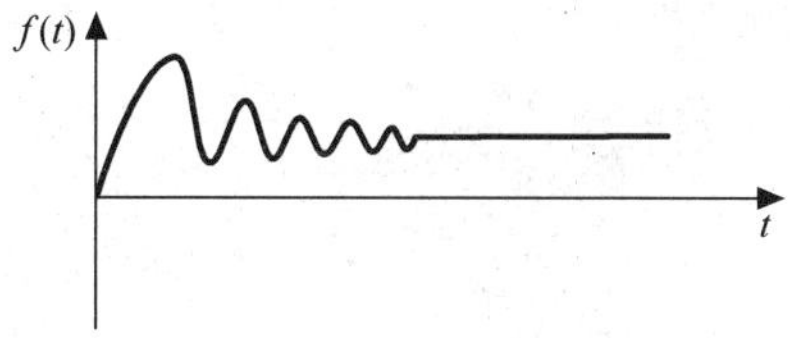

图 2-4 随机信号

3. 能量信号与功率信号

信号的归一化能量定义为由电压（或电流）$f(t)$ 加于单位电阻（1Ω）上所消耗的能量。设能量为 E，则它定义为

$$E=\int_{-\infty}^{\infty} f^2(t)\mathrm{d}t \tag{2.2}$$

由此看出，信号能量的概念只有在式（2.2）的积分值存在时才有意义。能量为有限的信号通常称为能量信号。一般持续时间受限的波形，例如脉冲式信号都具有能量的意义。但像周期性信号，由于它导致积分值无穷大，故其能量的概念是无意义的。

在能量无意义的情况下，我们可以考虑信号的平均功率。因为当信号能量趋于无穷大时，其平均功率是可以存在的，即下式的极限存在

$$S=\lim_{T\to\infty}\frac{1}{T}\int_{-T/2}^{T/2} f^2(t)\mathrm{d}t \tag{2.3}$$

这里，S 表示平均功率（简称功率），T 为平均（或观察）的时间区间。这种能量为无穷大而功率为有限的信号就称为功率信号。它可以被理解成信号电压在单位电阻上（或信号电流通过单位电阻）所消耗的平均功率。

应当指出，因为能量信号的平均功率为零，故研究其功率无实际价值。同样，由于功率信号的能量必为无穷大，故研究其能量也无意义。另外，周期信号必然是功率信号，但功率信号并非一定是周期信号。

2.1.2　信号分析

在通信理论中，信号分析是一个非常重要的环节，在学习过程中，应注意将数学概念、物理概念、工程概念相结合。信号分析的核心内容是信号分解，即将一个复杂信号分解为一些基本信号的线性组合。尽管通信系统中的信号不都是单频正弦波信号或余弦波信号，但所有的信号都可以用一个正弦或余弦函数的组合来表示。

信号分析本质上是对一个信号的电压（或电流）、频率、带宽等的数学分析。电压、电流是随时间、频率变化的，可以在时间域或频率域中进行分析。分析信号时，信号需要在两

个域之间来回变换。

1. 信号的时域

时域（时间域）——自变量是时间，即横轴是时间，纵轴是信号变化的幅度。其动态信号 $f(t)$ 是描述信号在不同时刻取值的函数。在实验室中可以用示波器来观察信号的时域波形，如图 2-5 所示。

2. 信号的频域

频域（频率域）——自变量是频率，即横轴是频率，纵轴是该频率信号的幅度，信号的幅度随频率变化的曲线就是通常说的频谱图。因此频谱图描述了信号的频率结构及频率与该频率信号幅度的关系。在实验室中可以用频谱分析仪来观察信号的频域特征，如图 2-6 所示。

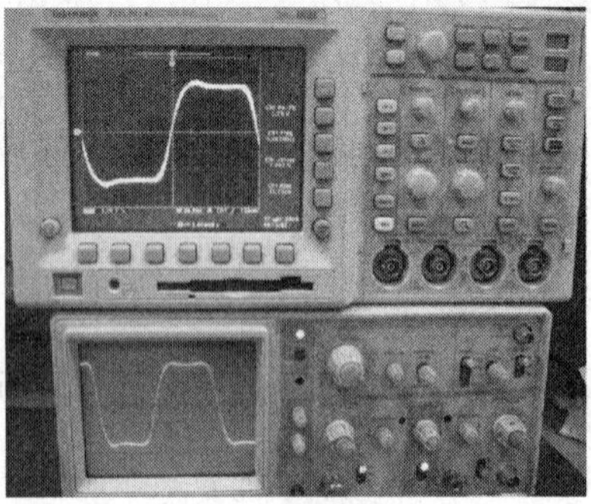

图 2-5 用示波器观察到的信号波形

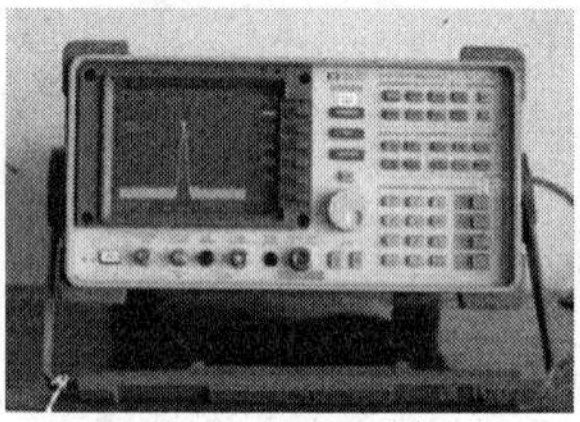

图 2-6 用频谱分析仪观察到的信号频谱

对信号进行时域分析时，有时一些信号的时域参数相同，但并不能说明信号就完全相同。因为信号不仅随时间变化，还与频率、相位等信息有关，这就需要进一步分析信号的频率结构，并在频率域中对信号进行描述。

时域和频域是可以相互转换的，时间域变换到频率域主要通过傅里叶级数和傅里叶变换实现。周期信号用傅里叶级数，非周期信号用傅里叶变换。

2.1.3 周期信号的傅里叶级数

一个周期为 T 的周期信号 $f(t)$，可以展开为如下的三角傅里叶级数

$$f(t)=\frac{a_0}{2}+\sum_{n=1}^{\infty}(a_n\cos n\Omega t+b_n\sin n\Omega t) \tag{2.4}$$

或

$$f(t)=\frac{a_0}{2}+\sum_{n=1}^{\infty}A_n\cos(n\Omega t+\varphi_n)=\frac{A_0}{2}+\sum_{n=1}^{\infty}A_n\cos(n\Omega t+\varphi_n) \tag{2.5}$$

其中，系数为

$$A_0=a_0=\frac{2}{T}\int_{-T/2}^{T/2}f(t)\mathrm{d}t$$

$$a_n=\frac{2}{T}\int_{-T/2}^{T/2}f(t)\cos n\Omega t\mathrm{d}t$$

$$b_n=\frac{2}{T}\int_{-T/2}^{T/2}f(t)\sin n\Omega t\mathrm{d}t$$

$$A_n=\sqrt{a_n^2+b_n^2}\quad \varphi_n=-\arctan\frac{b_n}{a_n}$$

也可展开成指数傅里叶级数

$$f(t)=\sum_{n=-\infty}^{\infty}C_n\mathrm{e}^{\mathrm{j}n\Omega t}=\sum_{n=-\infty}^{\infty}C_n\mathrm{e}^{\mathrm{j}2\pi nt/T} \tag{2.6}$$

其中，系数为
$$C_n=\frac{1}{T}\int_{-T/2}^{T/2}f(t)\mathrm{e}^{-\mathrm{j}n\Omega t}\mathrm{d}t$$

式中，T——周期；

$\Omega=\dfrac{2\pi}{T}$——基波角频率。

还可利用欧拉公式将三角傅里叶级数式（2.4）转换成指数傅里叶级数，即

$$\begin{aligned}f(t)&=\frac{A_0}{2}+\sum_{n=1}^{\infty}A_n\cos(n\Omega t+\varphi_n)\\&=\frac{A_0}{2}+\sum_{n=1}^{\infty}\frac{A_n}{2}\left[\mathrm{e}^{\mathrm{j}(n\Omega t+\varphi_n)}+\mathrm{e}^{-\mathrm{j}(n\Omega t+\varphi_n)}\right]\\&=\frac{1}{2}\sum_{n=-\infty}^{\infty}A_n\mathrm{e}^{\mathrm{j}(n\Omega t+\varphi_n)}=\frac{1}{2}\sum_{n=-\infty}^{\infty}\dot{A}_n\mathrm{e}^{\mathrm{j}n\Omega t}\end{aligned} \tag{2.7}$$

对照式（2.6），可得 $C_n=\frac{1}{2}\dot{A}_n=\frac{1}{2}A_n\mathrm{e}^{\mathrm{j}\varphi_n}$。其中 A_n 是 $n\Omega$ 的偶函数，φ_n 是 $n\Omega$ 的奇函数，它们分别表示组成 $f(t)$ 的第 n 次谐波分量的振幅与相位。

这表明三角傅里叶级数和指数傅里叶级数虽然形式不同，但可通过欧拉公式互相转换，所以实际上它们都属于同一性质的级数，即都是将一个信号表示为直流和各次谐波分量之和。

为了更直观地表示一个信号中包含有哪些频率分量及各分量所占的比重，可以画出振幅 $A_n(|C_n|)$ 及相位 φ_n 随频率 ω 变化的曲线，即频谱图，其中幅度与频率的关系图称为幅度频谱，相位与频谱的关系图称为相位频谱。

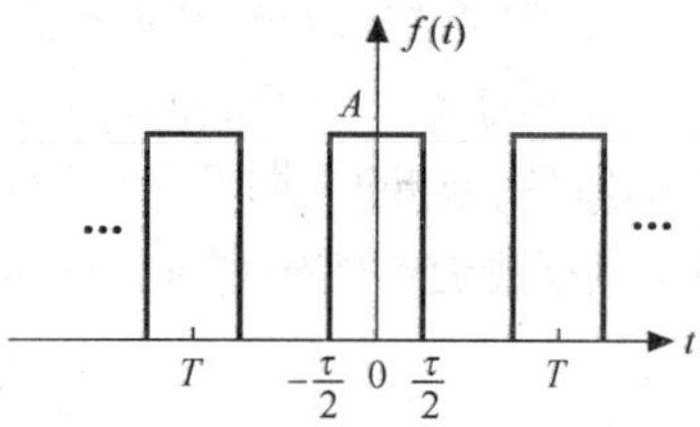

图 2-7　周期信号 $f(t)$

例 2.1　求图 2-7 所示周期信号 $f(t)$ 的指数傅里叶级数，并求当 $\tau=\dfrac{T}{2}$ 时的各项系数，画出双边频谱。

解：根据周期信号的指数傅里叶级数展开式有

$$\begin{aligned}C_n&=\frac{1}{T}\int_{-\frac{T}{2}}^{\frac{T}{2}}f(t)\mathrm{e}^{-\mathrm{j}n\Omega t}\mathrm{d}t=\frac{1}{2}\int_{-\frac{\tau}{2}}^{\frac{\tau}{2}}A\mathrm{e}^{-\mathrm{j}n\Omega t}\mathrm{d}t\\&=\frac{A\tau}{T}\mathrm{Sa}\left(\frac{n\Omega\tau}{2}\right)=\frac{A\tau}{T}\mathrm{Sa}\left(\frac{n\pi\tau}{T}\right)\end{aligned}$$

所以 $$f(t)=\sum_{n=-\infty}^{\infty}\frac{A\tau}{T}\mathrm{Sa}\left(\frac{n\pi\tau}{T}\right)\mathrm{e}^{-\mathrm{j}n\Omega t}$$

当 $$\tau=\frac{T}{2}\text{时，}C_n=\frac{A}{2}\mathrm{Sa}\left(\frac{n\pi}{2}\right)$$

这时：
$$C_0=\frac{A}{2}，C_1=\frac{A}{2}\mathrm{Sa}\left(\frac{\pi}{2}\right)=\frac{A}{\pi}=C_{-1}，C_2=\frac{A}{2}\mathrm{Sa}\left(\frac{2\pi}{2}\right)=0=C_{-2}$$

$$C_3=\frac{A}{2}\mathrm{Sa}\left(\frac{3\pi}{2}\right)=-\frac{A}{3\pi}=C_{-3}，\cdots$$

$$所以\quad f(t)=\frac{A}{2}+\frac{A}{\pi}\left[\mathrm{e}^{\mathrm{j}\Omega t}+\mathrm{e}^{-\mathrm{j}\Omega t}\right]-\frac{A}{3\pi}\left[\mathrm{e}^{\mathrm{j}3\Omega t}+\mathrm{e}^{-\mathrm{j}3\Omega t}\right]+\cdots$$

C_n和$|C_n|$与ω的关系如图2-8所示。

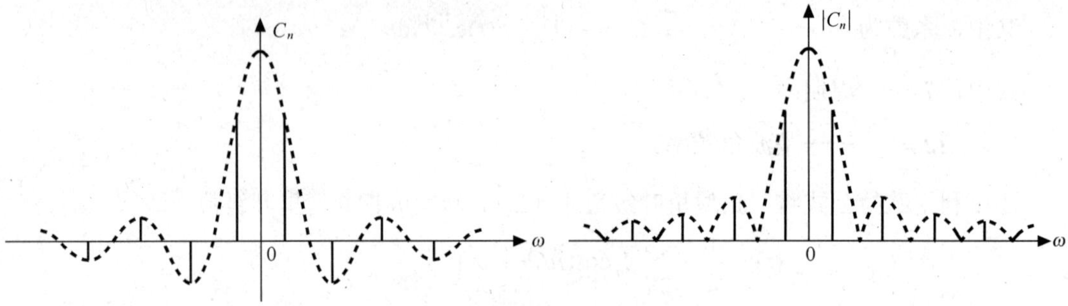

图2-8　周期性脉冲序列的频谱与振幅谱

由上面分析我们可以得到下面几点结论。

① 周期性信号的频谱有如下3个特点：离散性、谐波性和收敛性。

② 信号$f(t)$的三角傅里叶级数的系数$\dot{A}_n$与变量$n\Omega$（$n\geqslant0$）之间的频谱图是单边频谱；而其指数傅里叶级数的系数C_n与变量$n\Omega$（$-\infty<n<\infty$）之间的频谱图是双边频谱。由于$-n\Omega$的指数分量与$+n\Omega$的指数分量组合起来构成一个频率为$n\Omega$的正弦分量，所以，从本质上来说，上述两种频谱图是一样的。

2.1.4　非周期信号的频谱

1. 非周期信号的傅里叶变换

在周期性信号的频谱图中，频谱是离散的，相邻谱线的间隔是Ω，由于$\Omega=2\pi/T$，所以当周期信号$f(t)$的周期$T\to\infty$时，Ω趋于无穷小量$\mathrm{d}\omega$，这时$f(t)$就变成了一个非周期函数，变量$n\Omega$成为连续变量ω，离散谱也就变成连续谱了，这时我们定义一个函数

$$F(\omega)=\lim_{T\to\infty}TC_n=\lim_{T\to\infty}\int_{-T/2}^{T/2}f(t)\mathrm{e}^{-\mathrm{j}\omega t}\mathrm{d}t$$

得出

$$F(\omega)=\int_{-\infty}^{\infty}f(t)\mathrm{e}^{-\mathrm{j}\omega t}\mathrm{d}t \tag{2.8}$$

因为$TC_n=\dfrac{2\pi C_n}{\Delta\omega}\left(\Delta\omega=\Omega=\dfrac{2\pi}{T}\right)$，是单位频带的振幅，所以$F(\omega)$是频谱密度的概念，因此称$F(\omega)$是非周期信号$f(t)$的频谱密度函数。

很容易推出

$$f(t)=\frac{1}{2\pi}\int_{-\infty}^{\infty}F(\omega)\mathrm{e}^{\mathrm{j}\omega t}\mathrm{d}\omega \tag{2.9}$$

式（2.8）和式（2.9）分别称为傅氏正变换和傅氏反变换，简记为：

$$\left.\begin{aligned}F(\omega)&=\mathrm{F}\left[f(t)\right]\\ f(t)&=\mathrm{F}^{-1}\left[F(\omega)\right]\end{aligned}\right\} \tag{2.10}$$

$f(t)$和$F(\omega)$的对应关系记为

$$f(t)\leftrightarrow F(\omega)$$

由式（2.8）可知，若积分 $\int_{-\infty}^{\infty} f(t)\mathrm{e}^{-\mathrm{j}\omega t}\mathrm{d}t$ 是一个有限值，则傅里叶变换存在。因此，傅里叶变换的充分条件为

$$\int_{-\infty}^{\infty} |f(t)|\mathrm{d}t < \infty \tag{2.11}$$

但这并不是必要条件，有些不满足绝对可积分条件的信号［如 $\varepsilon(t)$］也存在傅里叶变换。

$f(t)$ 的傅氏变换 $F(\omega)$ 一般是 ω 的复函数，可记为

$$F(\omega) = |F(\omega)|\mathrm{e}^{\mathrm{j}\varphi(\omega)} \tag{2.12}$$

与周期信号的频谱对应，习惯上将 $F(\omega) \sim \omega$ 的关系曲线称为 $f(t)$ 的幅度频谱［$F(\omega)$ 并不是幅度］，而将 $\varphi(\omega) \sim \omega$ 的关系曲线称为相位频谱，它们都是 ω 的连续函数。

另外对于幅度频谱，若画在区间 $(-\infty, \infty)$ 上则称为双边谱，这时负频率是正频率的镜像，没有物理意义。在实际中又常把频谱全部画于正频率轴上，此时称为单边谱，它的振幅谱比双边谱要增加一倍。

傅里叶变换的某些运算特性在分析信号时特别有用，灵活运用这些特性可较快地求出许多复杂信号的谱密度，或从谱密度中求出原信号，因此掌握这些特性是非常有益的。我们将一些常用变换的性质列于表 2.1 内，还在表 2.2 中列出了一些常用的各种时间函数傅氏变换，供读者查阅。

表 2.1　　傅里叶变换的性质

序号	运算名称	时间函数	频谱函数
1	线性	$a_1 f_1(t) + a_2 f_2(t)$	$a_1 F_1(t) + a_2 F_2(t)$
2	尺度	$f(at)$	$\frac{1}{\lvert a\rvert} F\left(\frac{\omega}{a}\right)$
3	时移	$f(t - t_0)$	$F(\omega)\mathrm{e}^{-\mathrm{j}\omega t_0}$
4	频移	$f(t)\mathrm{e}^{\mathrm{j}\omega_0 t}$	$F(\omega - \omega_0)$
5	时间微分	$\frac{\mathrm{d}f(t)}{\mathrm{d}t}$	$(\mathrm{j}\omega)F(\omega)$
6	n 次时间微分	$\frac{\mathrm{d}^n f(t)}{\mathrm{d}t^n}$	$(\mathrm{j}\omega)^n F(\omega)$
7	时间积分	$\int_{-\infty}^{t} f(\tau)\mathrm{d}\tau$	$\frac{1}{\mathrm{j}\omega} F(\omega) + \pi F(0)\delta(\omega)$
8	频率微分	$(-\mathrm{j}t) f(t)$	$\frac{\mathrm{d}F(\omega)}{\mathrm{d}\omega}$
9	n 次频率微分	$(-\mathrm{j}t)^n f(t)$	$\frac{\mathrm{d}^n F(\omega)}{\mathrm{d}\omega^n}$
10	时间卷积	$f_1(t) \bullet f_2(t)$	$F_1(\omega) F_2(\omega)$
11	频率卷积	$f_1(t) f_2(t)$	$\frac{1}{2\pi}[F_1(\omega) \bullet F_2(\omega)]$
12	调制定理	$f(t)\cos\omega_0 t$	$\frac{1}{2}[F(\omega - \omega_0) + F(\omega + \omega_0)]$

表 2.2　各种时间函数及其傅里叶变换

	$f(t)$	$F(\omega)$
1	$\mathrm{e}^{-\alpha t}\varepsilon(t)$	$\dfrac{1}{\alpha+\mathrm{j}\omega}$
2	$t\mathrm{e}^{-\alpha t}\varepsilon(t)$	$\dfrac{1}{(\alpha+\mathrm{j}\omega)^2}$
3	$\lvert t\rvert$	$-\dfrac{2}{\omega^2}$
4	$\delta(t)$	1
5	1	$2\pi\delta(\omega)$
6	$\varepsilon(t)$	$\pi\delta(\omega)+\dfrac{1}{\mathrm{j}\omega}$
7	$\cos\omega_0 t$	$\pi[\delta(\omega+\omega_0)+\delta(\omega-\omega_0)]$
8	$\sin\omega_0 t$	$\mathrm{j}\pi[\delta(\omega+\omega_0)-\delta(\omega-\omega_0)]$
9	$\cos\omega_0 t\cdot\varepsilon(t)$	$\dfrac{\pi}{2}[\delta(\omega+\omega_0)+\delta(\omega-\omega_0)]+\dfrac{\mathrm{j}\omega}{\omega_0^2-\omega^2}$
10	$\sin\omega_0 t\cdot\varepsilon(t)$	$\dfrac{\pi}{2\mathrm{j}}[\delta(\omega-\omega_0)-\delta(\omega+\omega_0)]+\dfrac{\omega_0}{\omega_0^2-\omega^2}$
11	$D_\tau(t)$	$\tau\mathrm{Sa}\left(\dfrac{\tau\omega}{2}\right)$
12	$\dfrac{\Omega}{2\pi}\mathrm{Sa}(\dfrac{\Omega}{2}t)$	$D_\Omega(\omega)$
13	$\mathrm{e}^{-\alpha\lvert t\rvert}$	$\dfrac{2\alpha}{\alpha^2+\omega^2}$
14	$\mathrm{e}^{-t^2/2\sigma^2}$	$\sigma\sqrt{2\pi}\mathrm{e}^{-\sigma^2\omega^2/2}\quad \sigma>0$
15	$\delta_T(t)$	$\dfrac{2\pi}{T}\sum\limits_{n=-\infty}^{\infty}\delta(\omega-n\Omega)$

例 2.2　已知系统的频谱 $F(\omega)$ 如图 2-9（a）所示，试求信号 $f(t)$ 的表达式，并画出其波形。

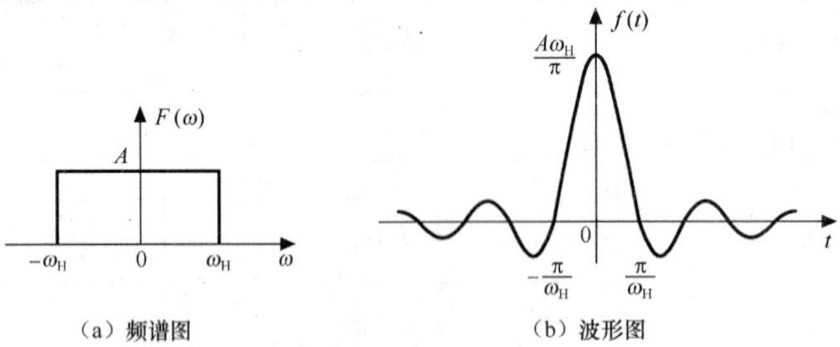

图 2-9　$f(t)$的频谱图与波形图

解：门函数和抽样函数在通信中经常用到，而且通常与傅氏变换的对偶特性一块使用。由于门函数与抽样函数有下列傅氏变换关系（见表 2.2）

$$D_\tau(t)\leftrightarrow\tau\mathrm{Sa}\left(\frac{\tau}{2}\omega\right)$$

根据对偶特性可得

$$\tau\mathrm{Sa}(\frac{\tau}{2}t)\leftrightarrow 2\pi D_\tau(\omega)$$

由图可知

$$F(\omega)=AD_{2\omega_H}(\omega)$$

$$f(t)=\frac{A\omega_{\mathrm{H}}}{\pi}\mathrm{Sa}(\omega_{\mathrm{H}}t)$$

其波形图如图 2-9（b）所示。

2. 帕塞瓦尔（Parseval）定理

① 若 $f(t)$ 为能量信号，其傅里叶变换为 $F(\omega)$，则下列关系成立

$$\int_{-\infty}^{\infty}f^2(t)\mathrm{d}t=\frac{1}{2\pi}\int_{-\infty}^{\infty}|F(\omega)|^2\,\mathrm{d}\omega \tag{2.13}$$

② 若 $f(t)$ 为周期信号，则有

$$\frac{1}{T_0}\int_{-T_0/2}^{T_0/2}f^2(t)\mathrm{d}t=\sum_{n=-\infty}^{\infty}|C_n|^2 \tag{2.14}$$

式中，T_0——$f(t)$ 的周期；

C_n——$f(t)$ 的傅里叶级数复系数，即

$$C_n=\frac{1}{T_0}\int_{-T_0/2}^{T_0/2}f(t)\mathrm{e}^{-\mathrm{j}2\pi nt/T_0}\mathrm{d}t \tag{2.15}$$

式（2.14）及式（2.15）说明了这样一个重要概念：时域内能量信号的总能量等于频域内各个频率分量单独贡献出的能量的连续和；而周期信号的总的平均功率等于各个频率分量单独贡献出的功率之和；而不同频率分量之间的乘积，对信号的总能量或总的平均功率都不产生任何影响。

3. 能量谱密度和功率谱密度

信号的能量在频域上定义：

$$E=\frac{1}{2\pi}\int_{-\infty}^{\infty}G_{\mathrm{E}}(\omega)\mathrm{d}\omega=\int_{-\infty}^{\infty}G_{\mathrm{E}}(f)\mathrm{d}f \tag{2.16}$$

信号功率在频域上定义：

$$S=\frac{1}{2\pi}\int_{-\infty}^{\infty}P_{\mathrm{S}}(\omega)\mathrm{d}\omega=\int_{-\infty}^{\infty}P_{\mathrm{S}}(f)\mathrm{d}f \tag{2.17}$$

这里，$\omega=2\pi f$，则称 $G_{\mathrm{E}}(f)$ 为能量谱密度函数，$P_{\mathrm{S}}(f)$ 为功率谱密度函数。

能量谱密度 $G_{\mathrm{E}}(\omega)$ 表征着信号能量沿频率轴的分布情况，而功率谱密度 $P_{\mathrm{S}}(\omega)$ 表征着信号功率沿频率轴的分布情况。$G_{\mathrm{E}}(\omega)$ 或 $P_{\mathrm{S}}(\omega)$ 存在于每一 f 值上，但在任一频率 f 上，该频率分量的能量值或功率值为无穷小。只有在一个任意小区间 $\mathrm{d}f$ 内才有值为 $G_{\mathrm{E}}(f)\mathrm{d}f$ 的能量或值为 $P_{\mathrm{S}}(f)\mathrm{d}f$ 的功率。若能量的单位为 J，功率的单位为 W，则能量谱密度的单位为 J/Hz，功率谱密度的单位为 W/Hz。

将式（2.13）与式（2.16）对照，可得

$$G_{\mathrm{E}}(\omega)=|F(\omega)|^2 \tag{2.18}$$

将式（2.14）与式（2.17）对照，可得

$$P_{\mathrm{S}}(\omega)=2\pi\sum_{n=-\infty}^{\infty}|C_n|^2\,\delta(\omega-n\omega_0) \tag{2.19}$$

非周期功率信号 $f(t)$ 的功率谱密度为

$$P_{\mathrm{S}}(\omega)=\lim_{T\to\infty}\frac{|F_{\mathrm{T}}(\omega)|^2}{T} \tag{2.20}$$

2.1.5　波形的互相关与自相关

波形间的相关程度，通常采用相关函数来表征，它是衡量波形之间关联或相似程度的一

个函数。相关函数表示了两个信号之间或同一个信号相隔时间 τ 的相互关系。

设给定两个信号是 $f_1(t)$ 和 $f_2(t)$，则定义下列积分

$$R_{12}(\tau)=\int_{-\infty}^{\infty}f_1(t)f_2(t+\tau)\mathrm{d}t \tag{2.21}$$

称作相关积分。[f_1（t），f_2（t）均为实函数]

若 $f_1(t)$ 和 $f_2(t)$ 是两个不同的函数，则定义

$$R_{12}(\tau)=\frac{1}{T}\int_{-T_0/2}^{T_0/2}f_1(t)f_2(t+\tau)\mathrm{d}t \tag{2.22}$$

为互相关函数。

若 $f_1(t)$ 和 $f_2(t)$ 是两个相同的函数，则定义

$$R(\tau)=\int_{-\infty}^{\infty}f(t)f(t+\tau)\mathrm{d}t \tag{2.23}$$

为自相关函数。其相关性质如下

① $$R(0)=\int_{-\infty}^{\infty}f^2(t)\mathrm{d}t=E \tag{2.24}$$

或 $$R(0)=\lim_{T\to\infty}\frac{1}{T}\int_{-T/2}^{T/2}f^2(t)\mathrm{d}t=S \tag{2.25}$$

② $$R(0)\geqslant R(\tau) \tag{2.26}$$

这是因为 $R(0)$ 表明信号最相关，而对于其他任意 τ，$R(\tau)$ 的值不可能超过这个最相关的值。

③ 自相关函数是一个偶函数，即有

$$R(\tau)=R(-\tau) \tag{2.27}$$

相关函数的图解说明：

设 $f_1(t)$ 和 $f_2(t)$ 为两个相同的信号，其自相关函数的运算如图 2-10 所示。

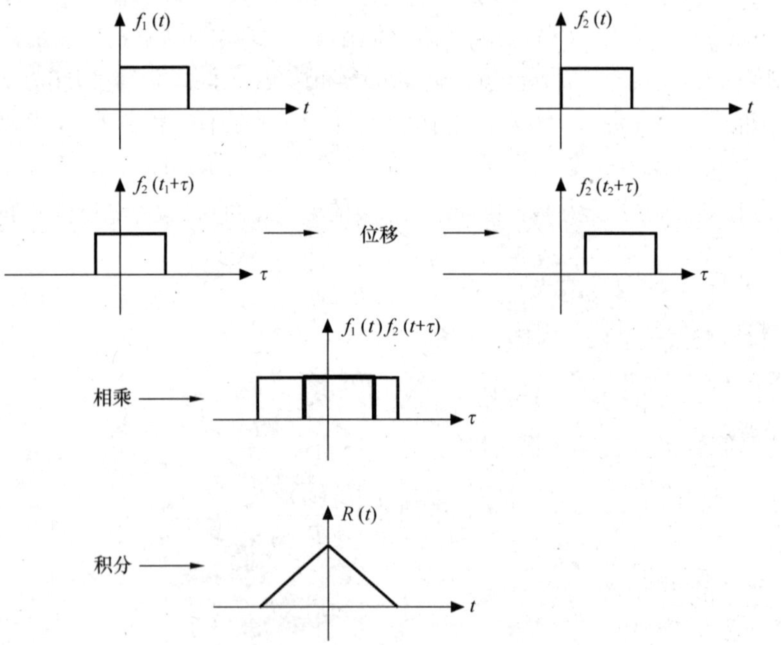

图 2-10 自相关函数的图解说明

2.1.6　随机信号分析

1. 随机过程

通信过程中的随机信号和噪声均可归纳为依赖于时间 t 的随机过程。这种过程的基本特征如下：它是时间 t 的函数，但在任一时刻上的取值却是不确定的，是一个随机变量。或者，它可看成是一个由全部可能实现构成的总体，每个实现都是一个确定的时间函数，而随机性就体现在出现哪一个实现是不确定的。下面我们给出一个例子来说明随机过程。

设有 n 台性能完全相同的接收机。我们在相同的工作环境和测试条件下记录各台接收机的输出噪声波形。测试结果将表明，尽管设备和测试条件相同，但记录的 n 条曲线中找不到两个完全相同的波形，而且，即使 n 足够大，也找不到两个完全相同的波形。这就是说，接收机输出的噪声电压随时间的变化是不可预知的，因而它是一个随机过程。这里的一次记录就是一个实现，无数个记录构成的总体就是一个随机过程。

由此我们可以将随机过程这样定义：设 E 是随机试验，每一次试验都得到一个时间波形（称为样本函数或实现），记作 $x_i(t)$，所有可能出现的结果的总体 $\{x_1(t), x_2(t), \cdots, x_n(t), \cdots\}$ 就构成一个随机过程，记作 $\xi(t)$。简而言之，无穷多个样本函数的总体叫做随机过程，如图 2-11 所示。

显然，上例中接收机的输出噪声波形也可用图 2-11 表示。我们把对接收机输出噪声波形的观测可看作是进行一次随机试验，每次试验之后，$\xi(t)$ 取图 2-11 所示的样本空间中的某一样本函数，至于是空间中哪一个样本，在进行观测前是无法预知的，这正是随机过程随机性的具体表现。

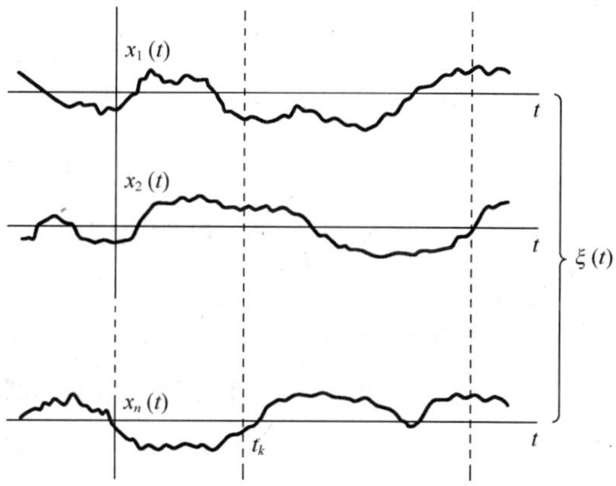

图 2-11　n 台接收机的输出记录

2. 随机过程的统计特性

随机过程的统计是通过它的概率分布和数字特征来表述的。

设 $\xi(t)$ 表示一个随机过程，在任意给定的时刻 t_1 上的取值 $\xi(t_1)$ 是一个随机变量。而随机变量的统计特性可以用分布函数或概率密度函数来描述。我们把随机变量 $\xi(t_1)$ 小于或等于某一数值 x_1 的概率 $P\{\xi(t_1) \leqslant x_1\}$，简记为 $F_1(x_1, t_1)$，即

$$F_1(x_1, t_1) = P\{\xi(t_1) \leqslant x_1\} \tag{2.28}$$

称为随机过程 $\xi(t)$ 的一维分布函数。如果存在

$$\frac{\partial F_1(x_1, t_1)}{\partial x_1} = f_1(x_1, t_1) \tag{2.29}$$

则称 $f_1(x_1, t_1)$ 为 $\xi(t)$ 的一维概率密度函数。显然，随机过程的一维分布函数或一维概率密度函数仅仅描述了随机过程在各个孤立时刻的统计特性，而没有说明随机过程在不同时刻取值之间的内在联系，为此需要在足够多的时刻上考虑随机过程的多维分布函数。

任意给定 $t_1, t_2, \cdots, t_n$，则 $\xi(t)$ 的 n 维分布函数被定义为

$$F_n(x_1, x_2, \cdots, x_n; t_1, t_2, t_n) = P\{\xi(t_1) \leqslant x_1, \xi(t_2) \leqslant x_2, \cdots, \xi(t_n) \leqslant x_n\} \tag{2.30}$$

如果存在

$$\frac{\partial^n F_n(x_1, x_2, \cdots, x_n; t_1, t_2, t_n)}{\partial x_1 \partial x_2 \cdots \partial x_n} = f_n(x_1, x_2, \cdots, x_n; t_1, t_2, \cdots, t_n) \tag{2.31}$$

则称 $f_n(x_1, x_2, \cdots, x_n; t_1, t_2, \cdots, t_n)$ 为 $\xi(t)$ 的 n 维概率密度函数。显然，n 越大，用 n 维分布函数或 n 维概率密度函数去描述 $\xi(t)$ 的统计特性就越充分，但问题的复杂性也随之增加。

3. 随机过程的数字特征

分布函数或概率密度函数虽然能够较全面地描述随机过程的统计特性，但在实际工作中，有时不易或不需要求出分布函数和概率密度函数，而用随机过程的数字特征来描述随机过程的统计特性，更简单直观。

（1）数学期望

$$a(t) = \mathrm{E}[\xi(t)] = \int_{-\infty}^{\infty} x f_1(x, t)\mathrm{d}x \tag{2.32}$$

上式说明：$a(t)$ 是时间 t 的函数，它表示随机过程的 n 个样本函数曲线的摆动中心。

（2）方差

随机过程的方差定义为

$$\begin{aligned} \sigma^2(t) &= \mathrm{D}[\xi(t)] = \mathrm{E}\{[\xi(t) - a(t)]^2\} \\ &= \mathrm{E}[\xi^2(t)] - [a(t)]^2 \\ &= \int_{-\infty}^{\infty} x^2 f_1(x, t)\mathrm{d}x - [a(t)]^2 \end{aligned} \tag{2.33}$$

可见方差等于方均值与数学期望平方之差。它表示随机过程在时刻 t 对于均值 $a(t)$ 的偏离程度。

（3）协方差

$$\begin{aligned} \mathrm{B}(t_1, t_2) &= \mathrm{E}\{[\xi(t_1) - a(t_1)][\xi(t_2) - a(t_2)]\} \\ &= \mathrm{E}[\xi(t_1)\xi(t_2)] - a(t_1)a(t_2) \\ &= \int_{-\infty}^{\infty}\int_{-\infty}^{\infty} [x_1 - a(t_1)][x_2 - a(t_2)] f_2(x_1, x_2; t_1, t_2)\mathrm{d}x_1\mathrm{d}x_2 \end{aligned} \tag{2.34}$$

它是刻画随机过程两个不同时刻之间的线性依从关系。

（4）相关函数

$$\begin{aligned} R(t_1, t_2) &= \mathrm{E}[\xi(t_1)\xi(t_2)] \\ &= \int_{-\infty}^{\infty}\int_{-\infty}^{\infty} x_1 x_2 f_2(x_1, x_2; t_1, t_2)\mathrm{d}x_1\mathrm{d}x_2 \end{aligned} \tag{2.35}$$

若令 $t_2 = t_1 + \tau$（τ 可为负），则 $R(t_1, t_2)$ 可表示为 $R(t_1, t_1 + \tau)$。这说明，相关函数依赖于起始时刻 t_1 及 t_2 与 t_1 之间的时间间隔 τ，即相关函数是 t_1 和 τ 的函数。

4. 随机信号通过线性系统

图 2-12 是随机过程通过线性系统的原理框图。

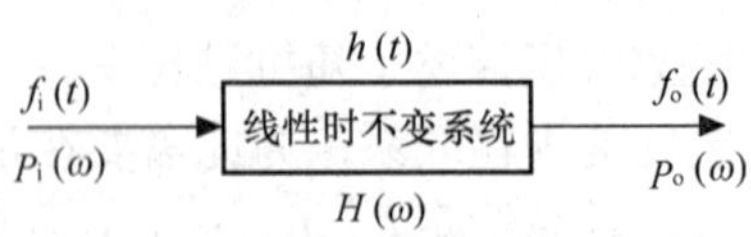

图 2-12 随机过程通过线性系统

随机过程通过线性系统的分析，完全是建立在确知信号通过线性系统的分析原理基础之上的。我们知道，线性系统的响应 $f_o(t)$ 等于输入信号 $f_i(t)$ 与系统单位冲激响应

$h(t)$ 的卷积，即

$$f_o(t)=f_i(t)*h(t)=\int_{-\infty}^{\infty}f_i(\tau)h(t-\tau)\mathrm{d}\tau \tag{2.36}$$

若线性系统是物理可实现的，则

$$f_o(t)=\int_0^{\infty}h(\tau)f_i(t-\tau)\mathrm{d}\tau \tag{2.37}$$

如果把 $f_i(t)$ 看作是输入随机过程的一个实现，则 $f_o(t)$ 可看作是输出随机过程的一个实现。显然，输入过程 $\xi_i(t)$ 的每一个实现与输出过程 $\xi_o(t)$ 的相应实现之间都是满足式（2.34）的关系。这样，就整个过程而言，便有

$$\xi_o(t)=\int_0^{\infty}h(\tau)\xi_i(t-\tau)\mathrm{d}\tau \tag{2.38}$$

假定输入 $\xi_i(t)$ 是平稳随机过程，现在来分析系统的输出过程 $\xi_o(t)$ 的统计特性。我们先确定输出过程的数学期望、自相关函数及功率谱密度。

（1）输出过程 $\xi_o(t)$ 的数学期望

$$\mathrm{E}[\xi_o(t)]=a\cdot H(0) \tag{2.39}$$

（2）输出过程 $\xi_o(t)$ 的自相关函数

$$R_o(t_1,t_1+\tau)=\int_0^{\infty}\int_0^{\infty}h(\alpha)h(\beta)R_i(\tau+\alpha-\beta)\mathrm{d}\alpha\,\mathrm{d}\beta=R_o(\tau) \tag{2.40}$$

（3）输出过程 $\xi_o(t)$ 的功率谱密度

$$P_o(\omega)=\left|H(\omega)\right|^2P_i(\omega) \tag{2.41}$$

例 2.3　试求功率谱密度为 $n_0/2$ 的白噪声通过理想低通滤波器后的功率谱密度、自相关函数和噪声平均功率。理想低通的传输特性为

$$H(\omega)=\begin{cases}K_0\mathrm{e}^{-\mathrm{j}\omega t_d}, & |\omega|\leqslant\omega_H\\ 0, & \text{其他}\end{cases}$$

解：由上式得 $\left|H(\omega)\right|^2=K_0^2$，$|\omega|\leqslant\omega_H$。输出功率谱密度为

$$P_o(\omega)=\left|H(\omega)\right|^2P_i(\omega)=K_0^2\cdot\frac{n_0}{2},\quad |\omega|\leqslant\omega_H$$

可见，输出噪声的功率谱密度在 $|\omega|\leqslant\omega_H$ 内是均匀的，在此范围外则为零，通常把这样的噪声称为带限白噪声。其自相关函数为

$$\begin{aligned}R_o(\tau)&=\frac{1}{2\pi}\int_{-\infty}^{\infty}P_o(\omega)\mathrm{e}^{\mathrm{j}\omega\tau}\mathrm{d}\omega\\&=\frac{1}{2\pi}\int_{-\omega_H}^{\omega_H}K_0^2\frac{n_0}{2}\mathrm{e}^{\mathrm{j}\omega\tau}\mathrm{d}\omega\\&=K_0^2n_0f_H\mathrm{Sa}(\omega_H\tau)\end{aligned}$$

式中，$\omega_H=2\pi f_H$。由此可见，带限白噪声只有在 $\tau=k/2f_H$（$k=1,2,3,\cdots$）上得到的随机变量才不相关。它告诉我们，如果对带限白噪声按抽样定理抽样的话，则各抽样值是互不相关的随机变量。这是一个很重要的概念。

带限白噪声的自相关函数 $R_o(\tau)$ 在 $\tau=0$ 处有最大值，这就是带限白噪声的平均功率：$S=R_o(0)=K_0^2n_0f_H$。

2.2 信息及其度量

通信系统中传输的具体对象是消息，但是通信的目的在于传递信息。“消息”和“信息”是两个不同的概念，消息是需要带给接收者的信息。通信系统中的消息是多种多样的，且各种消息具有不同的特性。从其形式上我们可将之划分为两类：一类是离散消息，另一类是连续消息。离散消息在形式上是由多个符号根据消息的含义按一定顺序组成的符号序列，如字符、数据等，它还是一个随机序列，这是因为在接收者收到消息之前并无法预知发送方发送的是哪一个序列。连续消息是一个时间的确定函数，如语言和图像信息等。连续消息也是随机的，它是随机函数或随机过程。信息是消息中所包含的有意义的内容。不同形式的消息可以包含相同的信息，例如分别用语言和文字发送的天气预报所含信息内容是相同的。传输信息的多少是用“信息量”来衡量的。

信息量与消息的种类、含义及重要程度无关，它仅与消息中包含的不确定性有关。也就是说，消息中所含信息量与消息发生的概率密切相关。一件事情发生概率越小，越使人感到意外和惊奇，则此消息所含的信息量越大。例如，一方告诉另一方一件非常不可能发生的事件（如冬季某天下雨）消息包含的信息量比可能发生的事件（如冬季某天下雪）消息包含的信息量大。如果消息发生的概率接近于零（不可能事件），则它的信息量趋向于无穷大；如果消息发生的概率为 1（必然事件），则此消息所含的信息量为零。消息所含的信息量可用消息发生的概率倒数的对数来表示。在信息论中，消息所含的信息量 I 与消息 x 出现的概率 $P(x)$的关系式

$$I = \log_a \frac{1}{P(x)} = -\log_a P(x) \tag{2.42}$$

式（2.42）中，对数的底决定了信息量的单位。若对数的底为 2，则 I 的单位为比特（bit）；若对数的底为 e，则 I 的单位为奈特（nit）；若对数的底为 10，则 I 的单位为哈特莱。我们经常使用信息量的单位是比特，以比特为单位时，式（2.42）可写为

$$I = \log_2 \frac{1}{P(x)} = -\log_2 P(x) \quad \text{(bit)} \tag{2.43}$$

在通信系统中，当传送 M 个等概率的消息之一时，每个消息出现的概率为 $1/M$，任一消息所含的信息量为

$$I = -\log_2 \frac{1}{M} = \log_2 M \quad \text{(bit)} \tag{2.44}$$

若 $M=2^K$，则式（2.44）为

$$I = \log_2 2^K = K \quad \text{(bit)} \tag{2.45}$$

对于二进制数字通信系统（$M=2$），当二进制信号 0 和 1 的出现概率相等时，则每个二进制信号都有 1 比特的信息量。

上述是等概条件下的信息量，下面讨论非等概条件下的信息量。设信息源中包含有 n 个消息符号，每个消息 x_i 出现的概率为 $P(x_i)$，则各消息出现的概率为

$$\begin{bmatrix} x_1\ , & x_2\ , & \cdots\ , & x_n \\ P(x_1), & P(x_2), & \cdots\ , & P(x_n) \end{bmatrix}，且有 \quad \sum_{i=1}^{\infty} P(x_i) = 1$$

则 x_1、x_2、…，x_n 所包含的信息量分别为 $-\log_2 P(x_1)$、$-\log_2 P(x_2)$，…，$-\log_2 P(x_n)$。于是，每个符号所包含的信息量的统计平均值，即平均信息量为

$$H(x) = P(x_1)\left[-\log_2 P(x_1)\right] + P(x_2)\left[-\log_2 P(x_2)\right] + \cdots + P(x_n)\left[-\log_2 P(x_n)\right]$$
$$= \sum_{i=1}^{n} P(x_i)\left[-\log_2 P(x_i)\right] \quad （比特/符号） \tag{2.46}$$

由于式（2.46）中 H 与热力学中熵的定义式相类似，故在信息论中又通常称它为信息源的熵，其单位为比特/符号。

例 2.4 一信息源由 4 个符号 0、1、2、3 组成，它们出现的概率分别为 3/8、1/4、1/4、1/8，且每个符号的出现都是独立的。若消息序列长为 57 个符号，其中 0 出现 23 次，1 出现 14 次，2 出现 13 次，3 出现 7 次，试求消息序列所包含的信息量和平均信息量。

解：由于消息序列中出现符号 x_i 的信息量为 $-n_i \log_2 P$（x_i）［n_i 和 P（x_i）分别为消息序列中符号 x_i 出现的次数和概率］，消息序列所包含的信息量为每个符号出现信息量的和，即

$$I = -\sum_{i=1}^{n} n_i \log_2 P(x_i) = -23\log_2 \frac{3}{8} - 14\log_2 \frac{1}{4} - 13\log_2 \frac{1}{4} - 7\log_2 \frac{1}{8}$$
$$= 32.55 + 28 + 26 + 21 = 108.55 \text{ (bit)}$$

消息序列的平均信息量

$$H(x) = \sum_{i=1}^{n} P(x_i)\left[-\log P(x_i)\right]$$
$$= -\frac{3}{8}\log_2 \frac{3}{8} - \frac{1}{4}\log_2 \frac{1}{4} - \frac{1}{4}\log_2 \frac{1}{4} - \frac{1}{8}\log_2 \frac{1}{8} = 1.906 \quad （比特/符号）$$

上述介绍的离散消息的分析方法也可用于对连续消息的分析。因为抽样定理告诉我们对于一个频带有限的连续信号，可用每秒一定数目的离散抽样值代替。这就是说一个连续消息经抽样后成为离散消息。这样我们就可以利用分析离散消息的方法来处理连续消息。

2.3 信道与噪声

2.3.1 信道定义及其数学模型

信道是信号的传输媒质。直观地分析，信道可以分为两类：有线信道和无线信道。有线信道包括明线、对称电缆、同轴电缆及光缆等；无线信道包括地波传播、短波电离层反射、超短波或微波视距中继、人造卫星中继以及各种散射信道等。

从研究消息传输的观点来看，我们主要关心信号的发射、传输、接收和噪声问题。因此，信道的范围还可以扩大，除传输媒质外，还可以包括有关的变换装置（如发送设备、接收设备、馈线与天线、调制器、解调器等）。这种扩大范围的信道称为广义信道，而仅含传输媒质的信道称为狭义信道。在讨论通信的一般原理时，我们采用广义信道，简称信道。不过，狭义信道是广义信道的十分重要的组成部分，通信效果的好坏，在很大程度上依赖于狭义信道的特性，因此，在研究各种通信系统信道的一般特性时，“传输媒质”仍是讨论的重点。

广义信道是从信号传输的观点出发，针对所研究的问题来划分信道的。按照它所包含的功能划分，可以分为调制信道与编码信道。

在模拟通信系统中主要研究调制与解调的基本原理，它的传输信道可以用调制信道来定义。调制信道的范围从调制器的输出端至解调器的输入端，如图 2-13 所示。从调制解调的角度来看，调制器的作用是产生已调信号，解调器的作用是由已调信号恢复出调制信号。调制信道中包含的所有部件和传输媒质，仅仅实现了把已调信号由调制器输出端传输到解调器输入端的作用，因此可以把它看作是传输已调信号的一个整体，称为调制信道。可见，通过定义调制信道，方便了对调制解调问题的研究。

在数字通信系统中，如果我们只需要研究编码和解码的问题，为了突出研究重点，同样可以定义一个编码信道。编码信道的范围是编码器输出端至解码器输入端，如图 2-14 所示。从编码和解码角度来看，编码器是把信源所产生的消息信号转换为数字信号；解码器则是把数字信号恢复成原来的消息信号；而编码器输出端至解码器输入端之间的所有部件仅仅起到了传输数字信号的作用，所以可以把它看作是传输数字信号的一个整体，称为编码信道。

如前所述，调制信道是传输已调信号的，它的输入端和输出端分别与调制器输出端和解调器输入端相连接，因此它最后可以被视为一个二对端的网络。经过大量的考察后可知，这个网络是时变线性网络（如图 2-14 所示），我们将这个网络称作调制信道模型。

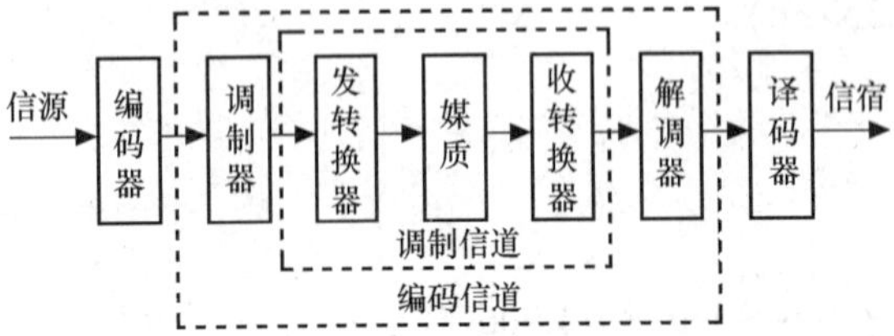

图 2-13　调制信道与编码信道

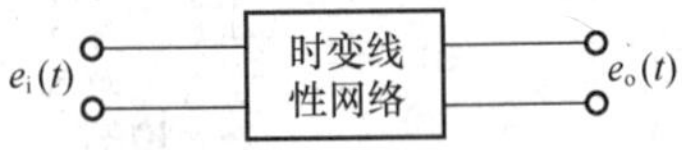

图 2-14　调制信道模型

设信道输入已调信号 $e_i(t)$，信道输出信号 $e_o(t)$，它们之间的关系为

$$e_o(t) = k(t)e_i(t) + n(t) \tag{2.47}$$

式中，$k(t)$，$n(t)$为干扰，$k(t)$为乘性干扰，$h(t)$为加性干扰，它们是通信系统中的两种主要干扰。通过对这两种干扰的分析，我们就能够确定信道对信号的影响程度。

式中 $k(t)$ 是依赖于网络的特性，$n(t)$ 是不依赖于网络的特性。$k(t)$ 和 $n(t)$ 的存在对输入信号 $e_i(t)$ 来说都是干扰。由于 $k(t)$ 与 $e_i(t)$ 是相乘的关系。而 $n(t)$ 与 $e_i(t)$ 是相互独立的；所以称 $k(t)$ 则为乘性干扰，$n(t)$ 为加性干扰。如果我们了解了以 $k(t)$ 与 $n(t)$ 的特性，则信道对信号的具体影响就清楚了。

乘性干扰 $k(t)$ 一般是一个复杂的函数，它可能包括各种线性畸变、非线性畸变等，这是由于网络的迟延特性和损耗特性随时间在作随机变化的原因。但是，经大量观察表明，有些信道的 $k(t)$ 基本不随时间而变化；也就是说，信道对信号的影响是固定的或变化极为缓慢的。而另一些信道则不然，它们的 $k(t)$ 是随机快变化的。这样，在分析研究乘性干扰 $k(t)$ 时，在相对的意义上可把信道分为两大类：一类称为恒参信道，即它们的 $k(t)$ 可看成随时间不变化或基本不变化；另一类则称为随参信道，即它们的 $k(t)$ 是随机快速变化的。根据统计的结果，恒参信道是大量的，例如有线信道、无线信道中的中、长波信道、卫星信道等。对于恒参信道来说，信道模型就简化为非时变的线性网络。随参信道的参数随时间变化，所以它的特性比恒参信道要复杂，对传输信号的影响也较为严重。影响信道特性的主要因素是传输媒介，如电离层的反射和散射、对流层的散射等。

下面仅讨论信道对信号的加性干扰。加性干扰也称加性噪声，简称噪声。

信道中加性噪声的来源，一般有 3 个方面：人为噪声、自然噪声、内部噪声。人为噪声来源是人类活动造成的，例如：邻台干扰和工业干扰等；自然噪声的来源是自然界存在的各种电磁波源，例如：雷电、磁暴、太阳黑子以及宇宙噪声等；内部噪声的来源是系统设备本身产生的各种噪声，例如，在电阻一类的导体中自由电子的热运动（常称为热噪声）、真空管中电子的起伏发射和半导体中载流子的起伏变化（常称为散弹噪声）及电源哼声等。

某些类型的噪声是确知的，例如电源哼声、自激振荡、各种内部的谐波干扰等。虽然消除这些噪声不一定很容易，但至少在原理上可消除或基本消除。另一些噪声则往往不能准确预测其波形。这种不能预测的噪声统称为随机噪声。常见的随机噪声可以分为单频噪声、脉冲噪声和起伏噪声 3 类。

2.3.2　信道噪声

1. 高斯白噪声

作为通信系统内主要噪声来源的热噪声和散弹噪声，都可以看成是无数独立的微小电流脉冲的叠加，所以它们是服从高斯分布的，因而是高斯过程，通常就把它们叫做高斯噪声。

若噪声 $n(t)$ 的功率谱密度 $P_\xi(\omega)$ 在（$-\infty$，$+\infty$）的整个频率范围内都是均匀分布的，即

$$\begin{cases} P_\xi(\omega)=\dfrac{n_0}{2} & \text{双边带功率谱} \\ P_\xi(\omega)=n_0 & \text{单边带功率谱} \end{cases} \tag{2.48}$$

这种噪声被称为白噪声，它是一个理想的宽带随机过程。式中 n_0 为一常数，单位是瓦特/赫兹。显然，白噪声的自相关函数为

$$R(\tau)=\frac{n_0}{2}\delta(\tau) \tag{2.49}$$

这说明，白噪声只有在 $\tau=0$ 时才相关，而它在任意两个时刻上的随机变量都是互不相关的。图 2-15 画出了白噪声的双边带功率谱及其自相关函数的图形。

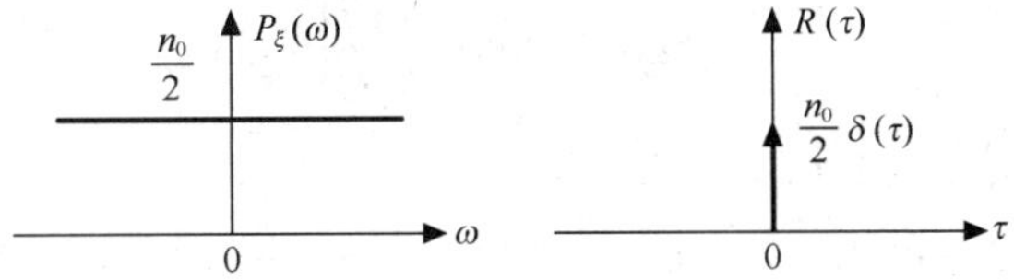

图 2-15　白噪声的双边带功率谱密度和自相关函数

如果白噪声又是高斯分布的，我们就称之为高斯白噪声。由式（2.49）可以看出，高斯白噪声在任意两个不同时刻上的取值之间，不仅是互不相关的，而且还是统计独立的。

2. 窄带高斯噪声

在实际的通信系统中，许多电路都可以等效为一个窄带网络。窄带网络的带宽 W 远远小于其中心频率 ω_0。当高斯白噪声通过窄带网络时，其输出噪声只能集中在中心频率 ω_0 附近的带宽 W 之内，称这种噪声为窄带高斯噪声，窄带噪声的功率谱及波形如图 2-16 所示。

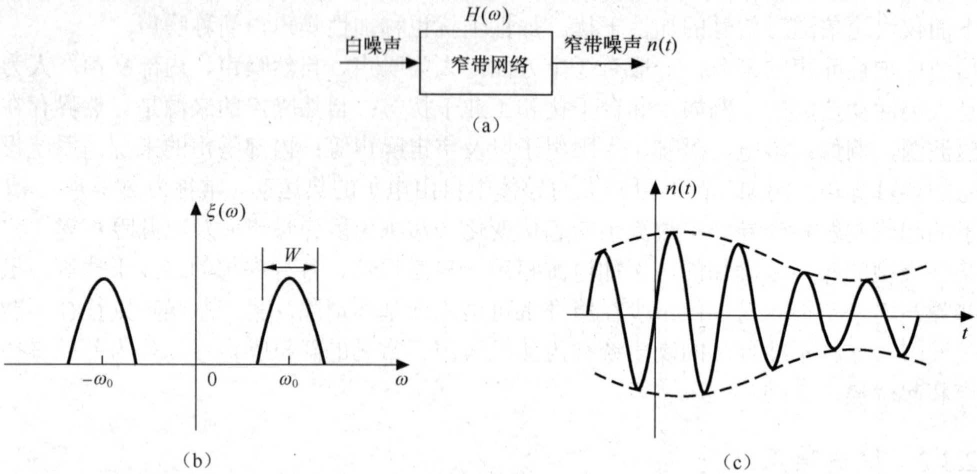

图 2-16 窄带噪声的功率谱及波形示意图

如果用示波器观察窄带噪声的波形，可以发现它是一个振幅和相位都在缓慢变化、频率近似等于ω_0的正弦波，波形如图 2-16（c）所示。因此我们把窄带噪声写成如下形式

$$n(t)=R(t)\cos[\omega_0 t+\varphi(t)] \tag{2.50}$$

式中，$R(t)$和$\varphi(t)$分别表示随机包络和相位，它们都是随机过程，且变化与$\cos\omega_0 t$相比要缓慢得多。将上式展开可得

$$\begin{aligned}n(t)&=R(t)\cos[\varphi(t)]\cos\omega_0 t-R(t)\sin[\varphi(t)]\sin\omega_0 t\\&=n_c(t)\cos\omega_0 t-n_S(t)\sin\omega_0 t\end{aligned} \tag{2.51}$$

式中

$$n_c(t)=R(t)\cos[\varphi(t)] \tag{2.52}$$

$$n_s(t)=R(t)\sin[\varphi(t)] \tag{2.53}$$

式中，$n_c(t)$与载波$\cos\omega_0 t$同相，称为$n(t)$的同相分量，$n_s(t)$与载波$\cos\omega_0 t$差 π/2，故称为$n(t)$的正交分量，窄带噪声的包络和相位可分别表示为

$$R(t)=\sqrt{n_c^2(t)+n_s^2(t)} \tag{2.54}$$

$$\varphi(t)=\arctan\frac{n_s(t)}{n_c(t)} \tag{2.55}$$

$n_c(t)$和$n_s(t)$在性质上都是低通型噪声。

窄带高斯噪声$n_c(t)$和$n_s(t)$的功率谱与$n(t)$的功率谱之间有如下关系

$$p_{nc}(\omega)=p_{ns}(\omega)=\begin{cases}p_n(\omega-\omega_0)+p_n(\omega+\omega_0)\leqslant\dfrac{W}{2}\\0 \qquad\qquad 其他\end{cases} \tag{2.56}$$

2.3.3 信道容量

信息是通过信道传输的，如果信道受到加性高斯白噪声的干扰，传输信号的功率和带宽又都受到限制。对于这个问题，香农（Shannon）在信息论中已经给出了回答，这就是著名的信道容量公式，又称香农公式。

$$C = B\log_2\left(1+\frac{S}{N}\right) \qquad \text{(bit/s)} \tag{2.57}$$

式中，C——信道容量，是指信道可能传输的最大信息速率，它是信道能够达到的最大传输能力；

B——信道带宽；

S——信号的平均功率；

N——白噪声的平均功率；

S/N——信噪比。

香农公式主要讨论了信道容量、带宽和信噪比之间的关系，是信息传输中非常重要的公式，也是目前通信系统设计和性能分析的理论基础。

由香农公式可得到如下结论：

① 当给定 B、S/N 时，信道的极限传输能力（信道容量）C 即确定。如果信道实际的传输信息速率 R 小于或等于 C 时，此时能做到无差错传输（差错率可任意小）。如果 R 大于 C，那么无差错传输在理论上是不可能的。

② 当信道容量 C 一定时，带宽 B 和信噪比 S/N 之间可以互换。也就是说，要使信道保持一定的容量，可以通过调整带宽 B 和信噪比 S/N 的关系来达到。

③ 增加信道带宽 B 并不能无限制地增大信道容量。当信道噪声为高斯白噪声时，随着带宽 B 的增加，噪声功率 $N = n_0 B$（n_0 为单边噪声功率谱密度）也增大，在极限情况下

$$\lim_{B\to\infty} C = 1.44\frac{S}{n_0} \tag{2.58}$$

可见，即使信道带宽无限大，信道容量仍然是有限的。

④ 信道容量 C 是信道传输的极限速率时，由于 $C=\frac{I}{T}$，I 为信息量，T 为传输时间。根据香农公式

$$C = \frac{I}{T} = B\log_2(1+S/N) \tag{2.59}$$

于是有

$$I = BT\log_2(1+S/N) \tag{2.60}$$

由上式可见，在给定 C 和 S/N 的情况下，带宽与时间也可以互换。

通常，把实现了极限信息速率传输（即达到信道容量值）且能做到任意小差错率的通信系统，称为理想通信系统。但是，香农定理只证明了理想系统的“存在性”，却没有指出这种通信系统的实现方法。因此，理想系统通常只能作为实际系统的理论界限。另外，上述讨论都是在信道噪声为高斯白噪声的前提下进行的，对于其他类型的噪声，需要对香农公式加以修正。

2.4　通信系统中的带宽

带宽通常指信号所占据的频带宽度，信号带宽是由信号的能量谱密度或功率谱密度在频域的分布规律所确定；而在被用来描述信道时，带宽是指能够有效通过该信道的信号的最大

频带宽度。对于模拟信号而言，带宽又称为频宽，以赫兹（Hz）为单位。例如模拟话音电话的信号带宽为 3400Hz，一个 PAL-D 电视频道的带宽为 8MHz（含保护带宽）。对于数字信号而言，带宽是指单位时间内链路能够通过的数据量。例如 ISDN 的 B 信道带宽为 64kbit/s。由于数字信号的传输是通过模拟信号的调制完成的，为了与模拟带宽进行区分，数字信道的带宽一般直接用波特率或符号率来描述。

通常根据信号能量（功率）集中的情况来定义带宽。常用的带宽定义方法主要有以下几种。

1. 百分比带宽

百分比带宽是以集中一定百分比的能量（或功率）来定义的，这个百分比 γ 可取 90%、95%或 99%等，可由下式求出带宽 B，即

$$\gamma=\frac{2\int_0^B |X(f)^2|\,\mathrm{d}f}{E} \tag{2.61}$$

2. 3dB 带宽

对于频率轴上具有明显的单峰形状（或主峰）的能量谱（或功率谱）密度的信号，通常以 3dB 带宽来定义。3dB 宽带指的是比峰值功率小 3dB（就是峰值的 50%）的频谱范围的带宽，即幅值等于最大值的 $\sqrt{2}/2$ 时对应的频带宽度。幅值的平方即为功率，平方后变为 1/2 倍，在对数坐标中就是−3dB 的位置了，也就是半功率点了，对应的带宽就是功率在减少至其一半以前的频带宽度，表示在该带宽内集中了一半的功率。

3. 谱零点带宽

典型矩形的功率谱，其分布似花瓣，在功率谱的第一个过零点之内的花瓣最大，称为主瓣，其余的称为旁瓣。主瓣集中了信号的绝大部分功率，所以主瓣的带宽可以作为信号的近似带宽，通常称为谱零点带宽。

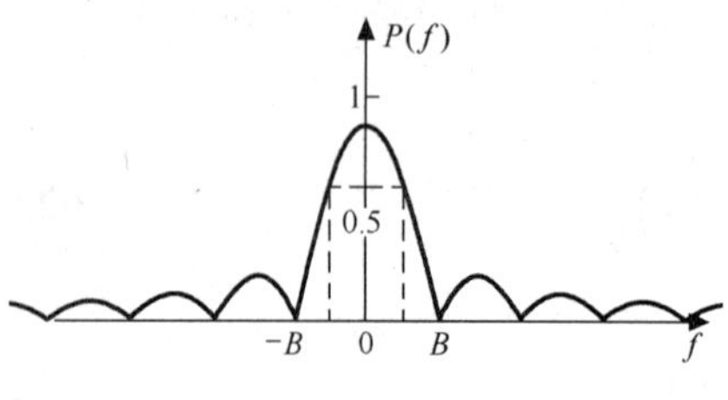

图 2-17　3dB 带宽图示

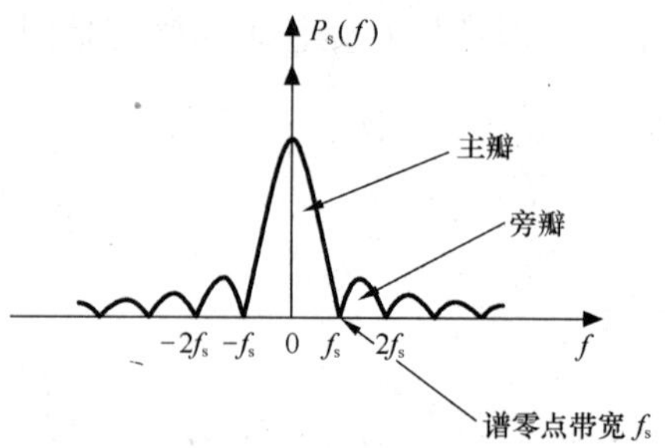

图 2-18　谱零点带宽

习　题

2-1　求下列信号的振幅频谱，并绘出图形。

（1）$f(t)=\mathrm{Sa}\left(\frac{\pi}{T}t\right)+2\mathrm{Sa}\left[\frac{\pi}{T}(t-T)\right]+\mathrm{Sa}\left[\frac{\pi}{T}(t-2T)\right]$

（2）$f(t)=\mathrm{Sa}\left(\frac{\pi}{T}t\right)-\mathrm{Sa}\left[\frac{\pi}{T}(t-2T)\right]$

2-2　一升余弦脉冲信号的表示式为

$$f(t)=\frac{E}{2}\left(1+\cos\frac{\pi t}{T}\right),\quad (0\leqslant|t|\leqslant T)$$

试求其频谱。

2-3　设有两矩形脉冲 $f_1(t)$、$f_2(t)$ 如题 2-3 图所示，试求 $f_1(t) * f_2(t)$，并绘出图形。

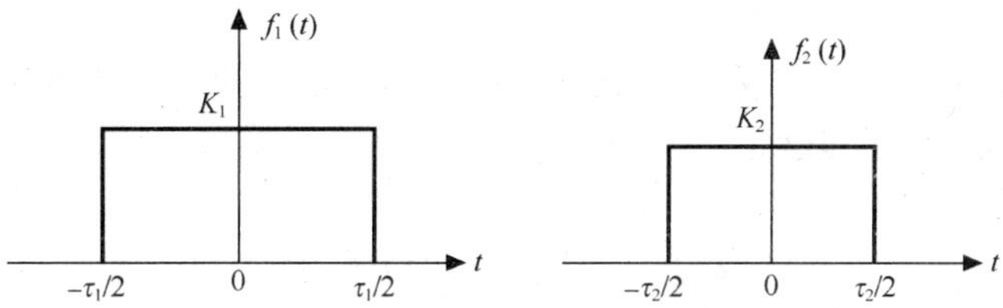

题 2-3 图

2-4　试确定下列信号的平均功率和功率谱密度。

（1）$A\cos(2000\pi t)+B\sin(200\pi t)$

（2）$[A+\sin(200\pi t)]\cos(2000\pi t)$

（3）$A\cos(200\pi t)\cos(2000\pi t)$

2-5　求单个矩形脉冲（脉幅为 A，脉宽为 2）的自相关函数和能量谱密度。

2-6　设周期信号为 $f(t)=A\cos\omega_1 t$，试求它的自相关函数和功率谱密度。

2-7　设随机过程 $\xi(t)$ 可表示成　$\xi(t)=2\cos(2\pi t+\theta)$，式中 θ 是一个离散随机变量，且 $P(\theta=0)=1/2$、$P(\theta=\pi/2)=1/2$，试求 $E_\xi(1)$ 及 $R_\xi(0,1)$。

2-8　设 $z(t)=x_1\cos\omega_0 t-x_2\sin\omega_0 t$ 是一随机过程，若 x_1 和 x_2 是彼此独立且具有均值为 0，方差为 σ^2 的正态随机变量，试求

（1）$\mathrm{E}[z(t)]$、$\mathrm{E}[z^2(t)]$；

（2）$z(t)$ 的一维分布密度函数 $f(z)$；

（3）$B(t_1, t_2)$ 与 $R(t_1, t_2)$。

2-9　设 RC 低通滤波器如题 2-9 图所示，求当输入均值为零、功率谱密度为 $n_0/2$ 的高斯白噪声时，输出过程的功率谱密度和自相关函数。

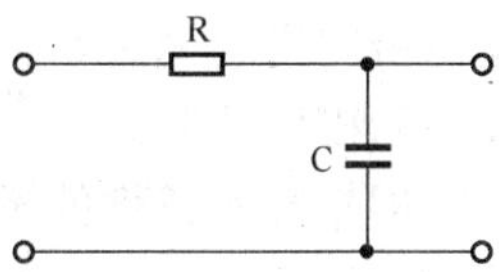

题 2-9 图

2-10　设有 A、B、C、D 四个消息分别以概率 1/4、1/8、1/8、1/2 传送，假设它们的出现是相互独立的，试求每个消息的信息量和信息源的熵。

2-11　黑白电视机的图像每秒传输 25 帧，每帧有 625 行，屏幕的宽度与高度之比为 4∶3。设图像的每个像素的亮度有 10 个电平，各像素的亮度相互独立，且等概出现，求电视图像给观众的平均信息速率。

2-12　已知某标准音频线路带宽为 3.4kHz。

（1）设要求信道的 S/N=30dB，试求这时的信道容量是多少。

（2）设线路上的最大信息传输速率为 4800bit/s，试求所需最小信噪比为多少。

2-13　有一信息量为 1bit/s 的消息，需在某信道传输，设信道带宽为 4kHz，接收端要求信噪比为 30dB，问传送这一消息需用多少时间。

第 3 章　模拟通信系统

传输模拟信号的通信系统即为模拟通信系统，为了远距离有效地传输模拟信号，需要在通信系统中进行调制和解调变换。

3.1　调制的概念

通常人们把由原始消息转换过来的电信号称为基带信号。通常基带信号不易在信道中直接传输。因此在发端需将基带信号“附加”在高频振荡波上进行传输，即将信号频谱进行搬移，此过程就是调制，原基带信号称为调制信号，而高频振荡波为运载基带信号的工具，称为载波。经过调制的高频振荡波称为已调波信号。在收端，则需要将载波上所携带的信号取下来，恢复原基带信号，此过程称为解调。

所谓调制是使信号 $m(t)$ 控制载波的某一个（或 N 个）参数，使这个参数按照信号 $m(t)$ 的规律而变化的过程。

调制可分为两大类：用正弦高频信号作为载波的正弦波调制，或用脉冲串构成一组数字信号作为载波的脉冲调制。通常，正弦波调制又分为模拟（连续）调制和数字调制两种。所谓模拟调制，就是调制信号为连续型的模拟信号；数字调制是调制信号为脉冲型的数字信号。对于脉冲调制，通常也分为两种方式：用连续型的调制信号去改变脉冲参数的脉冲模拟调制和用连续调制信号的数字化形式（通过模/数转换）去形成一系列脉冲组的脉冲编码调制（脉冲数字调制）。

对于连续波调制，已调信号可以表示为

$$S(t) = A(t)\cos[\omega_0 t + \varphi(t)] \tag{3.1}$$

它由振幅 $A(t)$、频率 ω_0 和相位 $\varphi(t)$ 3 个参数构成。改变 3 个参数中的任何一个都可能携带同样的消息。因此，连续波调制可分为调幅、调频和调相。本章主要讨论正弦信号作载波的模拟调制。

根据频谱特性的不同，通常可把调幅分为标准调幅（AM）、抑制载波双边带调幅（DSB）、单边带调幅（SSB）和残留边带调幅（VSB）等。而调频和调相都是使载波的相角发生变化，因此二者又统称为角度调制。

3.2　幅度调制系统

3.2.1　标准调幅（AM）

标准调幅（AM）是指用信号 $m(t)$ 去控制载波 $s(t)$ 的振幅，使已调波的包络按照 $m(t)$ 的规律线性变化。

设 $m(t)$ 为调制信号，载波为

$$s(t) = A_0\cos(\omega_0 t + \theta_0) \tag{3.2}$$

那么 AM 信号可以表示为

$$s_{\mathrm{AM}}(t)=[A_0+m(t)]\cos(\omega_0 t+\theta_0) \tag{3.3}$$

式中，A_0——未调载波的振幅；

ω_0——载波角频率；

θ_0——载波起始相位。

AM 信号的频谱为

$$S_{\mathrm{AM}}(\omega)=\pi A_0[\delta(\omega-\omega_0)+\delta(\omega+\omega_0)]+\frac{1}{2}[M(\omega-\omega_0)+M(\omega+\omega_0)] \tag{3.4}$$

实现标准调幅主要是利用加法运算和乘法运算。故标准调幅 AM 产生的数学模型如图 3-1 所示。

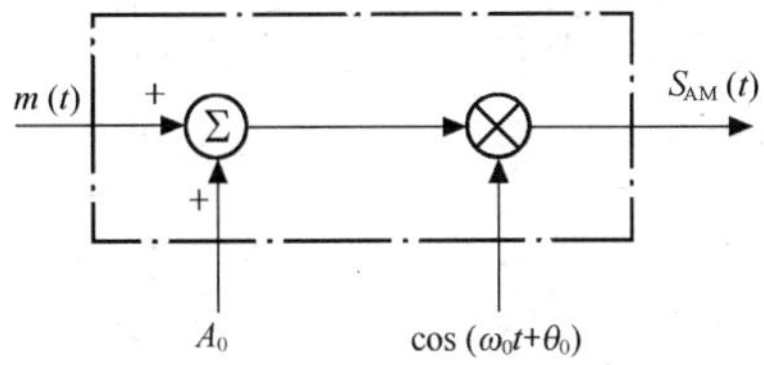

图 3-1　AM 产生的数学模型

图 3-2 所示为 AM 的波形和其相应的频谱图形。

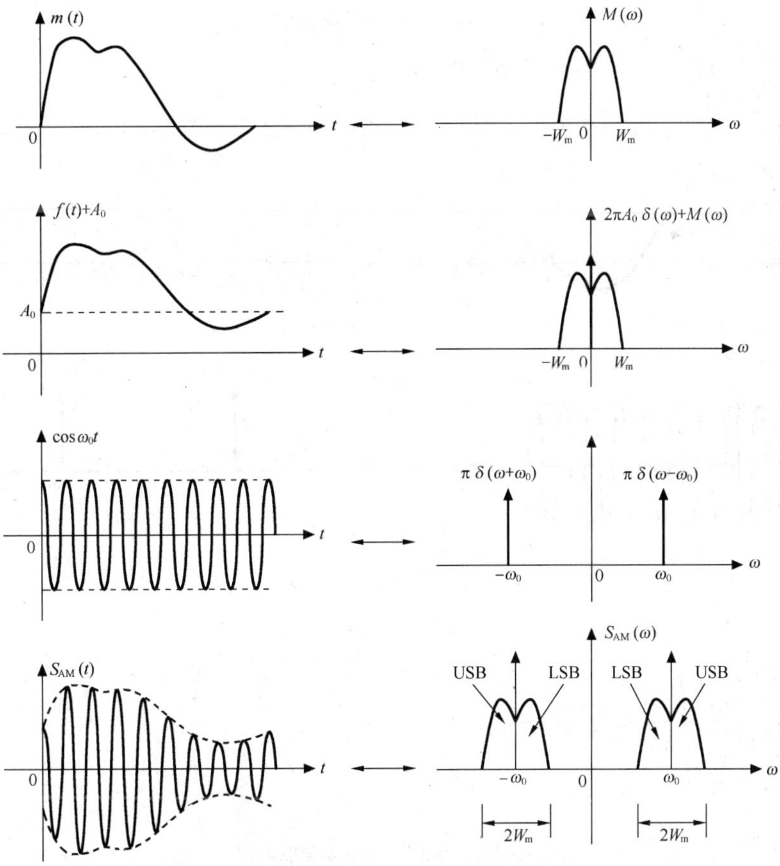

图 3-2　AM 的波形和频谱图形

从图 3-2 可以看出，AM 的频谱中含有载频和上、下两个边带，已调波带宽为原基带信号带宽的两倍，即 $W_{AM}=2W_m$ 。AM 波的频谱与基带频谱呈线性关系，只是将基带信号的频谱搬移到$\pm\omega_0$处，并没有产生新的频率分量。因此，AM 调制属于线性调制。

3.2.2 抑制载波双边带调幅（DSB）

在标准调幅中含有载波分量，但载波分量并不携带有用消息，却耗散大量的功率。为了提高调制的效率，可将不携带消息的载波分量抑制掉，而仅传输携带消息的两个边带。这就是抑制载波双边带调幅（DSB）。

DSB 的时域表达式为 $$S_{DSB}(t)=f(t)\cos(\omega_0 t+\theta_0) \tag{3.5}$$

其对应频谱为 $$S_{DSB}(\omega)=\frac{1}{2}[F(\omega-\omega_0)+F(\omega+\omega_0)]\quad(\theta_0=0) \tag{3.6}$$

DSB 产生的数学模型可用图 3-3 表示。

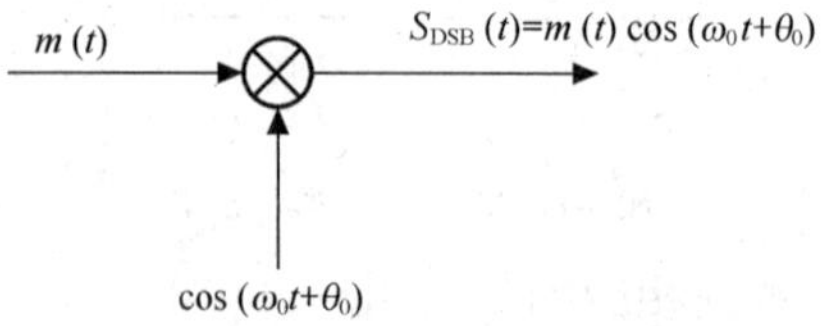

图 3-3 产生 DSB 的数学模型

图 3-4 所示为 DSB 的波形及其频谱图形。

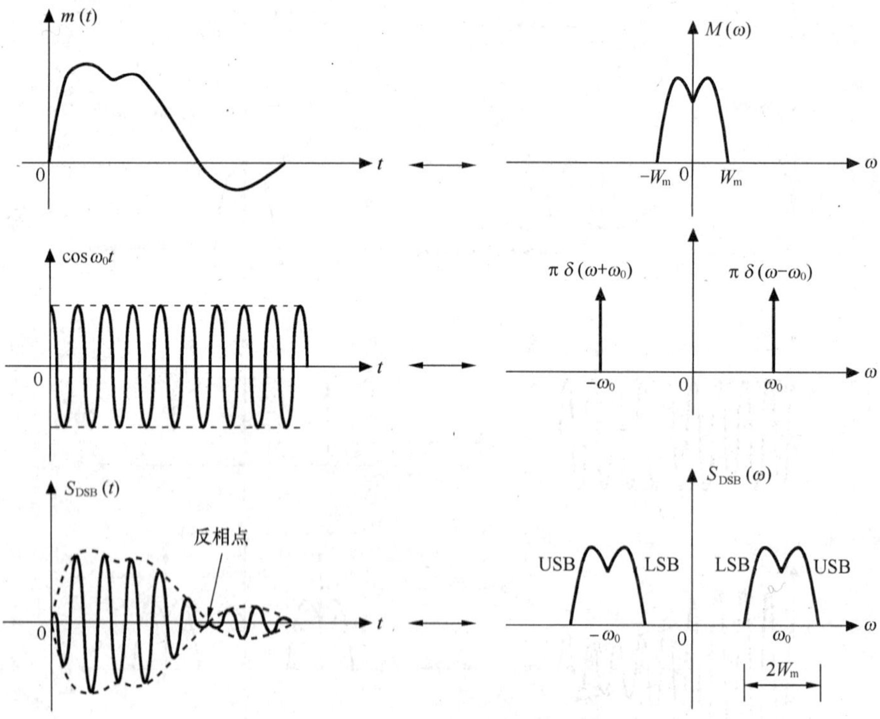

图 3-4 DSB 的波形及频谱图形

常用的模拟乘法器集成电路有 MC1496、MC1596 等，图 3-5 给出了应用 MC1496 芯片产生 DSB 信号的电路图。

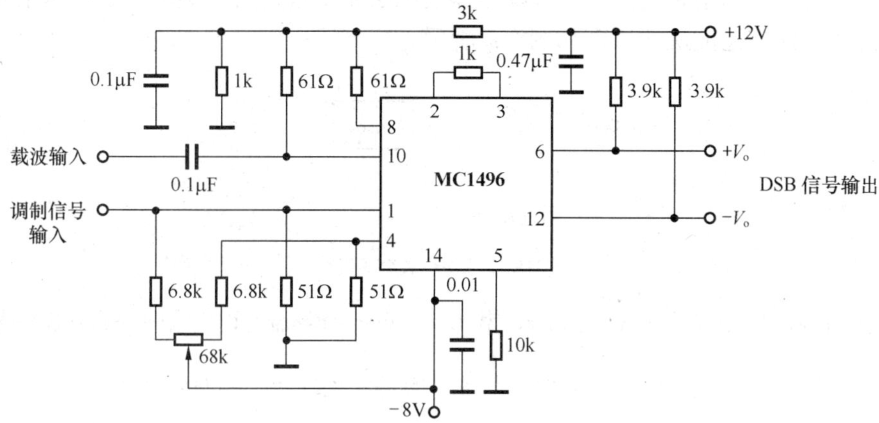

图 3-5　DSB 的实际产生电路

3.2.3　单边带调制（SSB）

双边带调制虽然调制效率高，但是它的传输带宽需要两倍基带信号带宽，所以它的信道利用率不高。

由图 3-6（b）可见 DSB 的频谱中位于$\pm\omega_0$处的两侧出现了两个与图 3-6（a）$M(\omega)$形状完全相同的频谱，这样在发送时就发送了多余的消息，因为上边带和下边带中都含有 $M(\omega)$的全部消息，所以只传送一个边带就足够了。这种只传送一个边带的调制方式称为单边带调制，图 3-6（c）和（d）所示为 SSB 的上边带和下边带频谱图。

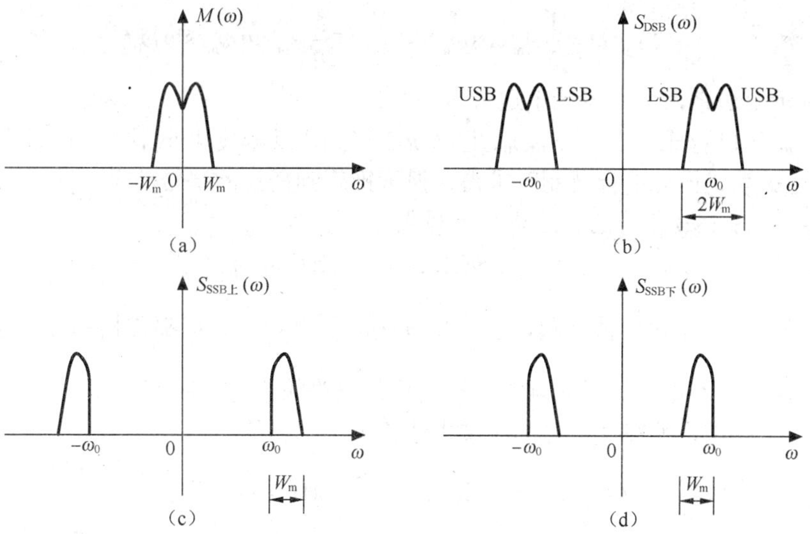

图 3-6　SSB 信号的频谱

SSB 信号的带宽比 AM 和 DSB 带宽减少一倍，因而提高了信道利用率。同时由于抑制载波并仅发送一个边带，故又节省功率。因此在通信中获得了广泛的应用。

单边带调制中只传送双边带信号的一个边带，因此产生单边带信号最直接的方法就是让双边带信号通过一个单边带滤波器，滤除不需要的边带，获得所需边带。这种产生 SSB 的方法通常称为滤波法。滤波法的原理如图 3-7 所示。

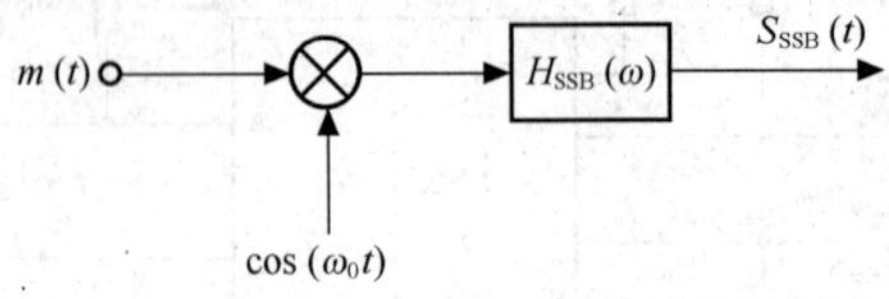

图 3-7　滤波法产生 SSB 信号

设单音调制信号 $m(t)=A_m\cos\omega_m t$，载波 $c(t)=\cos\omega_0 t$，两者相乘得 DSB 信号为

$$S_{DSB}(t)=A_m\cos\omega_m t\cos\omega_0 t=\frac{1}{2}A_m\cos(\omega_0+\omega_m)t+\frac{1}{2}A_m\cos(\omega_0-\omega_m)t \quad (3.7)$$

通过边带滤波器，滤出上边带，则

$$\begin{aligned}S_{USB}(t)&=\frac{1}{2}A_m\cos(\omega_0+\omega_m)t\\&=\frac{1}{2}A_m\cos\omega_m t\cos\omega_0 t-\frac{1}{2}A_m\sin\omega_m t\sin\omega_0 t\end{aligned} \quad (3.8)$$

滤出下边带，则

$$\begin{aligned}S_{LSB}(t)&=\frac{1}{2}A_m\cos(\omega_0-\omega_m)t\\&=\frac{1}{2}A_m\cos\omega_m t\cos\omega_0 t+\frac{1}{2}A_m\sin\omega_m t\sin\omega_0 t\end{aligned} \quad (3.9)$$

将上、下边带的表达式合并可写成

$$S_{SSB}(t)=\frac{1}{2}A_m\cos\omega_m t\cos\omega_0 t\mp\frac{1}{2}A_m\sin\omega_m t\sin\omega_0 t \quad (3.10)$$

式中“−”表示上边带，“+”表示下边带。

$A_m\sin\omega_m t$ 可以看成是由 $A_m\cos\omega_m t$ 相移 π/2 得到，其幅度大小不变。此过程称为希尔伯特变换。上述关系式虽为单音调制时求得，但可推广到任意的基带信号。

经整理后可将 SSB 信号的表达式统一写成

$$S_{SSB}(t)=m(t)\cos\omega_0 t\mp\hat{m}(t)\sin\omega_0 t \quad (3.11)$$

式中，$\hat{m}(t)$ 是 $m(t)$的希尔伯特变换，它是将 $m(t)$的所有频率分量都移相−π/2。这里将系数由 1/2 改为 1，这样并不影响信号的频谱结构，只是电路的增益不同而已。

由式（3.11）可得到 SSB 信号的频域表达式为

$$\begin{aligned}S_{SSB}(\omega)&=\frac{1}{2}[M(\omega+\omega_0)+M(\omega-\omega_0)]\\&\mp\frac{j}{2}[\hat{M}(\omega+\omega_0)-\hat{M}(\omega-\omega_0)]\end{aligned} \quad (3.12)$$

由式（3.11）可以画出产生 SSB 信号另一种数学模型，如图 3-8 所示。由于采用−π/2 相移器，故称为相移法。

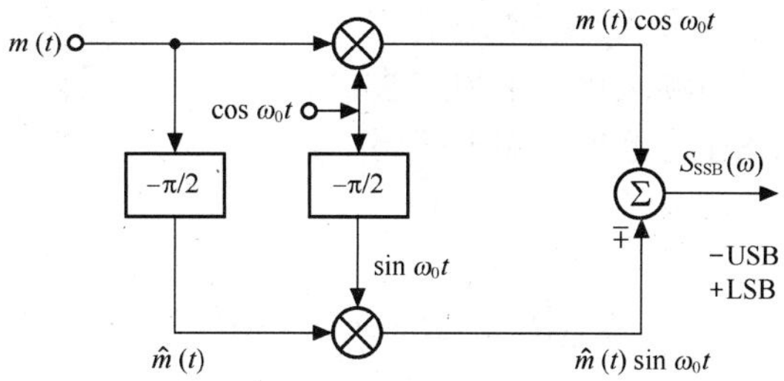

图 3-8　相位法产生 SSB 信号

3.2.4　残留边带调幅（VSB）

由以上分析可知，双边带信号浪费边带，单边带信号的产生需要锐截止特性的滤波器不容易实现，特别是所传信号的频谱具有丰富的低频分量时（例如电视、电报），SSB 的上、下边带就很难分离。为此可采用带宽介于单边带调制与双边带调制之间的一种调制方式，这就是残留边带调制（VSB）。它除传送一个边带外，还保留另一边带的一部分。滤波法产生 VSB 信号的数学模型如图 3-9 所示。

滤波法产生 VSB 信号的方式基本同 SSB 信号。不同的是，采用的滤波器 $H_V(\omega)$不需要十分陡峭的滤波特性。为了保证残留边带信号在解调时不失真，要求残留边带滤波器的特性为：在$|\omega_0|$附近具有滚降特性，且要求这段特性对$|\omega_0|$上半幅度点呈现奇对称（互补对称），而在边带范围内其他处是平坦的，如图 3-10（a）所示。这样在接收端采用相干解调时，解调器输出满足 $H(\omega-\omega_0)+H(\omega+\omega_0)=K$，使输出信号能准确地恢复所需的基带信号，如图 3-10（b）所示。

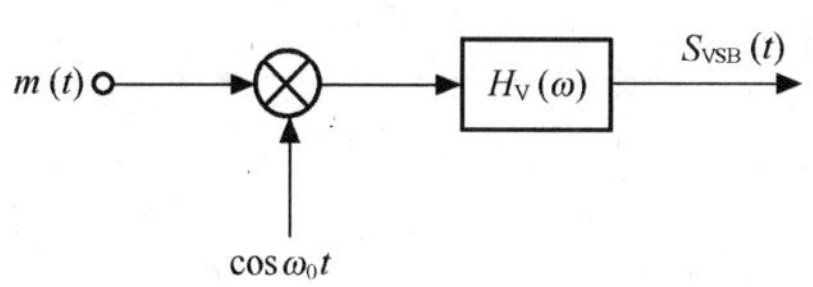

图 3-9　滤波法产生 VSB 信号

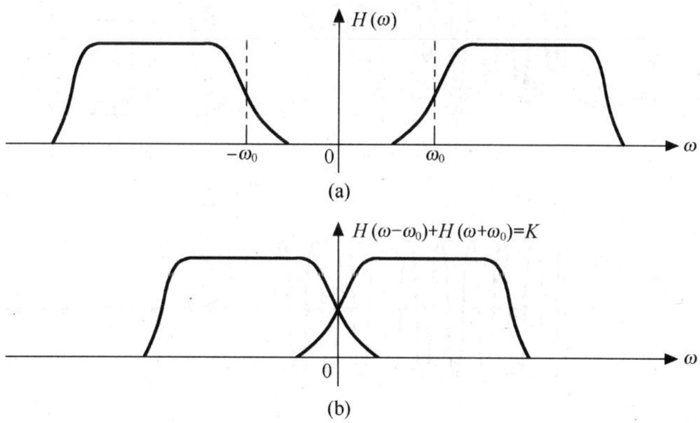

图 3-10　残留边带滤波器特性

3.2.5　调幅系统的解调

调制过程是一个频谱搬移的过程，它是将低频信号的频谱搬移到载频位置。而解调，是将位于载频的信号频谱再搬回来，并且不失真地恢复出原始信号。

对于调幅信号的解调，通常有两种方式：相干解调和非相干解调。

1. 相干调解

相干解调适用各种调幅系统，它的一般数学模型如图 3-11 所示。

为了不失真地恢复调制信号，要求本地载波和接收信号的载波必须保持同频同相，这种方法称为相干解调。下面，以 DSB 为例说明相干解调的过程。

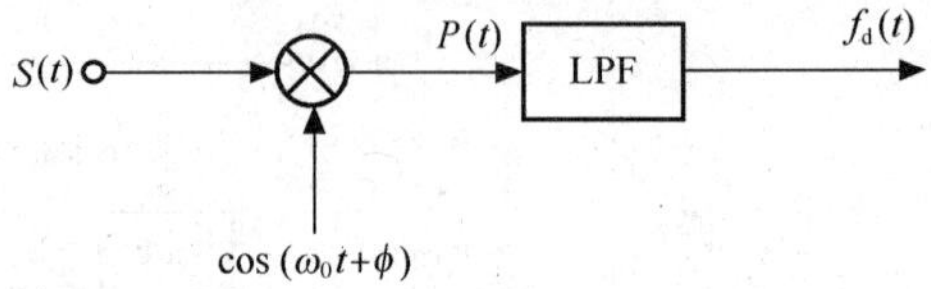

图 3-11 幅度调制信号的相干解调

已调信号为

$$S_{\mathrm{DSB}}(t)=f(t)\cos(\omega_0 t+\theta_0)$$

乘法器输出

$$\begin{aligned}P(t)&=f(t)\cos(\omega_0 t+\theta_0)\cos(\omega_0 t+\phi)\\&=\frac{1}{2}f(t)\cos(\theta_0-\phi)+\frac{1}{2}\cos(2\omega_0 t+\theta_0+\phi)\end{aligned}\tag{3.13}$$

通过 LPF 后

$$f_{\mathrm{d}}(t)=\frac{1}{2}f(t)\cos(\theta_0-\phi)\tag{3.14}$$

当 $\theta_0=\phi$ =常数时，

$$f_{\mathrm{d}}(t)=\frac{1}{2}f(t)\tag{3.15}$$

由上面的推导可知，只有当本地载波与接收信号的载频相同，且 $\theta_0=\phi$=常数时，信号才能正确地恢复，否则就会产生失真。图 3-12 给出了相干解调过程的波形及其频谱。

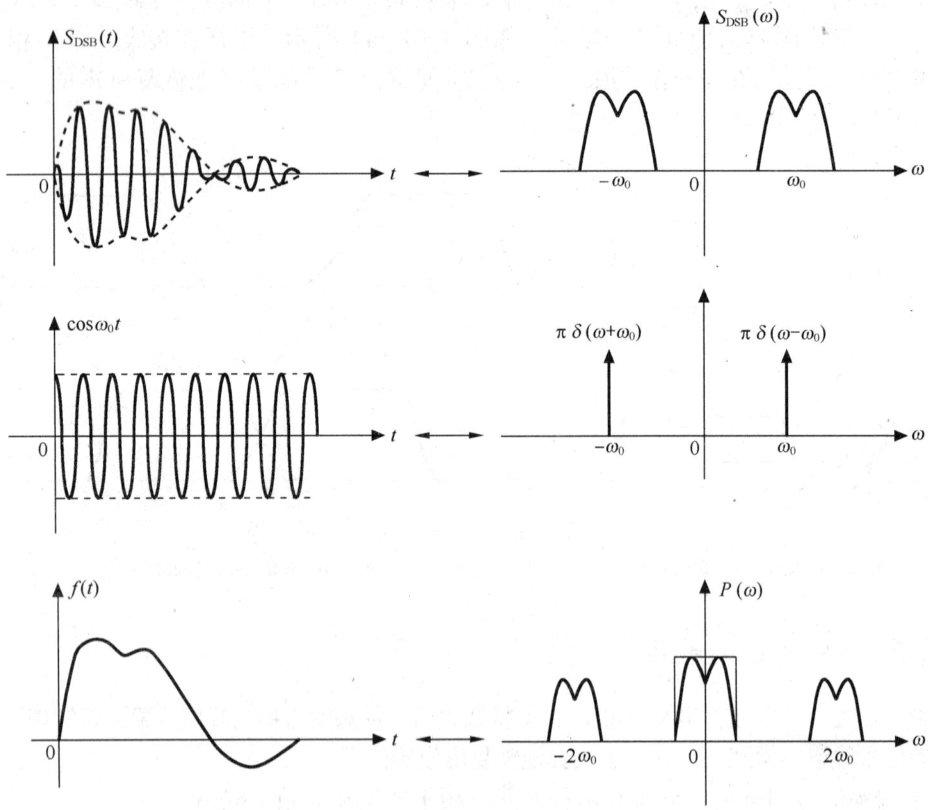

图 3-12 DSB 的相干解调

AM、SSB 和 VSB 均可采用相干解调方法，其原理完全同 DSB，其输出均为 $f_d(t)=\frac{1}{2}f(t)$。

2. 非相干解调

非相干解调的接收端解调信号时不需要本地载波，而是利用已调信号中的包络信息来恢复原始信号。因此，非相干解调一般只适用标准调幅（AM）系统。AM 信号非相干解调方法通常采用非相干解调中的包络检波法。

3.3　频率调制系统

调幅系统是以正弦波为载波，其幅度受调制信号的控制而变化。当载波的振幅保持不变，而载波的频率或相位受调制信号的控制而发生变化时，称为频率调制或相位调制。因为频率或相位的变化都可以看成是载波角度的变化，因此这种调制又可以称为角度调制。角度调制是频率调制（FM）和相位调制（PM）的统称。

在模拟调制中，FM 与 PM 在本质上没有多大区别，而 PM 应用较少，这里我们主要侧重讨论频率调制。

3.3.1　角度调制的基本概念

未调制的正弦载波可表示为

$$S(t)=A\cos\theta(t) \tag{3.16}$$

式中 $\theta(t)$ 称为瞬时相角，它是时间的函数。

$\omega(t)$ 称为瞬时频率，它与瞬时相角 $\theta(t)$ 有如下关系

$$\omega(t)=\frac{\mathrm{d}\,\theta(t)}{\mathrm{d}\,t} \tag{3.17}$$

$$\theta(t)=\int\omega(t)\,\mathrm{d}t \tag{3.18}$$

1. 相位调制 PM

若正弦载波的瞬时相角 $\theta(t)$ 与调制信号 $m(t)$ 呈线性函数关系，就称之为 PM 波，即

$$\theta_{PM}(t)=\omega_0 t+\theta_0+K_p m(t) \tag{3.19}$$

式中，ω_0 和 θ_0 分别为载波的固定角频率和相角，它们均为常数。K_p 称为比例常数，它表示调相器灵敏度，单位是弧度/伏，$K_p\,m(t)$ 称为瞬时相位偏移，即

$$\varphi(t)=K_{PM}m(t) \tag{3.20}$$

$\varphi(t)$ 的最大值用 $\Delta\theta_{PM}$ 表示，即有　$\Delta\theta_{PM}=K_p\,|\,m(t)\,|_{max}$　(3.21)

而调相波的瞬时频率为　$\omega_{PM}(t)=\dfrac{\mathrm{d}\theta(t)}{\mathrm{d}t}=\omega_0+K_p\dfrac{\mathrm{d}\,m(t)}{\mathrm{d}t}$　(3.22)

式（3.22）说明 PM 的瞬时频率与调制信号 $m(t)$ 的微分呈线性关系。

于是 PM 波的表达式为　$S_{PM}(t)=A\cos[\omega_0 t+\theta_0+K_p m(t)]$　(3.23)

对于单音频信号进行调制时

$$f(t)=A_{\mathrm{m}}\cos\omega_{\mathrm{m}}t \tag{3.24}$$

有

$$\begin{aligned}S_{\mathrm{PM}}(t)&=A\cos(\omega_0t+\theta_0+K_{\mathrm{p}}A_{\mathrm{m}}\cos\omega_{\mathrm{m}}t)\\&=A\cos(\omega_0t+\theta_0+\beta_{\mathrm{PM}}\cos\omega_{\mathrm{m}}t)\end{aligned} \tag{3.25}$$

其中

$$\beta_{\mathrm{PM}}=A_{\mathrm{m}}K_{\mathrm{p}} \tag{3.26}$$

叫做调相指数，它代表调相波的最大相位偏移。

2. 频率调制 FM

若正弦载波的瞬时频率$\omega(t)$与信号 $m(t)$呈线性关系，则称为 FM。即

$$\omega(t)=\omega_0+K_{\mathrm{f}}m(t) \tag{3.27}$$

ω_0 是固有角频率，K_{f} 是比例常数，它表示调频器灵敏度，单位是弧度/秒・伏。

其瞬时相角

$$\theta(t)=\int\omega(t)\,\mathrm{d}t=\omega_0t+\theta_0+K_{\mathrm{f}}\int m(t)\mathrm{d}t \tag{3.28}$$

式（3.28）说明 FM 波的瞬时相角与 $f(t)$的积分呈线性关系。

于是 FM 波的表达式为

$$S_{\mathrm{FM}}(t)=A\cos[\omega_0t+\theta_0+K_{\mathrm{f}}\int m(t)\,\mathrm{d}t] \tag{3.29}$$

当单音频调制时，调制信号为

$$m(t)=A_{\mathrm{m}}\cos\omega_{\mathrm{m}}t$$

$$\begin{aligned}S_{\mathrm{FM}}(t)&=A\cos[\omega_0t+\theta_0+K_{\mathrm{f}}\int A_{\mathrm{m}}\cos\omega_{\mathrm{m}}\mathrm{d}t]\\&=A\cos[\omega_0t+\theta_0+\frac{K_{\mathrm{f}}A_{\mathrm{m}}}{\omega_{\mathrm{m}}}\sin\omega_{\mathrm{m}}t]\\&=A\cos[\omega_0t+\theta_0+\beta_{\mathrm{FM}}\sin\omega_{\mathrm{m}}t]\end{aligned} \tag{3.30}$$

式中，$\beta_{\mathrm{FM}}=\dfrac{K_{\mathrm{f}}A_{\mathrm{m}}}{\omega_{\mathrm{m}}}$ 叫做调频指数，它代表 FM 波的最大相位偏移 $\Delta\theta_{\mathrm{FM}}$。

由式（3.27）可得到 FM 的最大频偏 $\Delta\omega=K_{\mathrm{f}}\left|m(t)\right|_{\max}$ （3.31）

对于单音调制

$$\Delta\omega=A_{\mathrm{m}}K_{\mathrm{f}} \tag{3.32}$$

因此

$$\beta_{\mathrm{FM}}=\frac{\Delta\omega}{\omega_{\mathrm{m}}} \tag{3.33}$$

从上面的分析来看,调频波与调相波有着密切关系。若把调制信号 $m(t)$先积分，然后再进行调相，得到的却是调频波。同样，把 $m(t)$先微分，然后再去调频，得到的却是调相波。由此可见，调频和调相并无本质上的区别。单音频调制时，调频波和调相波的波形如图 3-13 所示。

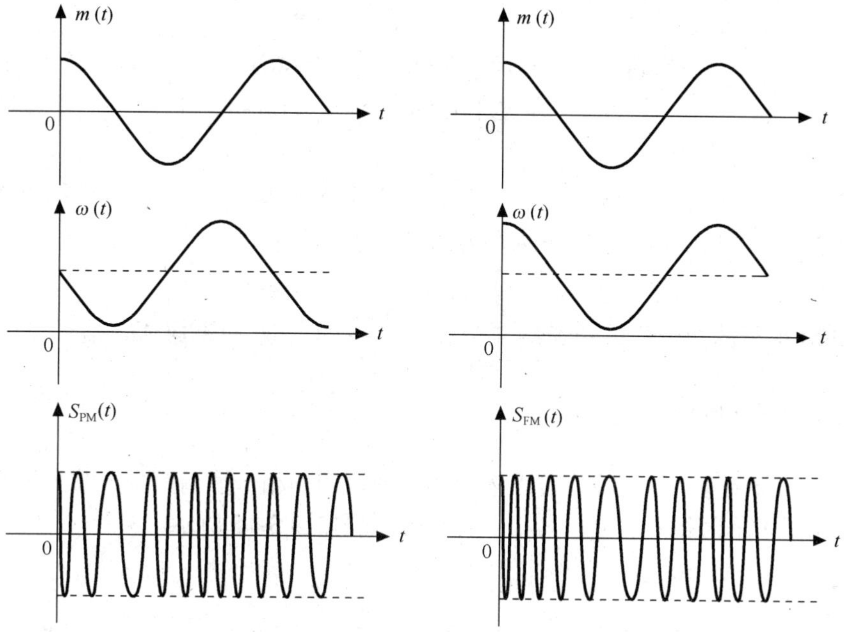

图 3-13　单音频调制时的调频波和调相波

3.3.2　窄带调频（NBFM）

如果调频波的最大相位偏移满足如下条件

$$\Delta\theta_{FM} = K_f \left| \int m(t)\,dt \right|_{max} << \frac{\pi}{6} \tag{3.34}$$

称为窄带调频。因为在这种情况下，调频波占有比较窄的频带宽度。

由式（3.29）可以得到 FM 波的表达式为

$$S_{FM}(t) = A\cos[\omega_0 t + K_f \int m(t)\,dt] \tag{3.35}$$

将其按三角函数展开，则有 $S_{FM}(t) = A\cos\omega_0 t \cdot \cos[\, K_f \int m(t)dt\,]$

$$-A\sin\omega_0 t \cdot \sin[\, K_f \int m(t)dt\,]$$

$$\approx A\cos\omega_0 t - A\,K_f \int m(t)\sin\omega_0 t d\,t \tag{3.36}$$

在式（3.36）的推导中，利用了近似关系：$x<<1$ 时，$\cos x \approx 1$ 和 $\sin x \approx x$ 。

根据式（3.36）可以画出实现 NBFM 的数学模型如图 3-14 所示。

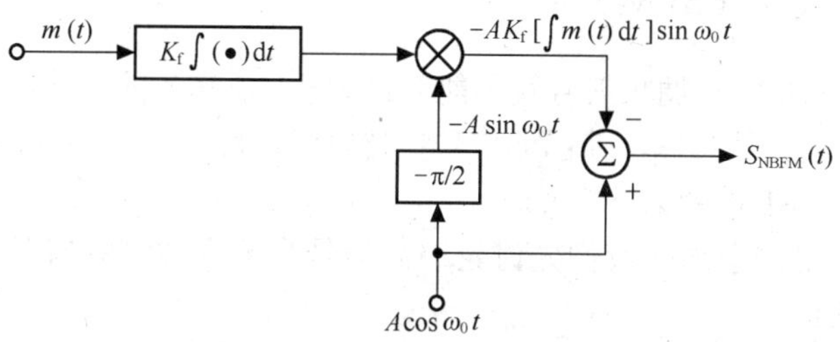

图 3-14　实现 NBFM 的数学模型

其频谱为

$$S_{\text{NBFM}}(\omega)=\pi A[\delta(\omega-\omega_0)+\delta(\omega+\omega_0)] -\frac{AK_f}{2}\left[\frac{M(\omega+\omega_0)}{\omega+\omega_0}-\frac{M(\omega-\omega_0)}{\omega-\omega_0}\right] \tag{3.37}$$

把上式与式（3.4）AM 信号的频谱进行比较，可看出 NBFM 与 AM 的频谱相类似，都包含有载波和两个边带，且已调信号的带宽都为调制信号的两倍。

区别在于：

① NBFM 信号的边带分量受到 $\frac{1}{\omega+\omega_0}$ 和 $\frac{1}{\omega-\omega_0}$ 的衰减，而不像 AM 信号，只是将 $M(\omega)$ 在频率轴上进行线性搬移。

② 两个边带的相位不一样。

窄带调频波和调幅信号一样，可以采用相干解调和非相干解调两种方法来恢复原调制信号。而窄带调频多采用相干解调。其相干解调的原理如图 3-15 所示。

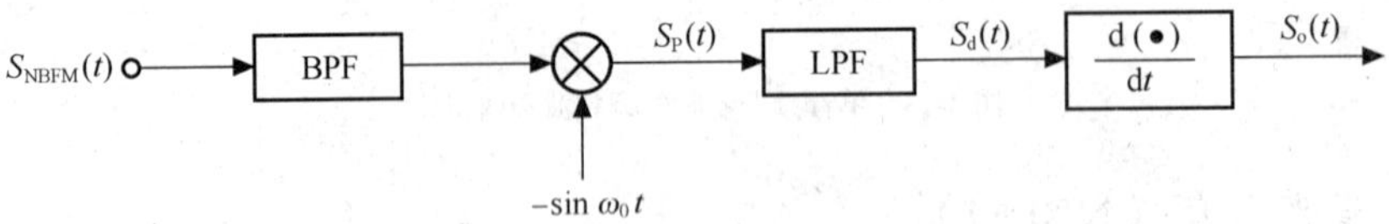

图 3-15　NBFM 相干解调原理框图

输入的窄带调频信号为　$S_{\text{NBFM}}(t)=A\cos\omega_0 t-AK_f\int m(t)\,dt\sin\omega_0 t$　（3.38）

经过乘法器之后

$$\begin{aligned}S_P(t)&=[A\cos\omega_0 t-AK_f\int m(t)\,dt\sin\omega_0 t](-\sin\omega_0 t)\\&=-\frac{A}{2}\sin 2\omega_0 t+\frac{A}{2}K_f\int m(t)\,dt\,(1-\cos 2\omega_0 t)\end{aligned} \tag{3.39}$$

通过 LPF 之后，

$$S_d(t)=\frac{1}{2}AK_f\int m(t)\,dt \tag{3.40}$$

经过微分之后，

$$S_0(t)=\frac{dS_d(t)}{dt}=\frac{1}{2}AK_f m(t) \tag{3.41}$$

这里需要注意，本地参考载波的频率与相位必须与接收信号完全一致，否则就会产生解调失真。

3.3.3　宽带调频（WBFM）

当式（3.34）不成立时，调频信号就不能简化为式（3.36）的形式，此时调制信号对载波进行频率调制将产生较大的频偏，使已调信号在传输时占用较宽的频带，所以称为宽带调频。

1. 单频调制时 WBFM 的频域表达

为了研究调频信号的性质，我们先讨论调制信号为单音频时的情况。在此基础上再推广到调制信号为一般的情况。

设单音频调制信号为　$m(t)=A_m\cos\omega_m t$　（3.42）

则

$$
\begin{aligned}
S_{\mathrm{FM}}(t) &= A\cos[\omega_0 t + K_{\mathrm{f}}\int m(t)\mathrm{d}t] \\
&= A\cos[\omega_0 t + \frac{\Delta\omega}{\omega_{\mathrm{m}}}\sin\omega_{\mathrm{m}} t] \\
&= A\cos[\omega_0 t + \beta_{\mathrm{FM}}\sin\omega_{\mathrm{m}} t]
\end{aligned} \tag{3.43}
$$

将式（3.43）展成傅里叶级数形式：

$$
S_{\mathrm{FM}}(t) = \sum_{n=-\infty}^{\infty} \mathrm{J}_n(\beta_{\mathrm{FM}})\cos(\omega_0 - n\omega_{\mathrm{m}})t \tag{3.44}
$$

式中，J_n（β_{FM}）称为 n 阶第一类贝塞尔函数。J_0（β_{FM}）与时间无关，它是β_{FM}的函数，图 3-16 所示为贝塞尔函数曲线。精确数值可查阅有关的贝塞尔函数表。

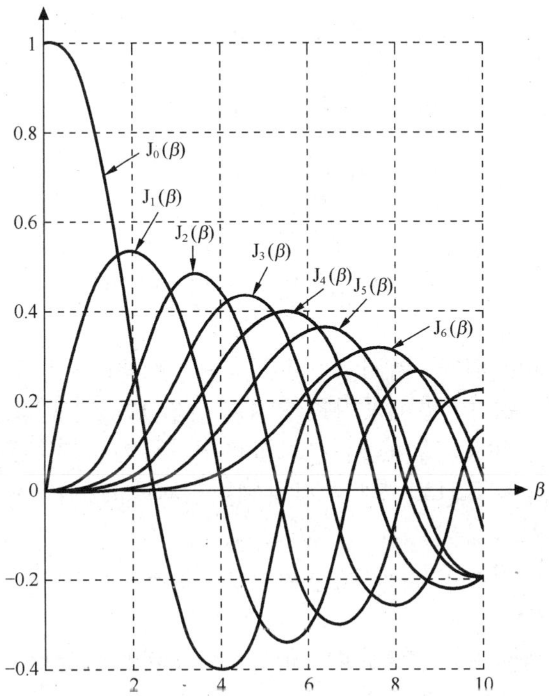

图 3-16　贝塞尔函数曲线

对式（3.44）进行付氏变换，即可得到 WBFM 的频谱表达式

$$
S_{\mathrm{FM}}(\omega) = \pi A \sum_{n=-\infty}^{\infty} \mathrm{J}_n(\beta_{\mathrm{FM}})[\delta(\omega - \omega_0 - n\omega_{\mathrm{m}}) + \delta(\omega + \omega_0 + n\omega_{\mathrm{m}})] \tag{3.45}
$$

调频波的频谱如图 3-17 所示。图中只画出了调频波频谱的正频率部分。

由式（3.45）和图 3-17 可看出，宽带调频的频谱是由载频分量和无穷多个边频分量组成。这些边频分量对称地分布在载频的两侧，相邻频率之间的间隔为ω_{m}。对称的边频分量幅度相等，但 n 为偶数时的上、下边频幅度的符号相同，而 n 为奇数时，其上、下边频幅度的符号相反。

2. 单频调制时的频带宽度

由于调频信号的频谱包含无穷多个边频分量，因此从理论上讲，调频信号的频带宽度为无限宽。然而实际上，边频分量的幅度随着 n 增加而下降，高次边频分量可忽略不计。由贝塞尔函数曲线可看出，当β>> 1 时，$n > \beta$项的贝塞尔函数值趋于零。所以通常按 $n=\beta+1$ 来计算带宽。

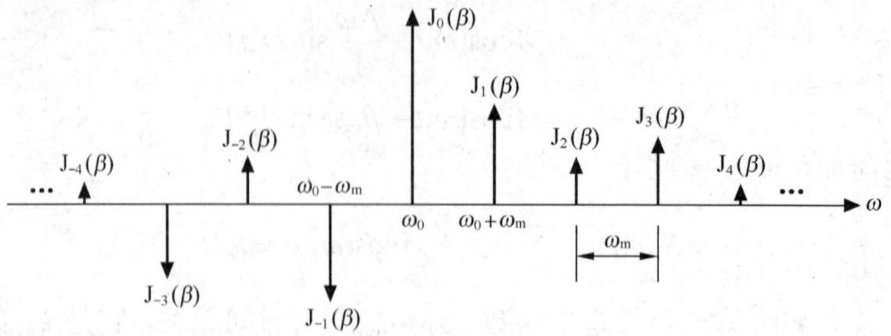

图 3-17 调频波的频谱

根据上述原则，设 FM 信号的有效频带取到$\beta+1$ 次边频，则由于相邻频谱分量的间隔为ω_m。所以单音频调制时，FM 信号的带宽为

$$\begin{aligned} W_{FM} &\approx 2n\omega_m = 2(\beta_{FM}+1)\,\omega_m = 2(\Delta\omega+\omega_m) \\ &= 2\Delta\omega\left(1+\frac{1}{\beta_{FM}}\right) \end{aligned} \tag{3.46}$$

人们通常习惯用频率来表示带宽，所以调频信号的带宽也可写为

$$B = 2(\beta_{FM}+1)f_m = 2(\Delta f + f_m) \tag{3.47}$$

这个关系式称为卡森公式。

以上讨论的是单音频的情况，当调制信号不是单一频率时，已调信号的频谱要复杂很多。根据分析和经验，多频调制时，仍可采用式（3.47）计算 FM 的带宽。其中 Δf 应为最大频偏，f_m 和β_{FM} 为最高调制频率和其对应的β_{FM}。例如，在通常的调频广播中规定，最大频偏 Δf= 75kHz。最高调制频率 f_m = 15kHz。因此，可以确定其对应的β_{FM} = 5，再由式（3.47）计算出此 FM 信号的频带宽度为

$$B = 2(\beta_{FM}+1)f_m = 2(5+1)\times 15 = 180\ (\text{kHz})$$

3. 调频信号的功率分布

调频信号的总功率等于调频信号的均方值，因为调频信号为等幅波，即

$$P_{FM} = \overline{S_{FM}^2(t)} = \frac{A^2}{2} \tag{3.48}$$

式（3.48）说明已调制信号的总功率等于未调制载波的功率，其总功率与调制信号及调制指数无关。但是，当β_{FM}改变时，载波及各次边频功率的分配情况随β_{FM}而改变。

载波功率为

$$P_c = \frac{A^2}{2}J_0^2(\beta_{FM}) \tag{3.49}$$

由贝塞尔函数表可知，在β= 2.4，5.5，8.7，11.8，…，J_0（β）= 0，也就是说在这些点上的载波功率为零，即

$$P_c = 0$$

边频功率为

$$P_f = 2\times\frac{A^2}{2}\sum_{n=1}^{\infty} J_n^2(\beta_{FM}) \tag{3.50}$$

而调频信号的总功率为
$$P_{FM} = P_c + P_f \tag{3.51}$$

3.3.4　调频信号的产生与解调

产生调频的方法有两种：一种为直接调频法，又称参数变值法；另一种为倍频法，又称阿姆斯特朗法。

直接调频法是用调制信号直接改变决定载波频率的电抗元件的参数，使输出信号 $s_{FM}(t)$ 的瞬时频率随调制信号线性变化。目前人们多采用压控振荡器（VCO）作为产生调频信号的调制器，如图 3-18 所示。

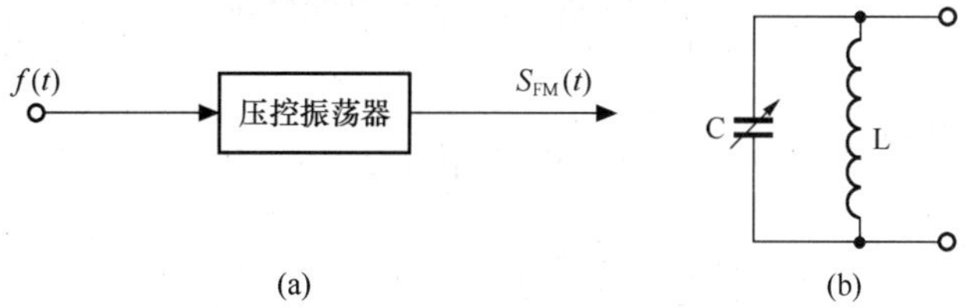

图 3-18　直接调频法产生 FM

压控振荡器的输出频率正比于所加的控制电压。在微波频率时用反射式速调管实现压控振荡；频率较低时可以用电抗管、变容二极管作控制元件或直接由集成电路作压控振荡器。直接调频法的优点是可以得到很大的频偏。主要缺点是载波频率会发生漂移，因而需要附加稳频电路。

倍频法是由窄带调频通过倍频产生宽带调频信号的方法。它是由倍频器和混频器适当配合组成的，图 3-19 是阿姆斯特朗于 1936 年提出的一个典型方框图，因此又称倍频法为阿姆斯特朗法。

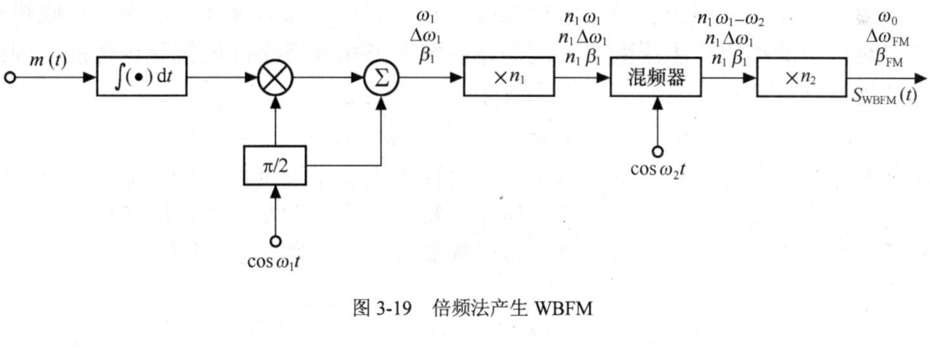

图 3-19　倍频法产生 WBFM

设 NBFM 产生的载波为 ω_1，最大频偏为 $\Delta\omega_1$，调制指数为 β_1。若要获得 WBFM 的载波频率为 ω_0，最大频偏为 $\Delta\omega_{FM}$，调频指数为 β_{FM}。根据图 3-19 可以列出它们的关系式如下

$$\omega_0 = n_2(n_1\omega_1 - \omega_2) \text{ 或 } \omega_0 = n_2(\omega_2 - n_1\omega_1) \tag{3.52}$$

$$\Delta\omega_{FM} = n_1 n_2 \Delta\omega_1 \tag{3.53}$$

$$\beta_{FM} = n_1 n_2 \beta_1 \tag{3.54}$$

宽带调频信号的解调主要采用非相干解调，非相干解调的电路类型很多，例如：相位鉴频器、比例鉴频器、晶体鉴频器等，这些电路的工作原理，在高频电子线路课程中已作过了详细介绍，在这里不再重复。虽然鉴频器有多种形式，但它们的功能是类似的，即首先是将幅度恒定的

调频波变换为调幅调频波，这时调幅调频波的幅度与频率均随调制信号而变化，因此就可以用包络检波器将调幅调频波的包络变化提取出来，达到恢复出原调制信号的目的。

鉴频器的数学模型可等效为一个带微分器的包络检波器，如图 3-20 所示。

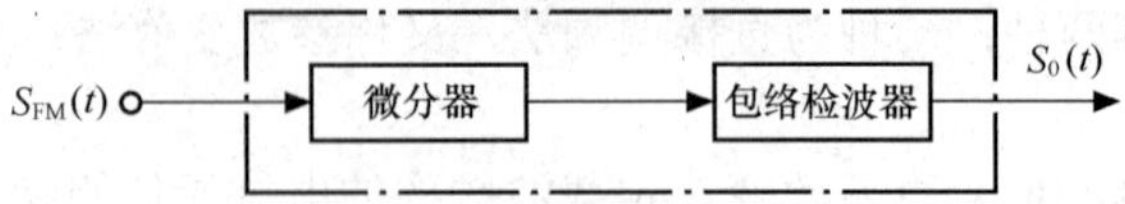

图 3-20　鉴频器的数学模型

设调频波为

$$S_{FM}(t) = A\cos[\omega_0 t + K_f \int m(t)\,dt] \tag{3.55}$$

经过微分电路后，有

$$\frac{d[S_{FM}(t)]}{dt} = -A\left[\omega_0 + K_f m(t)\right]\sin\left[\omega_0 t + K_f \int m(t)\,dt\right] \tag{3.56}$$

可见，调频信号经微分后变成了调幅调频波，其幅度变化为

$$A(t) = A[\omega_0 + K_f m(t)] \tag{3.57}$$

经过包络检波器并隔除直流分量后，输出为

$$S_o(t) = AK_f m(t) \tag{3.58}$$

得到的输出信号 $S_0(t)$正比于调制信号 $m(t)$。

3.4　模拟调制系统的抗噪声性能

在任何通信系统中，噪声总是不可避免的，它与有用信号叠加在一起到达接收机解调器的输入端，对信号的接收产生影响。不同的调制解调方案具有不同的抗噪声性能。因此，讨论各种系统的抗噪声性能，是研究通信系统的基本课题之一。

本节着重讨论在噪声干扰的背景下各种模拟调制系统的抗噪声性能。调制系统的抗噪声性能，主要通过解调器的抗噪声性能来衡量。对模拟通信系统来说，解调器的抗噪声性能主要是用“信噪比”来衡量，信噪比指的是信号和噪声的平均功率之比，用 S/N 表示。

各种通信系统中有噪声时的解调器的数学模型可概括为图 3-21 所示。

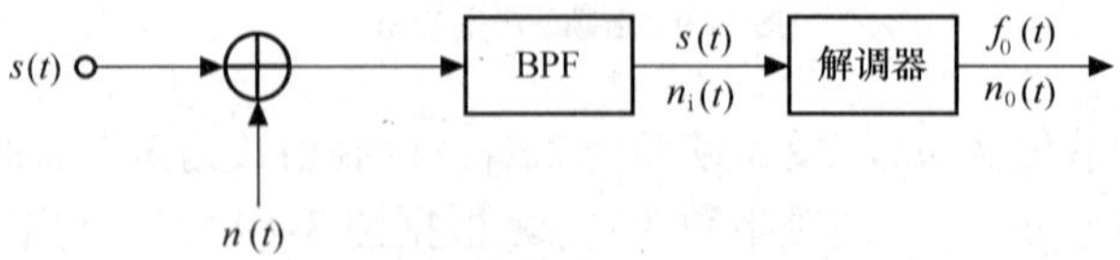

图 3-21　有噪声时的解调器模型

$s(t)$为解调器输入端的已调信号，$n(t)$为加性高斯白噪声。$s(t)$及 $n(t)$在到达解调器之前，通常都要经过一个带通滤波器，滤出有用信号，滤除带外噪声，这样使噪声 $n(t)$由白噪声变为窄带噪声 $n_i(t)$。于是解调器输入端的噪声带宽就与已调信号的带宽相同。

用 S_i、S_0 分别表示解调器输入端和输出端的有用信号功率，用 N_i 和 N_0 分别表示解调器输入端和输出端的噪声功率。下面将分别讨论解调器的输入信噪比 S_i/N_i 和输出信噪比 S_0/N_0。

为了对不同调制方式下各种解调器的抗噪声性能进行度量，通常采用信噪比增益的概念。信噪比增益定义为

$$G = \frac{S_0 / N_0}{S_i / N_i} \tag{3.59}$$

显然，信噪比增益越高，则解调器的抗噪声性能越好。

3.4.1　各种调幅系统相干解调的抗噪声性能

各种调幅系统的相干解调模型如图 3-22 所示。图中 $s(t)$可以是各种调幅信号，如 AM、DSB、SSB 和 VSB。带通滤波器的带宽等于已调信号带宽。下面讨论各种调幅系统的抗噪声性能。

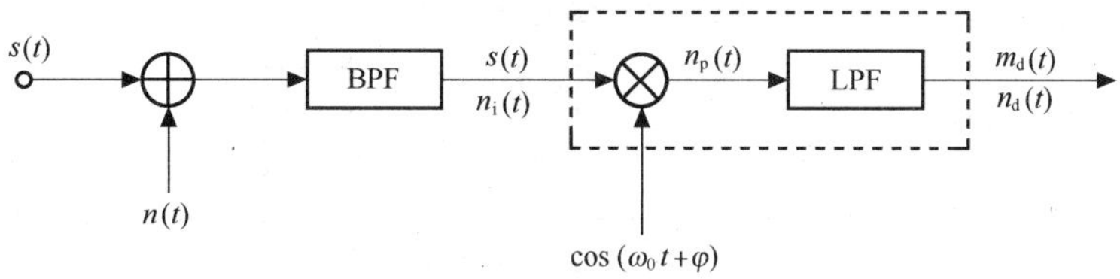

图 3-22　有噪声的相干解调器

1. 解调器的输入信噪比

首先计算解调器的输入信号功率 S_i，输入信号功率可以由其时域表达式求得。由前面的讨论可知，各调幅系统的时域表达式分别为

$$S_{AM}(t) = [A_0 + m(t)]\cos(\omega_0 t + \theta_0) \tag{3.60}$$

$$S_{DSB}(t) = m(t)\cos(\omega_0 t + \theta_0) \tag{3.61}$$

$$S_{SSB}(t) = m(t)\cos(\omega_0 t + \theta_0) \mp \hat{m}(t)\sin(\omega_0 t + \theta_0) \tag{3.62}$$

$$S_{VSB}(t) \approx S_{SSB}(t) \tag{3.63}$$

在 VSB 的残留边带滤波器滚降范围不大的情况下，可认为 VSB 与 SSB 的信号近似。两者的噪声性能也基本相同。输入信号的平均功率可由信号的均方值求得。

AM 信号

$$(S_i)_{AM} = \frac{1}{2}[A_0^2 + \overline{m^2(t)}] \tag{3.64}$$

DSB 信号

$$(S_i)_{DSB} = \frac{1}{2}\overline{m^2(t)} \tag{3.65}$$

SSB 信号

$$(S_i)_{SSB} = \overline{m^2(t)} \tag{3.66}$$

图 3-23 所示为各种调幅系统输入噪声的双边功率谱密度。

各系统的输入噪声功率分别为

$$(N_i)_{AM、DSB} = \frac{n_0}{2} \times B \times 2 = n_0 B = 2n_0 f_m \tag{3.67}$$

$$(N_i)_{SSB、VSB} = n_0 B = n_0 f_m \tag{3.68}$$

从上面的分析可以得到各种调幅信号在解调器输入端的输入信噪比

$$\left(\frac{S_i}{N_i}\right)_{AM}=\frac{[A_0^2+\overline{m^2(t)}]}{4n_0f_m} \tag{3.69}$$

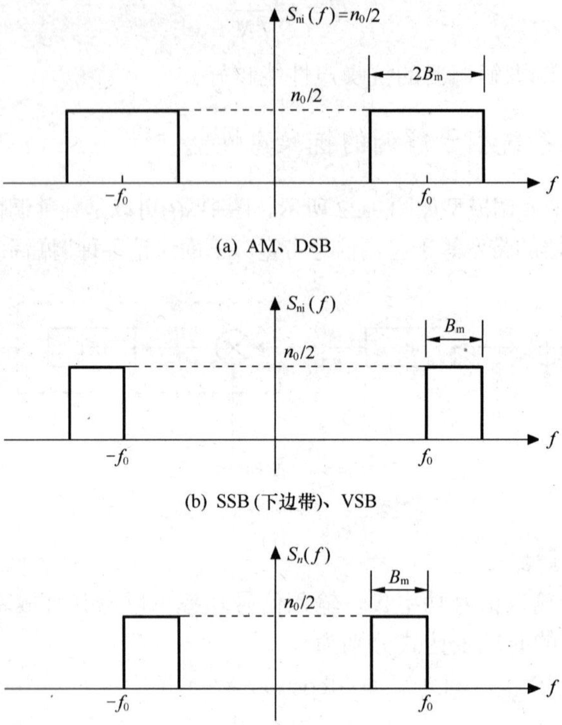

(a) AM、DSB

(b) SSB (下边带)、VSB

(c) SSB (下边带)、VSB

图 3-23　调幅系统输入噪声的双边功率谱密度

$$\left(\frac{S_i}{N_i}\right)_{DSB}=\frac{\overline{m^2(t)}}{4n_0f_m} \tag{3.70}$$

$$\left(\frac{S_i}{N_i}\right)_{SSB、VSB}=\frac{\overline{m^2(t)}}{n_0f_m} \tag{3.71}$$

2. 解调器的输出信噪比

由式（3.15）可知，对各种调幅信号经过乘法器和低通滤波器的相干解调后的输出均为

$$f_d(t)=\frac{1}{2}m(t) \tag{3.72}$$

因此，解调后的输出信号的功率为

$$S_0=\overline{f_d^2(t)}=\frac{1}{4}\overline{m^2(t)} \tag{3.73}$$

在图 3-22 中，各调幅系统的输入噪声通过 BPF 之后，变成窄带噪声，乘法器的输出噪声为

$$\begin{aligned}n_p(t)&=[n_c(t)\cos\omega_0t-n_s(t)\sin\omega_0t]\cdot\cos\omega_ct\\&=\frac{1}{2}n_c(t)+\frac{1}{2}[n_c(t)\cos2\omega_0t-n_s(t)\sin2\omega_0t]\end{aligned} \tag{3.74}$$

经 LPF 之后，解调器输出的噪声为

$$n_{\mathrm{d}}(t)=\frac{1}{2}n_{\mathrm{c}}(t) \tag{3.75}$$

因此，解调器输出的噪声功率为

$$N_0=\overline{n_{\mathrm{d}}^2(t)}=\frac{1}{4}\overline{n_{\mathrm{c}}^2(t)}=\frac{1}{4}\overline{n_{\mathrm{i}}^2(t)}=\frac{1}{4}N_{\mathrm{i}} \tag{3.76}$$

将各调幅信号的输入噪声功率表达式代入式（3.76），可得解调器的输出噪声功率分别为

$$(N_0)_{\text{AM、DSB}}=\frac{n_0 f_{\mathrm{m}}}{2} \tag{3.77}$$

$$(N_0)_{\text{SSB、VSB}}=\frac{n_0 f_{\mathrm{m}}}{4} \tag{3.78}$$

各种调幅信号解调器输出信噪比为

$$\left(\frac{S_0}{N_0}\right)_{\text{AM、DSB}}=\frac{\pi\overline{m^2(t)}}{n_0\omega_{\mathrm{m}}} \tag{3.79}$$

$$\left(\frac{S_0}{N_0}\right)_{\text{SSB、VSB}}=\frac{2\pi\overline{m^2(t)}}{n_0\omega_{\mathrm{m}}} \tag{3.80}$$

$$\left(\frac{S_0}{N_0}\right)_{\text{DSB、SSB、VSB}}=\frac{2\pi S_{\mathrm{i}}}{n_0\omega_{\mathrm{m}}} \tag{3.81}$$

3. 解调器的信噪比增益

根据以上得到的输入信噪比和输出信噪比，可得各调幅系统的信噪比增益分别为

$$G_{\mathrm{AM}}=\frac{S_0/N_0}{S_{\mathrm{i}}/N_{\mathrm{i}}}=\frac{2\overline{m^2(t)}}{A_0^2+\overline{m^2(t)}} \tag{3.82}$$

$$G_{\mathrm{DSB}}=2 \tag{3.83}$$

$$G_{\text{SSB、VSB}}=1 \tag{3.84}$$

AM 采用非相干解调时，在大信噪比情况下，抗噪声性能同相干解调；在小信噪比情况下，信号与噪声混为一体，将无法分清信号与噪声，即不能进行解调。

3.4.2　调频系统的抗噪声性能

在讨论调频系统的解调方法中已经指出，窄带调频信号的解调可以采用相干解调和非相干解调，而宽带调频只能采用非相干解调。下面首先讨论窄带调频采用相干解调时的抗噪声性能，而窄带调频非相干解调的性能和宽带调频一起讨论。

1. NBFM 的抗噪声性能

当接收端考虑噪声影响时，窄带调频信号的相干解调器模型如图 3-24 所示。因为调频波是一个等幅波，所以接收机解调器输入端的信号功率为

$$S_{\mathrm{i}}=A^2/2 \tag{3.85}$$

输入噪声为带通噪声，带宽为 $B_{\mathrm{FM}}=2f_{\mathrm{m}}$，设噪声功率谱为 $n_0/2$，则输入噪声功率为

$$N_{\mathrm{i}}=\frac{n_0}{2}\times B\times 2=n_0 B=2n_0 f_{\mathrm{m}} \tag{3.86}$$

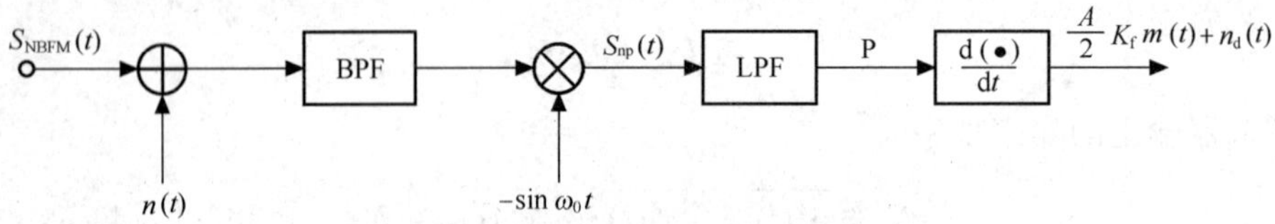

图 3-24 含有噪声的 NBFM 相干解调器模型

所以输入信噪比为

$$\left(\frac{S_i}{N_i}\right)_{NBFM}=\frac{A^2}{4n_0 f_m} \tag{3.87}$$

由图 3-24 可求出输出信号功率为

$$S_0=\frac{1}{4}A^2K_f^2\overline{m^2(t)} \tag{3.88}$$

平稳随机过程通过乘法后其功率谱为

$$S_{np}(\omega)=\frac{1}{4}\left[S_{ni}(\omega+\omega_0)+S_{ni}(\omega-\omega_0)\right] \tag{3.89}$$

假定输入为白噪声，通过图 3-24 相干解调可得输出噪声功率为

$$N_0=\frac{n_0 f_m^3}{6} \tag{3.90}$$

输出信噪比为

$$\left(\frac{S_0}{N_0}\right)_{NBFM}=\frac{3A^2K_f^2\overline{m^2(t)}}{2n_0 f_m^2} \tag{3.91}$$

这时信噪比增益为

$$G_{NBFM}=\frac{6K_f^2\overline{m^2(t)}}{f_m^2} \tag{3.92}$$

当单音调制时

$$G_{NBFM}=3\beta_{FM}^2 \tag{3.93}$$

2. 宽带调频的抗噪声性能

宽带调频一般是用非相干解调，通常采用的是鉴频器。含有噪声的非相干解调器数学模型如图 3-25 所示。

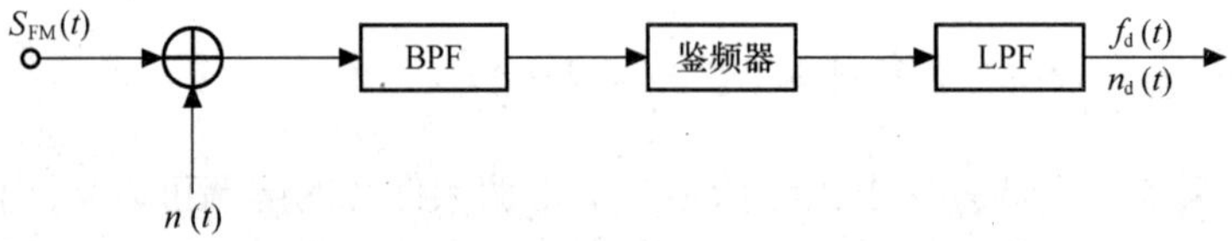

图 3-25 含噪声的 WBFM 非相干解调器模型

因为宽带调频信号也是等幅波，故其输入信号功率为

$$S_i=A^2/2 \tag{3.94}$$

因为 WBFM 的带宽 $B_{FM}\approx 2\Delta f$。设白噪声的功率谱密度为 $n_0/2$，通过 BPF 后输入到鉴频器的噪声功率为

$$N_i=n_0B=2n\Delta f \tag{3.95}$$

因此其输入信噪比为

$$\left(S_i/N_i\right)_{FM}=\frac{A^2}{4n_0\Delta f} \tag{3.96}$$

由图 3-25 可知，鉴频器的输出电压与输入调频波的瞬时频偏成正比，假设鉴频器的灵敏度为 K_D，K_D 的单位是伏/赫，则输出信号为

$$S_d(t) = K_D K_f m(t) \tag{3.97}$$

因而其输出功率为

$$S_0 = K_D^2 K_f^2 \overline{m^2(t)} \tag{3.98}$$

由图 3-25 可知，鉴相器输出的噪声功率谱与 ω_2 成正比，即是抛物线型的，如图 3-26 所示。这是调频的一个重要特性。

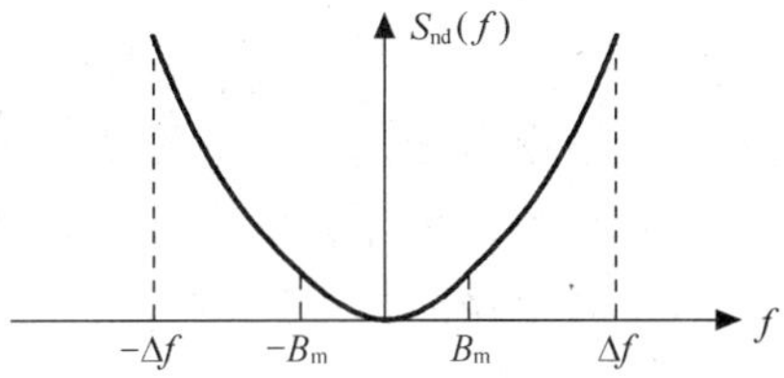

图 3-26　鉴频器输出的噪声功率谱

最后输出的噪声功率为

$$N_0 = \frac{K_D^2 n_0{}^3 f_m^3}{3\pi A^2} \tag{3.99}$$

输出信噪比为

$$\left(\frac{S_0}{N_0}\right)_{FM} = \frac{3A^2 K_f^2 \overline{m^2(t)}}{8\pi^2 n_0 f_m^3} \tag{3.100}$$

当 $m(t)$为单音调制时，即 $m(t) = \cos\omega_m t$

$$S_{FM}(t) = A\cos\omega_m(\omega_0 t + \beta_{FM}\sin\omega_m t) \tag{3.101}$$

其中

$$\beta_{FM} = \frac{K_f}{\omega_m} = \frac{\Delta\omega}{\omega_m} = \frac{\Delta f}{f_m} \tag{3.102}$$

将式（3.102）代入式（3.100），得

$$\frac{S_0}{N_0} = \frac{3}{2}\beta_{FM}^2 \frac{A^2/2}{n_0 f_m} \tag{3.103}$$

其信噪比增益为

$$\begin{aligned} G_{FM} &= \frac{S_0/N_0}{S_i/N_i} \\ &= \frac{3}{2}\beta_{FM}^2 \frac{A^2/2}{n_0 f_m} \times \frac{4n_0\Delta f}{A^2} \\ &= 3\beta_{FM}^2 \frac{\Delta f}{f_m} = 3\beta_{FM}^3 \end{aligned} \tag{3.104}$$

从式（3.104）可见，G 与最大频偏 $\Delta\omega$ 的三次方成正比。通过对宽带调频的抗噪声性能的分析可知，通过增加频偏可以提高输出信噪比，从而使宽带调频的抗噪声性能优于调幅系统。由于调频的带宽 $W_{FM}\approx 2\Delta\omega$，因此 $\Delta\omega$ 的增加会使系统带宽加宽，从而使解调器的输入噪声功率 N_i 增加，输入信噪比（S_i/N_i）$_{FM}$ 下降。当解调器的输入信噪比下降至某一数值时，输出信噪比将急剧下降。这种情况下，增加频偏不仅不会有好处，反而带来坏处，这种现象称为“门限效应”。这个数值（S_i/N_i）$_{th}$ 称为宽带调频系统的门限值。理论和实践给出了这个门限值通常为

$$(S_i/N_i)_{th}=10\ (dB) \tag{3.105}$$

当解调器输入信噪比（S_i/N_i）$_{FM}$ 大于（S_i/N_i）$_{th}$ 时，称之为大信噪比的条件。这时输出信噪比（S_0/N_0）与输入信噪比呈线性关系，且β_{FM}越大，性能越好。但当输入信噪比低于门限值时，称为小信噪比条件。（S_0/N_0）$_{FM}$ 将随（S_i/N_i）的下降而急剧下降。且β_{FM}越大，其输出信噪比有可能越小。同时还发现β_{FM}越大，出现门限效应的输入信噪比门限值越高。

3.4.3 调频系统的专用芯片

1. 低功耗调频调制器芯片

MC2831A 和 MC2833 是用于无线电话和调频通信设备的单片调频单元。两种芯片的功能相近。这里主要介绍 MC2833，如图 3-27 所示，它主要包括音频放大器和压控振荡器，并有两支辅助晶体管用作信号的放大，此电路的特点是：

① 工作电源电压范围宽（2.8～9.0V）；

② 低的漏极电流（I_{CC}＝2.9mA）；

③ 外围元件少；

④ 可实现 600MHz 以下直接射频输出，输出功率为−30dBm；

⑤ 若使用片上的晶体管进行功率放大可获得＋10dBm 功率输出。

图 3-27 所示是用 MC2833 构成的一种实际调频电路，它的载波频率为 49.7MHz。

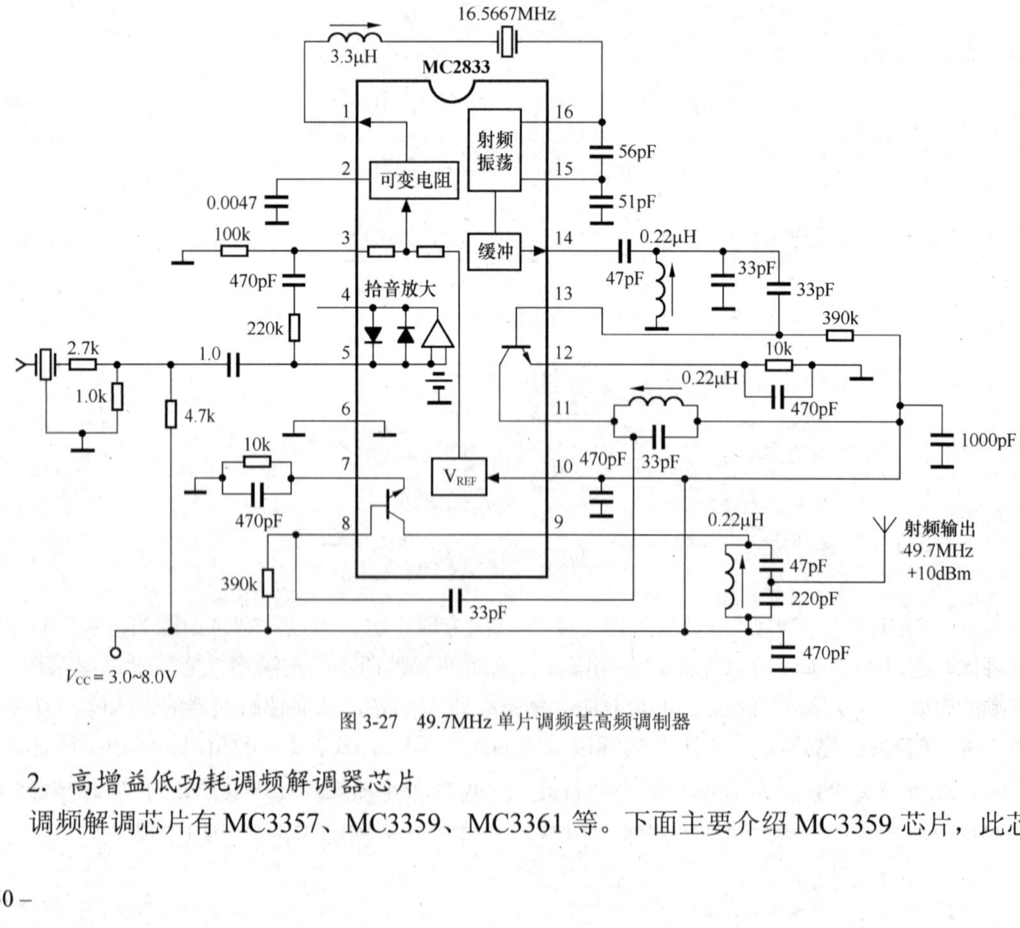

图 3-27　49.7MHz 单片调频甚高频调制器

2. 高增益低功耗调频解调器芯片

调频解调芯片有 MC3357、MC3359、MC3361 等。下面主要介绍 MC3359 芯片，此芯片包括振荡器，本振、放大、限幅器、自动频率控制（AFC）、正交鉴频器、运算放大器、静噪、静噪开关和扫描控制等，通常用于两次变频的窄带接收机，中放选用 455kHz 陶瓷滤波器。此芯片特点是，供电电压低 $V_{CC}=6V$，电流为 3.6mA，灵敏度高，外接元件少，功能强。其典型应用电路如图 3-28 所示。

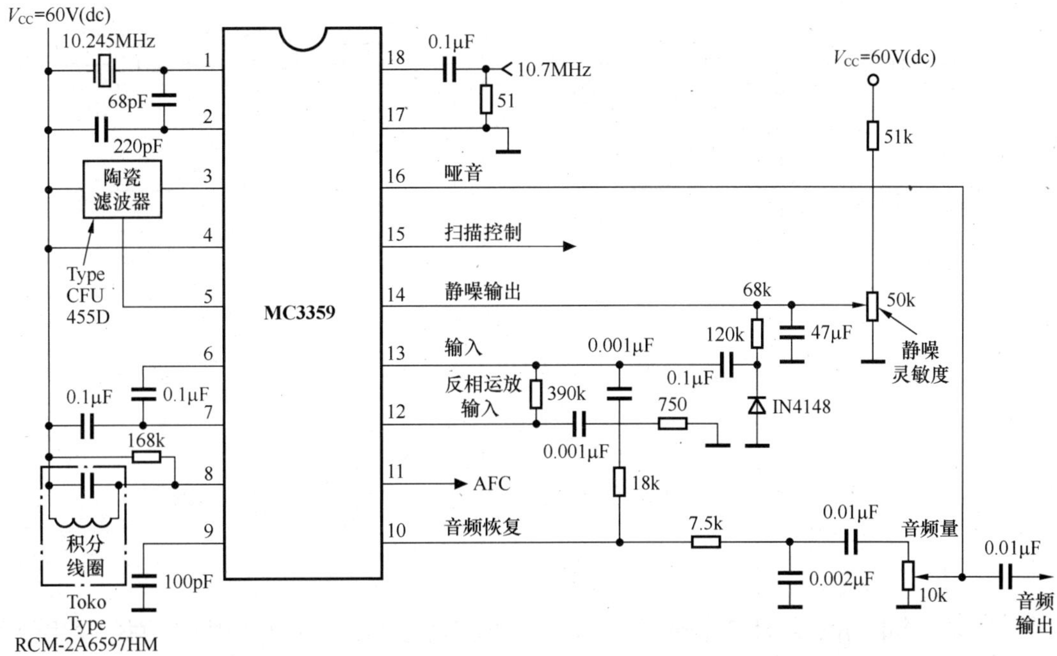

图 3-28　MC3359 典型应用电路

3.5　频分多路复用（FDM）

信道复用就是利用一条信道同时传输多路信号的一种技术，信道复用的目的就是提高通信系统的有效性。

通常，在通信系统中，信道所能提供的带宽往往大于传输一路信号所需的带宽。因此，一个信道只传送一路信号有时是非常浪费的。为了能充分利用信道的带宽，就提出了信道频分复用的问题。

所谓频率复用是指多路信号在频率位置上分开，但同时在一个信道内传输。因此，频率复用应使信号在频谱上不重叠，但在时间上是可以重叠的。频分复用的理论基础就是调制定理，也就是将调制信号的频谱经调制后搬移到不同的位置上去。

1. *频分多路复用*

频分多路复用的实现方法如图 3-29 所示。

由图可知，发送端发送的 n 路信号首先通过低通滤波器，用来限制调制信号的最高频率到 f_m，例如音频信号限制在 3.4kHz 左右。然后各路信号通过各自的调制器，它们的电路可以是相同的，但所用的载波频率不同。调制方式可以是任意的连续波调制。为了节省边带，最常用的是单边带调制。已调信号分别通过限定自身频率范围的带通滤波器。最后各路信号合并为一个总的复用信号 $f_S(t)$。其频谱结构（以 SSB 为例）如图 3-30 所示。

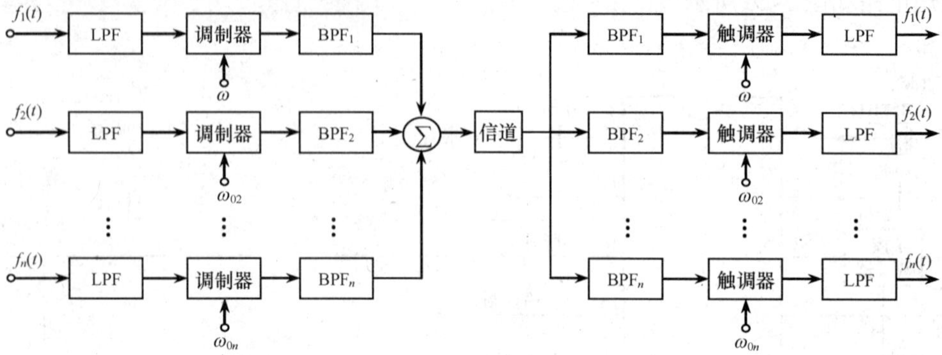

图 3-29　频分复用实现框图

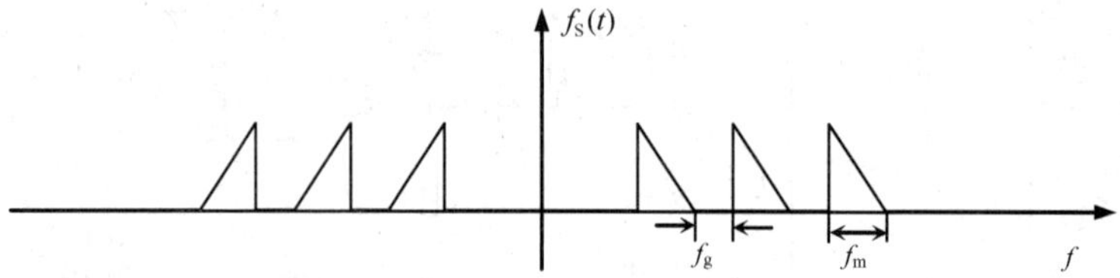

图 3-30　频率复用的频谱组成

为了防止邻路信号之间相互干扰，相邻信道之间需加防护频带 f_g，因此，总的复用信号的带宽为

$$B = Nf_m + (N-1)f_g \tag{3.106}$$

合并后的复用信号可直接通过信道传输，也可以经过再次调制后进行传输。

在接收端，可利用相应的带通滤波器来分离出各路信号，并通过各自的解调器和低通滤波器恢复出各路的调制信号。

频分复用系统的最大优点是信道利用率高，容许复用的路数多，同时分路也很方便，它是目前模拟通信系统中采用的最主要的一种复用方式，例如，无线电广播、电视广播、有线和微波通信都广泛采用频分复用的方法。

频分复用的缺点是设备复杂，若信道存在非线性时，会产生路间干扰。

2. 复合调制

在复用系统中采用两种或两种以上的调制方式时称为复合调制系统。复合调制通常分为两类，一类用于频分复用，属于连续波-连续波复合调制系统，例如 SSB/FM。另一类用于时分复用，属于脉冲-连续波调制，例如 PAM/AM、PCM/FM 等。

图 3-31 所示为 SSB/FM 复合调制系统，第一次采用 SSB 调制，第二次采用调频。这种方法可以提高系统抗干扰能力。复合调制的总带宽可按逐级调制进行计算。

例 3.1　10 路话音信号采用 SSB/FM 复合调制，话音信号的最高频率为 4kHz，防护频带为 0.5kHz，调频指数 $\beta_{FM} = 5$，其复合调制的总带宽是多少？

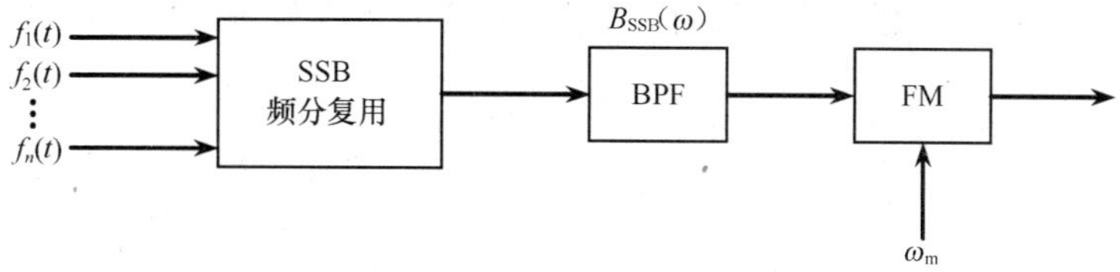

图 3-31 SSB/FM 复合调制系统

解：

$$B_{\text{SSB}} = 10\times 4 + 9\times 0.5 = 44.5\ \ (\text{kHz})$$

$$B_{\text{FM}} = 2(\beta_{\text{FM}}+1)B_{\text{SSB}} = 2\times 6\times 44.5 = 534\ \ (\text{kHz})$$

3.6 典型模拟通信系统

无线通信系统（如广播通信系统）以自由空间为传输媒介，其组成的基本框图如图 3-32 所示。

图 3-32 无线通信系统的基本组成

信号在自由空间的无线信道中直接传输时，会存在以下两个问题。

1. 天线尺寸

当天线的尺寸能与被辐射信号的波长相比拟（天线的长度为波长的 1/10～1）时，信号才可被天线有效地发射出去，对于音频范围 300～3400Hz、视频范围 0～6MHz 这样的音视频信号来说，有效发射天线的高度过高，难以实现。

2. 多信号发射

如果直接发射音、视频信号，多家电台、电视台的发射信号频率范围大致相同，相互混叠，接收机无法从中选择出所需信号。

为了解决上述两个问题，在无线广播系统和模拟无线电视系统中广泛使用了调幅和调频技术以及信道复用技术。采用调制解调技术可以提高信号发射频率，降低天线的高度，同时还可以改善系统的性能；采用信道复用技术，可以将信号搬移到不同的频率上去，使信号频谱互不重叠，并且充分利用了频率资源。

目前在用的典型模拟通信系统为无线广播系统。无线广播系统采用标准调幅（AM）和调频（FM）技术，包括发信机和收信机两部分。下面以 AM 系统为例说明其工作原理。

3.6.1 无线电发信机和收信机

1. 无线电发信机

图 3-33 为调幅式无线广播发射机的组成框图。声音经放大后去调制高频振荡波，再经功

率放大后发射出去。由各点的波形可以看出，已调波的包络与调制信号呈线性关系，其频率等于载波频率。

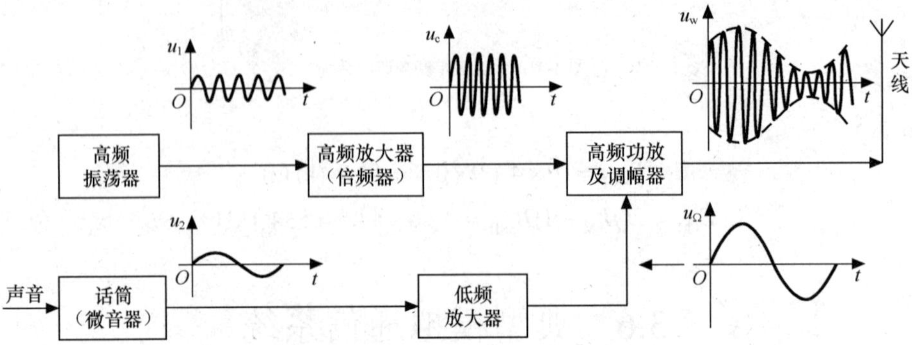

图 3-33　调幅式无线广播发射机的组成框图

2. 无线电收信机

图 3-34 为超外差调幅式收音机的组成框图。其工作原理为：输入的射频信号先被转换成固定中频再进行放大（滤波），收信机的检波器输入的是一个具有一定幅度且较为纯净的 465kHz 中频信号，最后输出恢复的音频信号。整个过程包括两次频率变换：由射频变为固定中频，中频信号变为低频信号。

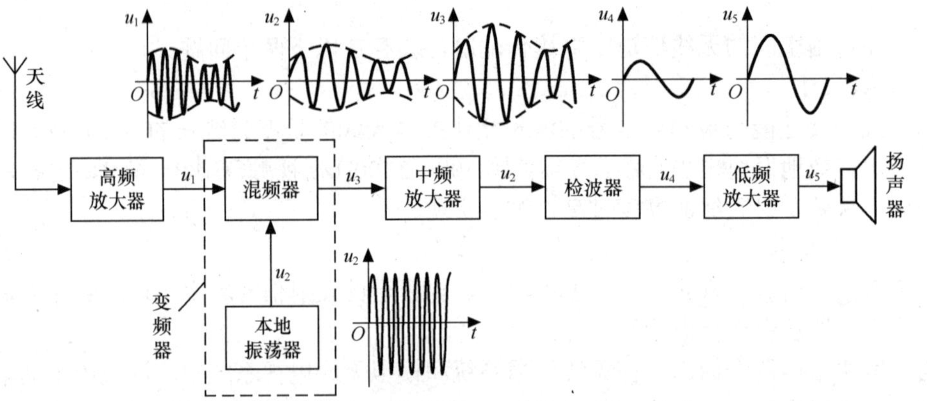

图 3-34　超外差调幅式收音机的组成框图

3.6.2　多路无线广播信号的频分多路复用

在无线广播系统中，采用频分复用技术以实现信道复用。广播电台是频分多路复用发射机，而收音机就是一个频分多路复用接收机。由于采用了信道复用技术，接收者就可以用一部收音机接收不同电台的节目。图 3-35 为频分复用系统的频谱组成示意图，图 3-36 为一地方电台不同节目的频率分布示意图，由于采用了 FDM 技术，传输信道得到了充分的利用。

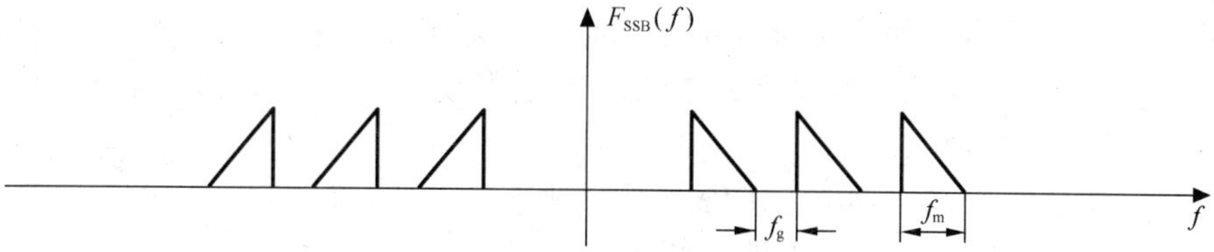

图 3-35　频分复用系统的频谱组成示意图

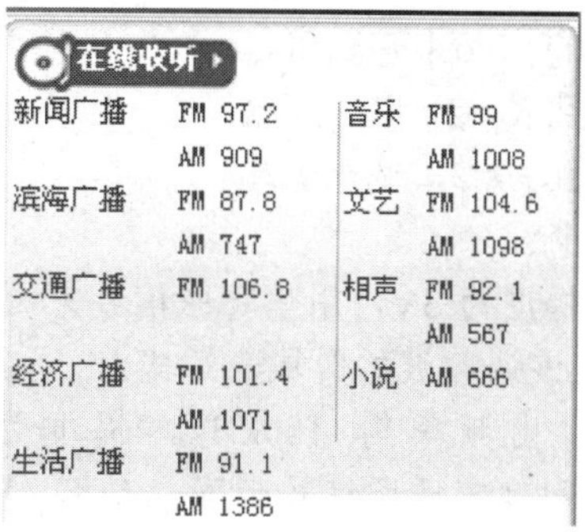

图 3.36 不同节目的频率分布示意图

习　题

3-1　已知调制信号 $f(t)=A_m\sin\omega_m t$，载波 $C(t)=A_0\cos\omega_0 t$

（1）试写出标准调幅波 AM 的表达式。

（2）画出时域波形（设 $\beta=0.5$）及频谱图。

3-2　设一调幅信号由载波电压 $100\cos(2\pi\times10^6t)$加上电压 $50\cos12.56t\cdot\cos(2\pi\times10^6t)$组成。

（1）画出已调波的时域波形。

（2）试求并画出已调信号的频谱。

（3）求已调信号的总功率和边带功率。

3-3　设调制信号 $f(t)$为

$$f(t)=A_m\cos(2000\pi t)$$

载波频率为 10kHz。试画出相应的 DSB 和 SSB 信号波形图及 $\beta_{AM}=0.75$ 时 AM 的波形图。

3-4　已知调幅波的表达式为

$$S(t)=0.125\cos(2\pi\times10^4t)+4\cos(2\pi\times1.1\times10^4t)+0.125\cos(2\pi\times1.2\times10^4t)$$

试求其中（1）载频是什么？（2）调幅指数为多少？（3）调制频率是多少？

3-5　某接收机的输出噪声功率为 10^{-9}W，输出信噪比为 20dB，由发射机到接收机之间总传输损耗为 100dB。

（1）试求用 DSB 调制时发射功率应为多少？

（2）若改用 SSB 调制，问发射功率应为多少？

3-6　已知调制信号 $f(t)=\cos(10\pi\times10^{-3}t)$V，对载波 $C(t)=10\cos(20\pi\times10^6t)$V 进行单边带调

制，已调信号通过噪声双边功率密度谱为 $n_0/2=0.5\times10^{-9}$W/Hz 的信道传输，信道衰减为 1dB/km。试求若要接收机输出信噪比为 20dB，发射机设在离接收机 100km 处，此发射机最低发射功率应为多少？

3-7　已知调制信号 $f(t)=\cos(2\pi\times10^4 t)$，现分别采用 AM（$\beta$=0.5）、DSB 及 SSB 传输，已知信道衰减为 40dB，噪声双边功率谱 $n_0/2=5\times10^{-9}$W/Hz。

（1）试求各种调制方式时的已调波功率。

（2）当均采用相干解调时，求各系统的输出信噪比。

3-8　已知一角调信号为 $S(t)=A\cos[\omega_0 t+100\cos\omega_m t]$

（1）如果它是调相波，并且 $K_P=2$，试求 $f(t)$。

（2）如果它是调频波，并且 $K_f=2$，试求 $f(t)$。

（3）它们的最大频偏是多少？

3-9　已知载频为 1MHz，幅度为 3V，用单正弦信号来调频，调制信号频率为 2kHz，产生的最大频偏为 4kHz，试写出该调频波的时域表达式。

3-10　100MHz 的载波，由频率为 100kHz，幅度为 20V 的信号进行调频，设 $K_f=50\pi\times10^3$rad/V。试用卡森准则确定已调信号带宽。

3-11　用 10kHz 的正弦波信号调制 100MHz 的载波，试求产生 AM、SSB 及 FM 波的带宽各为多少？假定最大频偏为 50kHz。

3-12　已知 $S_{FM}(t)=100\cos(2\pi\times10^6 t+5\cos4000\pi t)$V，求：已调波信号功率、最大频偏、最大相移和信号带宽。

3-13　设用窄带调频传输随机消息，均方根频率偏移$\Delta\omega_{rms}$等于信号最大频率范围 ω_m 的 1/4，设接收机输入信噪比为 20dB，试求可能达到的输出信噪比。

3-14　用鉴频器来解调 FM 波，调制信号为 2kHz，最大频偏为 75kHz，信道中的 $n_0/2$=5mW/Hz，若要求得到 20dB 的输出信噪比，试求调频波的幅度是多少？

3-15　设用正弦信号进行调频，调制频率为 15kHz，最大频偏为 75kHz，用鉴频器解调，输入信噪比为 20dB，试求输出信噪比。

3-16　设发射已调波 $S_{FM}(t)=10\cos(10^7 t+4\cos2000\pi t)$，信道噪声双边功率谱为 $n_0/2=2.5\times10^{-10}$W/Hz，信道衰减为 0.4dB/km，试求接收机正常工作时可以传输的最大距离是多少？

第 4 章　模拟信号的数字传输系统

通信系统可以分为模拟通信系统和数字通信系统两大类，数字通信具有许多模拟通信无法比拟的优点，特别是与计算机技术相结合，显示出了强大的生命力，已经成为现代通信发展的主流。在数字通信系统中，信道所传输的信号为数字信号。而常见的语言、图像等信号大都为模拟信号，因此，若要进行数字通信，就要将模拟信号转换为数字信号后再进行传输。模拟信号数字化的方法有很多种，如脉冲编码调制（PCM）、增量调制（DM 或 ΔM）、差分脉冲编码调制（DPCM）等。数字通信是通信发展的必然趋势，目前数字通信在短波通信、移动通信、微波通信、卫星通信以及光纤通信中都得到了广泛的应用。

本章在介绍抽样定理的基础上，讨论了模拟信号数字化的基本方法，即脉冲编码调制（PCM）和增量调制（ΔM），在此基础上还介绍了几种改进型的 A/D 转换方法。

4.1　概　　述

将信源发出的信息转换成数字形式的数字序列的技术也称为信源编码。信源编码主要包括模数（A/D）转换和压缩处理以及一定形式的编码处理。信源编码的目的就是能够更加有效地传输、存储信息，编码后尽可能减少所需信息的损失，提高编码后信息携带的效率。

在现代通信系统中，随着带宽和存储容量的不断增长，信源编码已经成为一个基本的子系统。而集成电路和数字信号处理技术的发展，也使得实现高效的信源编码技术成为可能。

实现模拟信号的数字化传输与交换，首要的任务就是将模拟信号变为数字信号。话音信号的编码称为话音编码，图像信号的编码称为图像编码。二者虽然各自特点不同，但编码原理基本是一致的。电话业务是最早发展起来的，目前在通信中仍占有较大比重，因此话音编码在模拟信号编码中占有重要地位。

根据话音信号的特征，话音信号的编码方法有波形编码、参量编码和混合编码三种方式。

（1）波形编码。

波形编码是直接对信号的波形进行编码，如对模拟话音波形信号经过抽样、量化、编码形成数字话音的 PCM 编码。为了保证数字话音技术解码后的高保真度，波形编码需要较高的编码速率，一般在 16～64bit/s。对各种各样的模拟话音波形信号进行编码均可达到很好的效果。波形编码的优点是适用于很宽范围的话音特性以及在噪音环境下都能保持稳定。实现所需的技术复杂度很低，而费用中等，但其所占用的频带较宽，多用于有线通信中。波形编码包括脉冲编码调制（PCM）、差分脉冲编码调制（DPCM）、自适应差分脉冲编码调制（ADPCM）、自适应差分脉冲编码调制（ADPCM）、增量调制（DM）、连续可变斜率增量调制（CVSDM）、自适应变换编码（ATC）、子带编码（SBC）和自适应预测编码（APC）等。

（2）参量编码（声码器）。

参量编码是基于人类语言的发声机理，找出表征话音的特征参量，对特征参量进行编码的一种方法。在接收端，根据所收的话音特征参量信息，恢复出原来的话音。由于参量编码只需传送话音特征参数，可实现低速率的话音编码，一般在 1.2～4.8kbit/s。线性预测编码（LPC）及其变形均属于参量编码。参量编码的缺点在于话音质量只能达到中等水平，不能满足商用话音通信的要求。对此，综合参量编码和波形编码各自的长处，即保持参量编码的低速率和波形编码的高质量的优点，由此提出了混合编码方法。

（3）混合编码。

混合编码是基于参量编码和波形编码发展的一类新的编码技术。在混合编码的信号中，既含有若干话音特征参量又含有部分波形编码信息。其编码速率一般在 4～16kbit/s。当编码速率在 8～16kbit/s 范围时，其话音质量可达商用话音通信标准的要求。因此混合编码技术在数字移动通信中得到了广泛应用。混合编码包括规则脉冲激励长期预测编解码器（RPE-LTP）、矢量和激励线性预测编码（VSELP）和码激励线性预测编码（CELP）等。

4.2　脉冲编码调制（PCM）

脉冲编码调制（PCM）技术是由英国科学家里弗斯于 1937 年提出的，这一概念为数字通信奠定了基础。PCM 具有抗干扰能力强、失真小、传输特性稳定、远距离传输时可通过再生中继减小噪声积累等优点，而且采用了有效编码、纠错编码和保密编码来提高通信系统的有效性、可靠性和保密性。由于 PCM 可以把各种消息（声音、图像和数据等）都变成数字信号进行传输，可以实现传输和交换的一体化的综合通信方式，而且还可以实现数据传输与数据处理的一体化的综合信息处理。因此，在数字微波通信、卫星通信、光纤通信等通信中获得了极为广泛的应用。

4.2.1　PCM 通信系统

PCM 通信系统包括发送和接收部分。发送部分主要要经过抽样、量化、编码等过程，接收部分主要经过解码和低通等环节。一个基带传输单向通信系统如图 4-1 所示，各点波形图如图 4-2 所示。

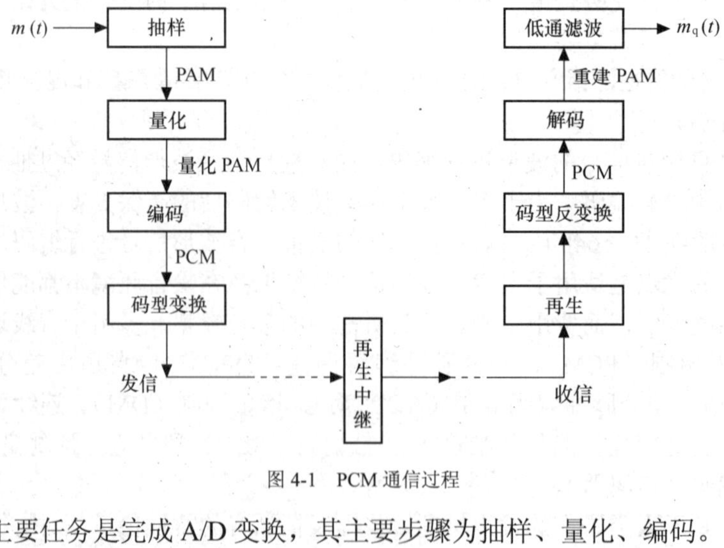

图 4-1　PCM 通信过程

发信端的主要任务是完成 A/D 变换，其主要步骤为抽样、量化、编码。

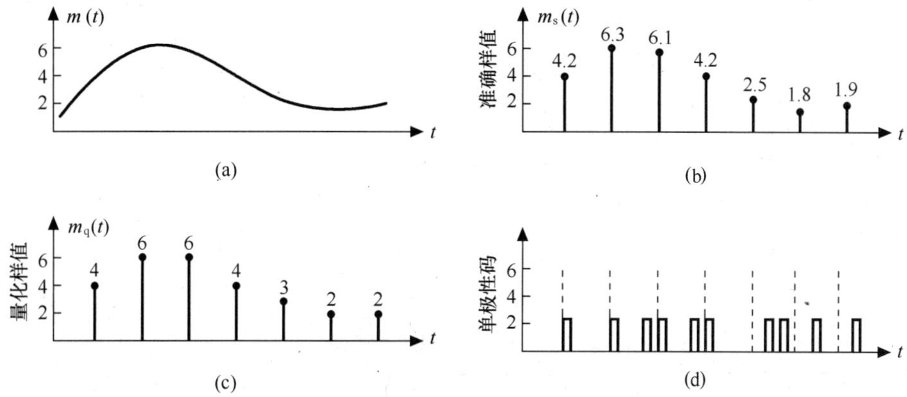

图 4-2　PCM 抽样、量化、编码波形图

收信端的任务是完成 D/A 变换，其主要步骤是解码、低通滤波。

信号在传输过程中要受到干扰和衰减，所以每隔一段距离加一个再生中继器，使数字信号获得再生。

为了使信码适合信道传输，并有一定的检测能力，发信端加有码型变换电路，收信端加有码型反变换电路。

4.2.2　抽样

抽样的任务是对模拟信号进行时间上的离散化处理，即每隔一段时间对模拟信号抽取一个样值。经抽样后，模拟信号的信息被调制到了脉冲序列的幅度上面，因此样值序列被称为脉冲幅度调制信号（PAM）。抽样是模拟信号数字化的第一步。相应地在接收端要从离散的样值脉冲不失真地恢复出原模拟信号，实现重建任务。那么，抽样脉冲的重复频率 f_s 必须满足一定的条件才能保证收信端正确地加以重建，这就是下面要介绍的抽样定理。

1．抽样定理

一个频带限制在（0，f_H）Hz 内时间连续的信号 f（t），如果以 $\dfrac{1}{2f_H}S$ 的时间对其进行等间隔抽样，则 f（t）将被得到的抽样值完全确定。

抽样定理模型可用一个乘法器表示，如图 4-3 所示。

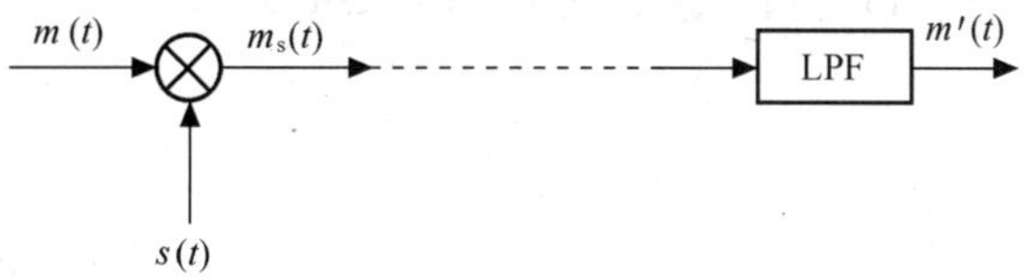

图 4-3　抽样电路模型

即
$$m_s(t)=m(t)\cdot s(t) \tag{4.1}$$
式中 s（t）是重复周期为 T_s、脉冲幅度为 1、脉冲宽度为 τ 的周期性脉冲序列，即抽样脉冲，如图 4-4 所示，可以看出：$s(t)=1$ 时，$m_s(t)=m(t)$；$s(t)=0$ 时，$m_s(t)=0$。

下面分析样值信号频谱。$s(t)$用傅里叶级数可表示为
$$s(t)=A_0+2\sum_{n=1}^{\infty}A_n\cos n\omega_s t \tag{4.2}$$

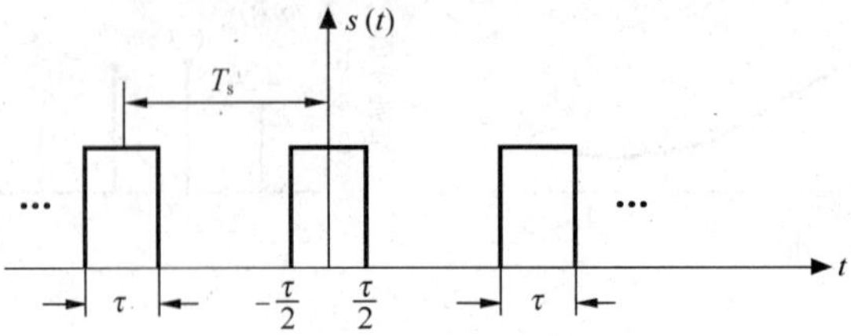

图 4-4　抽样脉冲序列

式中，$\omega_s=\dfrac{2\pi}{T_s}=2\pi f_s$，$A_0=\dfrac{\tau}{T_s}$，$A_n=\dfrac{\tau}{T_s}\bullet\dfrac{\sin\dfrac{n\omega_s\tau}{2}}{\dfrac{n\omega_s\tau}{2}}$

则 $m_s(t)=m(t)\bullet s(t)=A_0m(t)+2A_1m(t)\cos\omega_s t+2A_2m(t)\cos 2\omega_s t+$

$$\cdots+2A_nm(t)\cos n\omega_s t \tag{4.3}$$

若 $m(t)$为单一频率 Ω 的正弦波，即 $m(t)=A_\Omega\sin\Omega t$，则式 4.2 中各项所包含的频率成分分别为，第一项：Ω，幅度为$\dfrac{\tau}{T_s}$；第二项：$\omega_s\pm\Omega$；第三项：$2\omega_s\pm\Omega$。

可以看出，抽样后信号的频率成分除含有 Ω 外，还有 $n\omega_s$ 的上、下边带；第一项中包含了原模拟信号 $m(t)=A_\Omega\sin\Omega t$ 的全部信息，只是幅度差$\dfrac{\tau}{T_s}$倍。

若 $m(t)$信号的频率为 f_L～f_H，即为一定带宽信号，其 $m(t)$、$s(t)$、$m_s(t)$信号频谱及波形如图 4-5 所示。

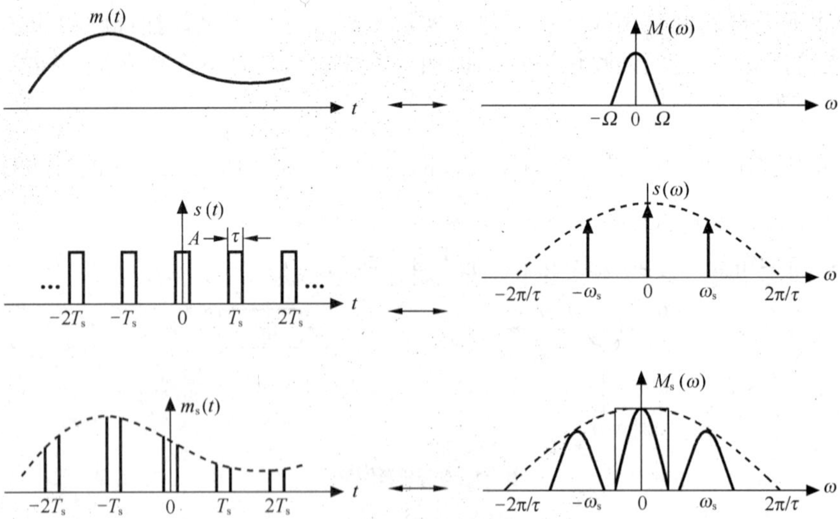

图 4-5　$m(t)$、$s(t)$、$m_s(t)$的波形及频谱

由图 4-5 看出，只要频谱间不发生重叠现象，在接收端就可通过截止频率为 $f_c=f_H$ 的理想低通滤波器从样值信号中取出原模拟信号。对于最高频率为 f_m 的模拟信号来说，只要抽样信号频率 $f_s\geqslant 2f_m$，在接收端就可不失真地取出原模拟信号。

抽样信号 $s(t)$的重复频率 f_s 必须不小于模拟信号最高频率的两倍，即 $f_s\geqslant 2f_m$，它是模拟信号数字化的理论根据。

实际滤波器的特性不是理想的，因此常取$f_s>2f_m$。

在选定f_s后，对模拟信号的f_m必须给予限制。其方法为在抽样前加一低通滤波器，限制f_m，保证$f_s>2f_m$。

2. 信号的重建

利用一低通滤波器即可完成信号重建的任务。由前面分析知道，样值信号中原模拟信号的幅度只为抽样前的$\frac{\tau}{T_s}$倍。因为τ很窄，所以还原出的信号幅度太小。为了提升重建的话音信号幅度，通常采取加一展宽电路，将样值脉冲τ展宽为T_s，从而提升信号幅度。理论和实践表明：加展宽电路后，在 PAM 信号中，低频信号提升的幅度多，高频信号提升的幅度小，产生了失真。为了消除这种影响，在低通滤波器之后加均衡电路。要求均衡电路对低频信号衰减大，对高频信号衰减小。

信号经过抽样以后，信号在时间上被离散化了，但是其幅度仍是连续取值，故仍为模拟信号，不能进行编码。因此，必须进行数字化的第二步——幅度离散化处理，即量化。

图 4-2 是抽样、量化、编码过程的示意图。根据抽样定理，$m(t)$经过抽样后变成了时间离散、幅度连续的信号$m_s(t)$。将其送入量化器，就得到了量化输出信号$m_q(t)$。图 4-2 中，采用了“四舍五入”法将每一个连续抽样值归结为某一临近的整数值，即量化电平，这里采用了 8 个量化级，将 7 个准确样值 4.2、6.3、6.1、4.2、2.5、1.8、1.9 分别变换成 4、6、6、4、3、2、2。显然，量化后的离散样值可以用一定位数的代码来表示，也就是对其进行编码。因为只 8 个量化电平，所以可用 3 位二进制码来表示。如果有M个量化电平，需要的二进制码位数n为

$$M = 2^n \tag{4.4}$$

图 4-2（d）给出了用自然二进制码对量化样值进行编码的结果。如果用 μ 进制脉冲进行编码，n个码元所代表的量化电平数目为

$$M = \mu^n \tag{4.5}$$

但实际中，实现这种方法的电路较复杂，因此，实用电路中常常在发信端采用取整量化，在收信端再加上半个量化级差的方法。

4.2.3　量化

量化的任务是将抽样后的信号在幅度上离散化，即将模拟信号转换为数字信号。其做法是将 PAM 信号的幅度变化范围划分为若干个小间隔，每一个小间隔叫做一个量化级。相邻两个样值的差叫做量化级差，用δ表示。当样值落在某一量化级内时，就用这个量化级的中间值来代替，该值称为量化值。

用有限个量化值表示无限个取样值，总是含有误差的。由于量化而导致的量化值和样值的差称为量化误差，用$e(t)$表示，即$e(t)$= 量化值 − 样值。

量化分为均匀量化和非均匀量化。每个量化值要用数字码（或码组）表示，这个过程称为编码。实际设备中，量化和编码是一起完成的。为了便于理解，我们分两步作介绍。

1. 均匀量化

均匀量化的量化级差δ是均匀的，或者说，均匀量化的实质是不管信号的大小，量化级差都相同，其量化特性曲线如图 4-6（a）所示。该量化特性曲线共分 8 个量化级，量化输出取其量化级的中间值。量化误差与输入电压的关系曲线如图 4-6（b）所示。从图中可见，当

输入信号幅度在$-4\delta\sim+4\delta$之间时，量化误差的绝对值都不会超过$\frac{\delta}{2}$，这段范围称为量化的未过载区。在未过载区产生的噪声称为未过载量化噪声。当输入电压幅度$u(t)>4\delta$或$u(t)<-4\delta$时，量化误差值线性增大，超过$\frac{\delta}{2}$，这段范围称为量化的过载区。在量化过载区产生的噪声称为过载量化噪声，过载量化噪声在实用中应避免。

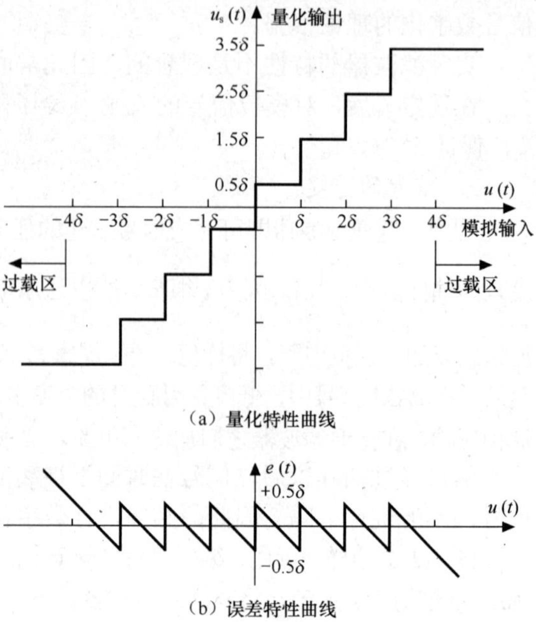

（a）量化特性曲线

（b）误差特性曲线

图 4-6　均匀量化特性曲线及误差特性曲线

下面分析均匀量化中，量化噪声对通信的影响。

通信中常用信噪比表示通信质量。量化信噪比是指模拟输入信号功率与量化噪声功率之比。

经分析知：对一正弦信号，均匀量化的信噪比为：

$$\left(\frac{S}{N}\right)_{\text{dB}}=1.76+6n+20\lg\frac{U_{\text{m}}}{V} \tag{4.6}$$

对一话音信号，均匀量化的信噪比为：

$$\left(\frac{S}{N}\right)_{\text{dB}}=6n-9+20\lg\frac{U_{\text{m}}}{V} \tag{4.7}$$

式中，n——二进制码的编码位数。

U_{m}——有用信号的幅度。

$+V\sim-V$——未过载量化范围。

我们把满足一定量化信噪比要求的输入信号取值范围定义为量化器的动态范围。可以看出：

（1）为保证通信质量，要求在信号动态范围达到 40dB（即$20\lg\frac{U_{\text{m}}}{V}=-40\text{dB}$）时，信噪比$\left(\frac{S}{N}\right)_{\text{dB}}\geqslant 26\text{dB}$，则$26\leqslant 1.76+6n-40$

解得$n\geqslant 10.7$，即在码位$n=11$时，才满足要求。

（2）信噪比同码位数n成正比，即编码位数越多，信噪比越高，通信质量越好。每增加一位码，信噪比可提高 6dB。

（3）有用信号幅度U_{m}越小，信噪比越低。

（4）话音信号信噪比比相同幅值的正弦信号输入时的信噪比低 11dB。

由以上分析可见，均匀量化信噪比的特点是：码位越多，信噪比越大。在相同码位的情况下，大信号时信噪比大，小信号时信噪比小。

2. 非均匀量化

经过大量统计表明，话音信号中出现小信号的概率要大于出现大信号的概率。但均匀量化信噪比的特点是小信号信噪比小，对提高通信质量不利。因此为了照顾小信号时量化信噪比，又使大信号信噪比不过分富裕，提出了非均匀量化的概念。

（1）非均匀量化。

非均匀量化是对大小信号采用不同的量化级差，即在量化时对大信号采用大量化级差，对小信号采用小量化级差。这样就可以保证在量化级数（编码位数）不变的条件下，提高小信号的量化信噪比，扩大了输入信号的动态范围。图 4-7 所示是一种非均匀量化特性的具体例子。图中只画出了幅值为正时的量化特性。过载电压 $V=4\varDelta$，其中 $\varDelta$ 为常数，其数值视实际而定。量化级数 $M=8$，幅值为正时，有 4 个量化级差。

由图中看出：在靠近原点的（1）、（2）两级量化间隔最小且相等（$\varDelta_1=\varDelta_2=0.5\varDelta$），其量化值取量化间隔的中间值，分别为 0.25 和 0.75；以后量化间隔以 2 倍的关系递增。所以满足了信号电平越小，量化间隔也越小的要求。

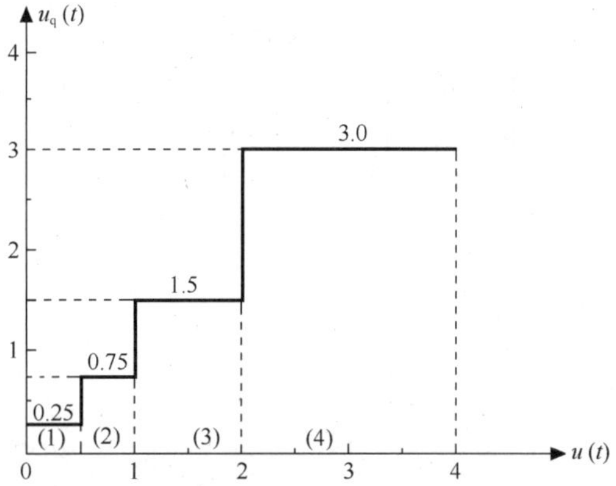

图 4-7　非均匀量化特性例子

（2）压缩与扩张。

实现非均匀量化的方法之一是采用压缩扩张技术，其特点是在发送端对输入模拟信号进行压缩处理后再均匀量化，在接收端进行相应的扩张处理，如图 4-8 所示，由图中看出，非线性压缩特性中，小信号时的压缩特性曲线斜率大，而大信号时压缩特性曲线斜率小。经过压缩后，小信号放大变成大信号，再经均匀量化后，信噪比就较大了。在接收端经过扩张处理，还原成原信号。压缩和扩张特性严格相反。

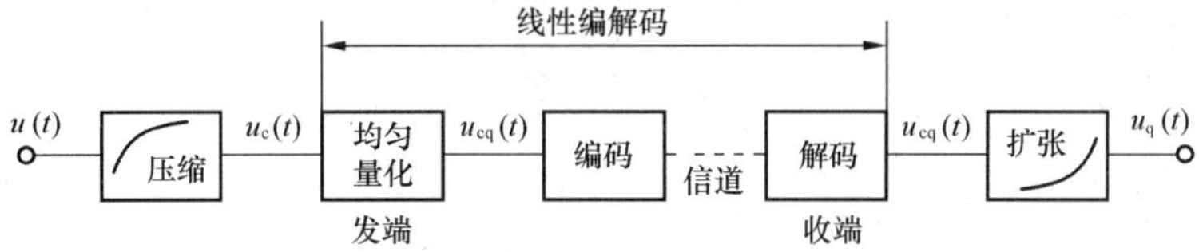

图 4-8　非均匀量化的实现

综上所述，非均匀量化的具体实现，关键在于压缩—扩张特性。目前应用较广的是 A 律和 μ 律压扩特性。

（3）A 律压缩特性。

若将压缩特性和扩张特性曲线的输入和输出位置互换，则两者特性曲线是相同的，因此下面只分析压缩特性。A 律压缩特性公式为

$$y=\frac{Ax}{1+\ln A} \quad 0\leqslant x\leqslant \frac{1}{A}$$

$$y=\frac{1+\ln Ax}{1+\ln A} \quad \frac{1}{A}\leqslant x\leqslant 1 \tag{4.8}$$

式中 A 为压缩系数，表示压缩程度，如图 4-9 所示。$A=1$ 时，$y=x$，为无压缩即均匀量化情况。A 值越大，在小信号处斜率越大，对提高小信号信噪比越有利。

（4）A 律 13 折线压缩特性。

实际中，用一段段折线来近似模拟 A 律压缩特性，如图 4-10 所示。在该方法中，将第 I 象限的 y、x 各分 8 段。y 轴均匀的分段点为 1、7/8、6/8、5/8、4/8、3/8、2/8、1/8、0。x 轴按 2 的幂次递减的分段点为 1、1/2、1/4、1/8、1/16、1/32、1/64、1/128、0。这 8 段折线从小到大依次为①、②……⑦、⑧段。各段斜率分别用 k_1、k_2……k_7、k_8 表示，其值为 $k_1=16$、$k_2=16$、$k_3=8$、$k_4=4$、$k_5=2$、$k_6=1$、$k_7=1/2$、$k_8=1/4$。第①、②段斜率最大，说明对小信号放大能力最大，因此信噪比改善最多。再考虑 x、y 为负值的第Ⅲ象限的情况，由于第Ⅲ象限和第 I 象限的第①、②的斜率相同，可将此 4 段视为一条直线，所以两个象限总共 13 段折线，称为 13 折线。实际中 $A=87.6$ 时，其 13 折线压缩特性与 A 律压缩特性相似。因此简称 13 折线 A 律特性或 13 折线特性。我国和欧洲各国均采用 A 律压扩特性。

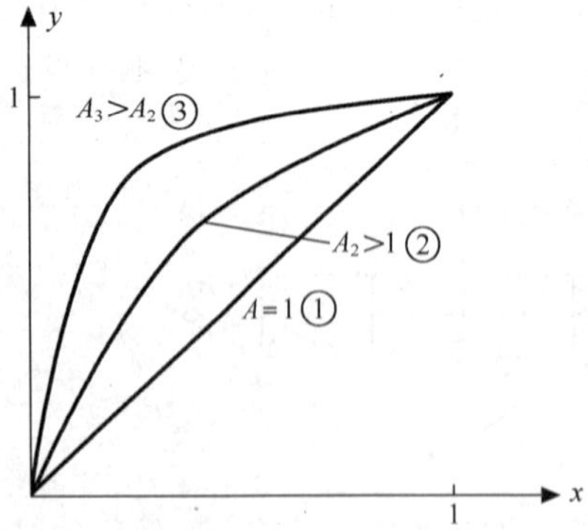

图 4-9 A 律压缩特性

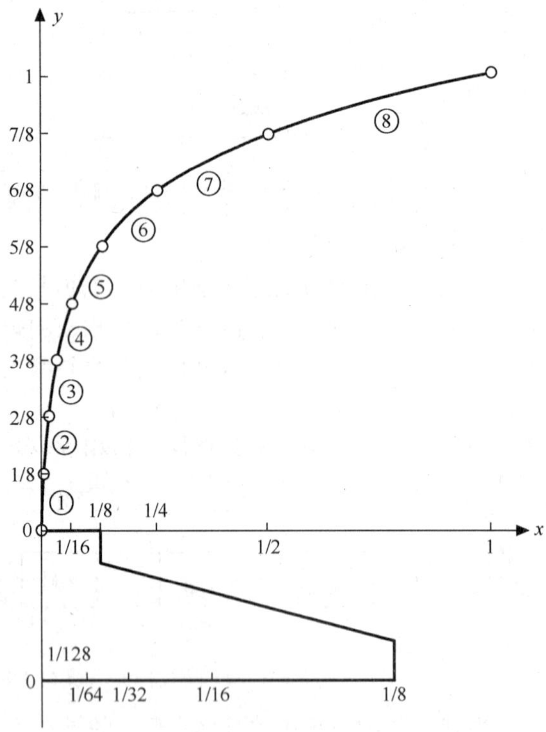

图 4-10 13 折线压缩特性

A 律 13 折线压缩特性对小信号信噪比的改善是靠牺牲大信号的量化信噪比换来的。非均匀量化后量化信噪比的公式可表示为

$$\left(\frac{S}{N}\right)_{\mathrm{dB}}=1.76+6n+20\lg\frac{k_i U_{\mathrm{m}}}{V}=1.76+6n+20\lg\frac{U_{\mathrm{m}}}{V}+20\lg k_i \tag{4.9}$$

式中，$20\lg k_i$ 为量化信噪比的改善量。13 折线各段折线的斜率及量化信噪比的改善量如表 4.1 所示。

表 4.1　　13 折线各段折线的斜率及量化信噪比的改善量

段落	1	2	3	4	5	6	7	8
折线斜率	16	16	8	4	2	1	1/2	1/4
量化信噪比的改善量（dB）	24	24	18	12	6	0	−6	−12

根据以上分析，采用 13 折线压缩特性进行非均匀量化时，编 7 位码（即 $n=7$）就可满足输出信噪比大于 26dB 的要求。

（5）μ 律压缩特性。

μ 律压缩特性公式为：$y=\dfrac{\ln(1+\mu x)}{\ln(1+\mu)}$（$0\leqslant x\leqslant 1$，$0\leqslant y\leqslant 1$）　（4.10）

其中 μ 为压缩系数，如图 4-11 所示。$\mu=0$ 时，相当于无压缩情况。实用中取 $\mu=255$，μ 律压缩特性可用 15 折线来近似。美国、加拿大、日本等国采用 μ 律压缩特性。

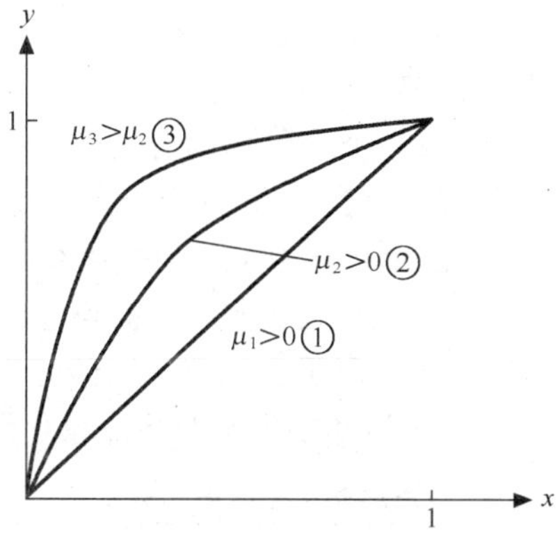

图 4-11　μ 律压缩特性

4.2.4　编码与解码

1. 编码

编码的任务是将已量化的 PAM 信号按一定的码型转换成相应的二进制码组，获得 PCM 信号。

常见的码型有普通二进制码、折叠二进制码等，如表 4.2 所示。设信号范围为-4Δ～$+4\Delta$，采用均匀量化，因为 $2^3=8$，所以分为 8 段，量化级差为 1Δ，每个码字为三位码。

表 4.2　　码型表

序号	量化值	范围	普通二进制码			折叠二进制码		
			a_1	a_2	a_3	b_1	b_2	b_3
7	+3.5	+3.0～+4.0	1	1	1	1	1	1
6	+2.5	+2.0～+3.0	1	1	0	1	1	0
5	+1.5	+1.0～+2.0	1	0	1	1	0	1

续表

序号	量化值	范围	普通二进码			折叠二进码		
			a_1	a_2	a_3	b_1	b_2	b_3
4	+0.5	0～+1.0	1	0	0	1	0	0
3	−0.5	−1.0～0	0	1	1	0	0	0
2	−1.5	−2.0～−1.0	0	1	0	0	0	1
1	−2.5	−3.0～−2.0	0	0	1	0	1	0
0	−3.5	−4.0～−3.0	0	0	0	0	1	1

可以看出，两种码型的第一位码表示信号的极性，即样值为正时，第一位码为“1”； 样值为负时，第一位码为“0”。所以样值编成 n 位码时，$x_1=1$ 表示正样值，$x_1=0$ 表示负样值；$x_2x_3\cdots x_8$ 称为幅度码。因为折叠二进制码，幅度相同的正负样值其幅度码相同，正负值合用一个编码电路，电路会简单些。因此，在实际的 PCM 通信中通常采用折叠二进制码。

A 律 13 折线量化编码方案的码位安排如下。

按 A 律 13 折线压缩特性进行编码时，一个 8 位码的码字安排如图 4-12 所示。

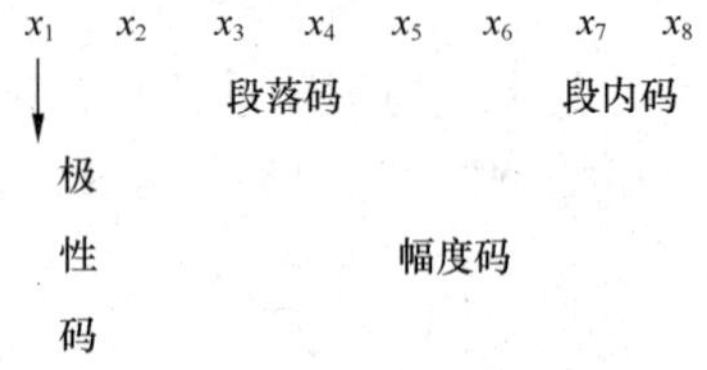

图 4-12　码位安排

其中，x_1 为极性码，$x_1=1$ 表示正样值，$x_1=0$ 表示负样值；x_2～x_4 为段落码，表示样值为正（或负）的 8 个非均匀量化大段；x_5～x_8 为段内码，每一个大段均匀分 16 小段，因为 $2^4=16$，所以四位段内码正好表示这 16 个小段。段落码和段内码合起来称为幅度码。$2^7=128$，表示样值为正（或负）时共分为 128 个量化级。

每个大段落区间称为段落差，符合 2 的幂次规律，即每一段的段落差是前一段的两倍（第一段除外）；每个大段的起始值称为起始电平；每个大段落分为 16 个均匀的小段；每个小段的间隔即为量化级差 δ_i（$i=1$～8）。段落起始电平及各段量化级差计算如表 4.3 所示。

表 4.3　段落起始电平与量化级差

段落序号	起始电平	量化级差
①	0Δ	$\delta_1=\dfrac{\left(\frac{1}{128}-1\right)}{16}=\dfrac{1}{2048}=1\Delta$
②	16Δ	$\delta_2=\dfrac{\left(\frac{1}{64}-\frac{1}{128}\right)}{16}=\dfrac{1}{2048}=1\Delta$
③	32Δ	$\delta_3=\dfrac{\left(\frac{1}{64}-\frac{1}{128}\right)}{16}=\dfrac{1}{1024}=2\Delta$
④	64Δ	$\delta_4=4\Delta$
⑤	128Δ	$\delta_5=8\Delta$
⑥	256Δ	$\delta_6=16\Delta$
⑦	512Δ	$\delta_7=32\Delta$
⑧	1024Δ	$\delta_8=64\Delta$

显然，每一段落的量化级差不等，从而实现了大信号量化级差大，小信号量化级差小，改善了小信号时的量化噪声的影响，这就进一步说明了非均匀量化的实质。

用 Δ 表示，共 $2\times(16\delta_1+16\delta_2+16\delta_3+\cdots+16\delta_8)=4096\Delta$。若以 Δ 为级差进行均匀量化时，相当于（$2^{12}=4096$）编 12 位码，因此可以看出，利用压缩扩张法提高了小信号信噪比，在直接非均匀量化编码中，得到了完全等效的体现，因此，实际线路中不必单独配置压扩器和均匀量化器。

2. 编码器

PCM 系统常用的编码方式有：逐次反馈型编码器、级联型编码器和混合型编码器。下面重点介绍最常用的逐次反馈型编码器。

（1）逐次反馈型编码器组成原理。

要判断 $|u_s|$ 位于哪一个大段落，我们需知 16Δ、32Δ、64Δ、128Δ、256Δ、512Δ、1024Δ 共 7 个权值 u_r（实际还有 0Δ），其比较过程如图 4-13 所示。

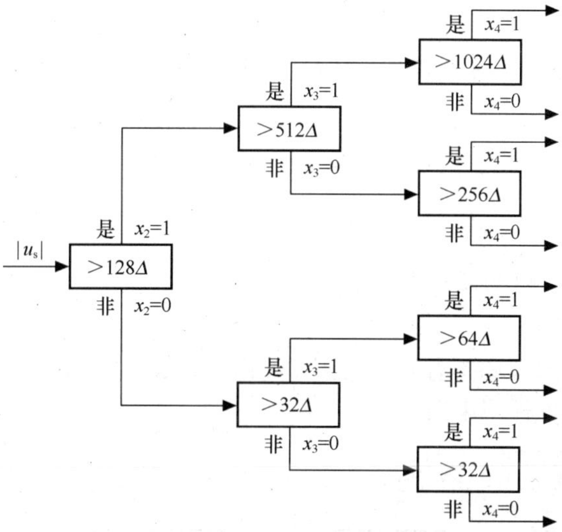

图 4-13　编段落码权值的确定

段内码 x_5～x_8 的权值由下式确定：

$$u_{r5}=\text{段落起始电平}+\frac{1}{2}\text{段落差}$$

$$u_{r6}=\text{段落起始电平}+\frac{x_5}{2}\text{段落差}+\frac{1}{4}\text{段落差}$$

$$u_{r7}=\text{段落起始电平}+\frac{x_5}{2}\text{段落差}+\frac{x_6}{4}\text{段落差}+\frac{1}{8}\text{段落差}$$

$$u_{r8}=\text{段落起始电平}+\frac{x_5}{2}\text{段落差}+\frac{x_6}{4}\text{段落差}+\frac{x_7}{8}\text{段落差}+\frac{1}{16}\text{段落差}$$

例 4.1　设输入信号取样值为 $+1270\Delta$，试采用逐次对分比较法编码器将其按 13 折线 A 律压扩特性编成 8 位二进制码。并计算量化误差。

解：（1）极性码 x_1：　∵输入信号为正电平，∴$x_1=1$

（2）段落码 x_2～x_4：由图 4-13 可知　　$u_{r2}=128\Delta$

∵$u_s=1270\Delta>128\Delta$　　∴$x_2=1$　　∴$u_{r3}=512\Delta$

$u_s=1270\Delta>512\Delta$　　∴$x_3=1$　　∴$u_{r4}=1024\Delta$

$u_s = 1270\Delta > 1024\Delta$　　　$\therefore x_4 = 1$　　$\therefore x_2 \sim x_4 = 111$

说明该样值属于第⑧大段，其段落起始电平 = 段落差 = 1024Δ，$\delta_8 = 64\Delta$

（3）段内码 $x_5 \sim x_8$：

$$u_{r5} = 1024\Delta + \frac{1}{2}1024\Delta = 1536\Delta$$

$\because u_s = 1270\Delta < 1536\Delta$　　　$\therefore x_5 = 0$

$u_{r6} = 1024\Delta + \frac{1}{4}1024\Delta = 1280\Delta$

$\because u_s = 1270\Delta < 1280\Delta$　　　$\therefore x_6 = 0$

$u_{r7} = 1024\Delta + \frac{1}{8}1024\Delta = 1152\Delta$

$\because u_s = 1270\Delta > 1152\Delta$　　　$\therefore x_7 = 1$

$u_{r8} = 1024\Delta + \frac{1}{8}1024\Delta + \frac{1}{16}1024\Delta = 1216\Delta$

$\because u_s = 1270\Delta > 1216\Delta$　　　$\therefore x_8 = 1$

∴取样值为 $+1270\Delta$ 的 PCM 码为 11110011。

在收端，解码电平 = 码字电平 + $\frac{1}{2}\delta_8 = 1216\Delta + \frac{1}{2}64\Delta = 1248\Delta$

∴量化误差 $= |1248\Delta - 1270\Delta| = 22\Delta$

（2）编码器的构成。

根据编码方案基本原理和折叠码的特点，其构成方框图如图 4-14 所示。它包括极性判决电路，幅度比较器和本地译码电路。

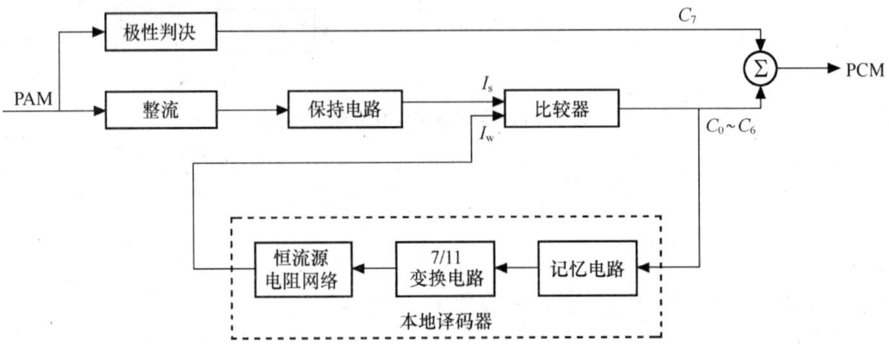

图 4-14　逐次反馈型编码器构成

极性判决电路是将样值信号 u_s 与下权值 $u_{r1} = 0$ 进行比较，根据样值的正或负确定极性码 x_1 是 1 还是 0。

幅度比较电路是根据全波整流电路送来的 u_s 和 u_{ri}（$i = 2 \sim 8$）的比较结果确定幅度码 $x_2 \sim x_8$。

本地解码电路由记忆电路，7/11 变换电路，11 个控制逻辑开关和 11 个恒压源（或恒流源）组成。

3．解码器

解码器是完成数模变换的部件，通常又称为数模变换器，简记为 DAC。PCM 接收端译码器的工作原理与本地译码器基本相同，唯一不同之处是接收端译码器在译出幅度的同时，还要恢复出信号的极性。这里我们不再重复。

4.2.5　PCM 系统的噪声性能

PCM 系统输出的信号是模拟信号，因此系统的可靠性仍然可用系统输出信噪比来衡量。PCM 系统的噪声来自两方面，即量化过程中形成的量化噪声，以及在传输过程中经信道混入的加性高斯白噪声。因此通常将 PCM 系统输出端总的信噪比定义为

$$\left(\frac{S_0}{N_0}\right)_{\mathrm{PCM}}=\frac{S_0}{N_\mathrm{q}+N_\mathrm{e}}=\frac{S_0/N_\mathrm{q}}{1+N_\mathrm{e}/N_\mathrm{q}} \tag{4.11}$$

式中，S_0——系统输出端信号的平均功率；

N_q——系统输出端量化噪声的平均功率；

N_e——系统输出端信道加性噪声的平均功率。

量化噪声和信道加性噪声相互独立，所以我们先分别讨论它们单独作用时系统的性能，然后再分析系统总的抗噪声性能。

1. 量化噪声对系统的影响

PCM 系统输出端的量化信号与量化噪声的平均功率比为

$$\frac{S_0}{N_\mathrm{q}}=M^2 \tag{4.12}$$

对于二进制编码，设其编码位数为 n，则上式又可写为

$$\frac{S_0}{N_\mathrm{q}}=2^{2n} \tag{4.13}$$

2. 加性噪声对系统的影响

仅考虑信道加性噪声时 PCM 系统的输出信噪比为

$$\frac{S_0}{N_\mathrm{e}}=\frac{1}{4P_\mathrm{e}} \tag{4.14}$$

从式（4.14）可以看出，由于误码引起的信噪比与误码率成反比。

3. PCM 系统接收端输出信号的总信噪比

由式（4.11）、式（4.13）和式（4.14），可求得 PCM 系统输出端总的信号噪声功率比为

$$\left(\frac{S_0}{N_0}\right)_{\mathrm{PCM}}=\frac{M^2}{1+4M^2P_\mathrm{e}}=\frac{2^{2n}}{1+4P_\mathrm{e}2^{2n}} \tag{4.15}$$

式（4.15）表明，当误码率较低时，例如 $P_\mathrm{e}<10^{-6}$，PCM 系统的输出信噪比主要取决于量化信噪比 S_0/N_q。当信道中信噪比较低时，即误码率 P_e 较高时，PCM 系统的输出信噪比取决于误码率，且随误码率 P_e 的提高而下降。一般来说，$P_\mathrm{e}=10^{-6}$ 是很容易实现的，所以加性噪声对 PCM 系统的影响往往可以忽略不计，这说明 PCM 系统抗加性噪声的能力是非常强的。

4.2.6　PCM 编解码器芯片

PCM 编译码器采用 MC145557 专用大规模集成电路。它采用 A 律压扩编码方式，含发送带宽和接收低通开关电容滤波器，内部提供基准电压源，采用 CMOS 工艺。MC145557 的引脚见图 4-15（a），内部组成框图见图 4-15（b）。

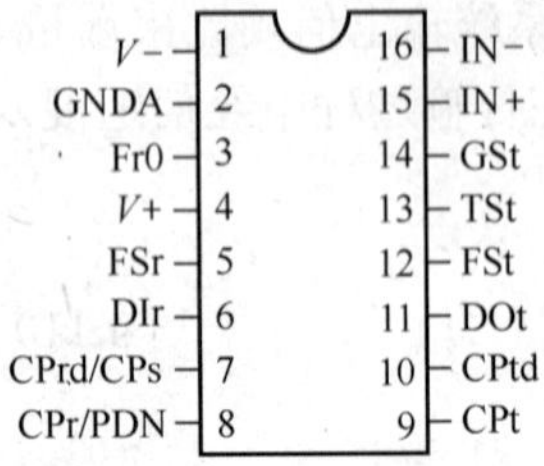

(a) MC145557 的引脚图

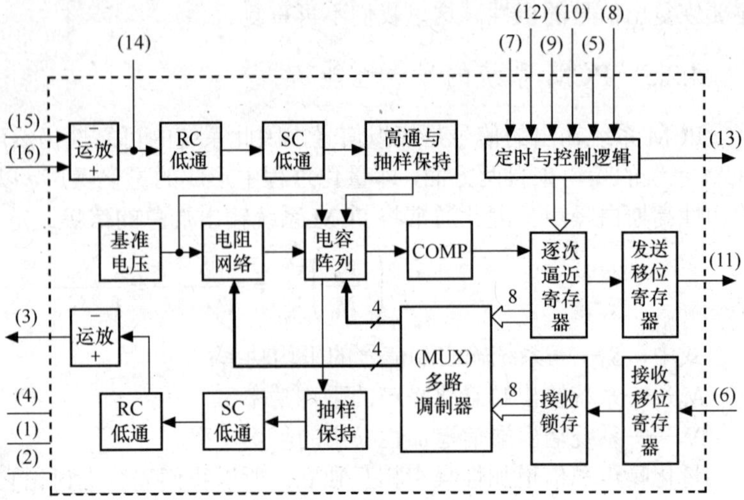

(b) 逐次比较型编码器的原理框图

图 4-15　MC145557

MC145557 的引脚定义简述如下：

（1）V−：输入−5V 电压。

（2）GNDA：模拟地。

（3）FR0：接收信号输出。

（4）V+：输入+5V 电压。

（5）FSr：接收 8kHz 帧同步输入。

（6）DIr：接收数据输入。

（7）CPrd/CPs：接收数据时钟输入/时钟选择控制。

（8）CPr/PDN：接收主时钟输入/降低功耗控制。在固定数率工作模式下为 2048kHz。

（9）CPt：发送主时钟输入。在固定数率工作模式下为 2048kHz。

（10）CPtd：发送数据时钟输入。

（11）DOt：发送数据时钟输出。

（12）FSt：发送 8kHz 帧同步输入。

（13）TSt：发送时隙指示。

（14）GSt：发送增益控制。

（15）IN+：发送信号同相输入。

（16）IN−：发送信号反相输入。

MC145557 编译码器所需的定时脉冲均由定时部分提供。74LS04、74LS74 时钟源产生 2048kHz 的主时钟信号，由 74LS161、74LS20 和 74LS138 产生两个时序相差 3.91μs（1/256000s）的 8kHz 帧同步信号。

4.3　时分复用（TDM）

抽样定理告诉我们，时间和幅度都连续变化的基带信号可以被时间上离散的抽样脉冲值所代替。一般而言，抽样脉冲是相当窄的，因此已抽样信号只占用了有限的时间。而在两个抽样脉冲之间将空出较大的时间间隔，我们可以利用这些时间间隔传输其他信号的抽样值，达到用一条信道同时传输多个基带信号的目的。这样按照一定的时序依次循环传输各路消息的方法，称为时分复用（TDM），或称时分多路复用。

4.3.1　时分复用原理

下面我们用图 4-16 来说明 N 路 PAM 信号时分复用原理。图 4-16（a）是时分复用系统原理框图。N 路信号 $f_1(t)$，$f_2(t)$，…，$f_N(t)$，经过输入低通滤波器（LPF）之后变成严格带限信号，被加到发送转换开关的相应位置。转换开关每 T_s 秒按顺序依次对各路信号分别抽样一次。已抽样信号 $f_1(t)$、$f_2(t)$的波形分别画在图 4-16（b）及图 4-16（c）中，都是单极性 PAM 信号。最后合成的多路 PAM 信号如图 4-16（d）所示，它是 N 路抽样信号的总和。在一个抽样周期 T_s 内，由各路信号的一个抽样值组成的一组脉冲叫做一帧，而一帧中相邻两个抽样脉冲之间的时间间隔称为一个时隙，用 T_1 表示。

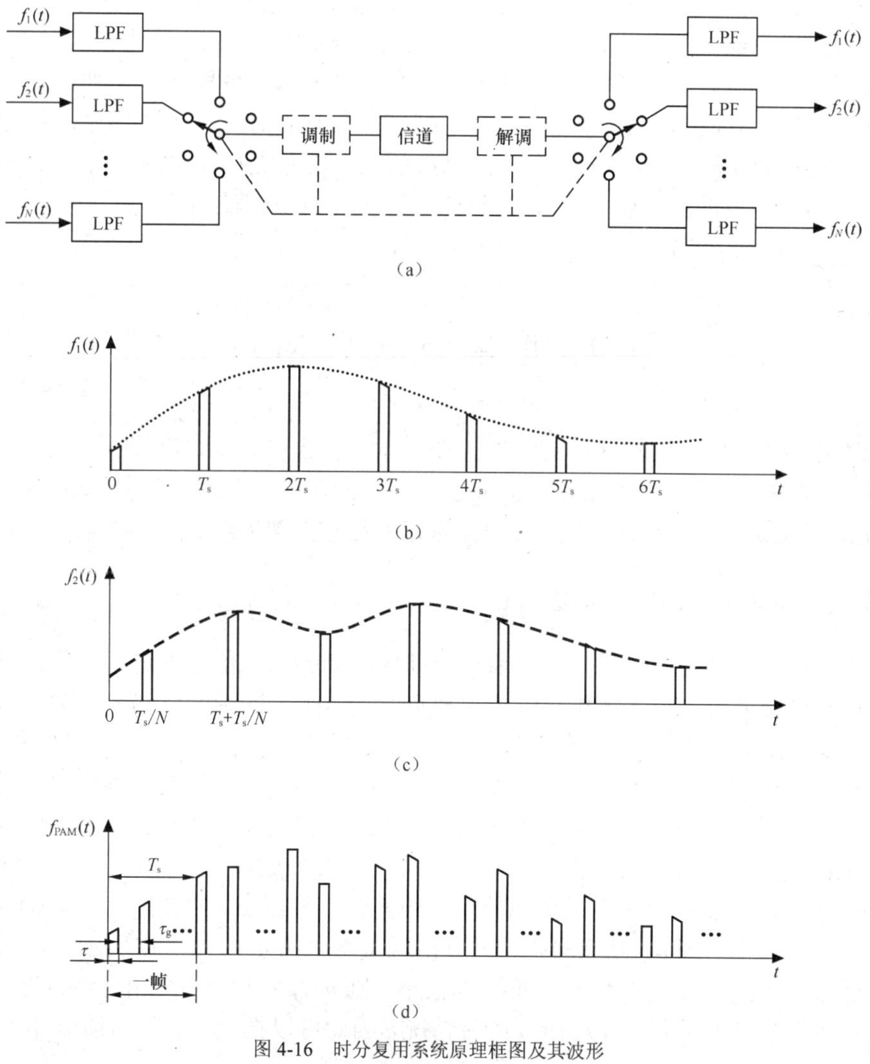

图 4-16　时分复用系统原理框图及其波形

$$T_1 = \tau + \tau_g = \frac{T_s}{N}$$

其中，τ 是抽样脉冲宽度，τ_g 叫做防护时隙，用来避免邻路抽样脉冲的相互重叠。合成的多路 PAM 信号按顺序送入信道。在送入信道之前，根据信道特性可先进行调制，将信号变换成适于信道传输的形式。在接收端，有一个与发送端转换开关严格同步的接收转换开关，顺序地将各路抽样信号分开并送入相应的低通滤波器，恢复出各路调制信号。

在时分多路中，发送端的转换开关和接收端的转换开关必须同步。同步原理将在后面第 7 章中阐述。

4.3.2 时分复用所需的信道带宽

由图 4-16 可知，PAM 信号为窄脉冲。所以要使每个 PAM 信号波形不失真，则传输信道应有无穷大的带宽。然而，在 PAM 系统中，我们感兴趣的不是脉冲的波形，而是脉冲的幅度，即 PAM 信号所携带的信息。只要抽样点脉冲的高度信息没有丢失，则脉冲波形的任何失真都是无关紧要的。这样在时分复用时传输 PAM 信号也就不需要无穷大信道带宽了。

若每路基带信号的频率范围为 0～f_m，则 N 路时分复用的 PAM 信号由每秒 $2Nf_m$ 个脉冲组成。由抽样定理可知，频带限制在 f_m(Hz)的连续信号可以由每秒 2 f_m 个抽样值来代替。因此每秒 $2Nf_m$ 个抽样值也就确定地对应着一个频带宽度为 Nf_m(Hz)的连续信号。换句话说，可以认为这 $2Nf_m$ 个抽样值是由频带限制在 0～Nf_m 的连续信号经抽样得到。所以传输 N 路时分复用 PAM 信号所需要的信道带宽 B 至少应该等于 Nf_m，即应满足下式

$$B \geqslant Nf_m \tag{4.16}$$

4.4 增量调制（ΔM）

增量调制简称 ΔM 或增量脉码调制方式（DM），它是继 PCM 后出现的又一种模拟信号数字化的方法。1946 年由法国工程师 De Loraine 提出，目的在于简化模拟信号的数字化方法。主要在军事通信和卫星通信中广泛使用，有时也作为高速大规模集成电路中的 A/D 转换器使用。

4.4.1 增量调制的基本原理

所谓增量调制就是将信号瞬时值与前一个抽样时刻的量化值之差进行量化，而且只对这个差值的符号进行编码。因此量化只限于正和负两个电平，即用一位码来传输一个抽样值。如果差值为正，则发“1”码；如果差值为负，则发“0”码。显然，数码“1”和“0”只是表示信号相对于前一时刻的增减，而不代表信号值的大小。这种将差值编码用于通信的方式就称为“增量调制”。下面，我们借助于图 4-17 来进一步理解增量调制的基本原理。

图中 $m(t)$是一个频带有限的模拟信号，时间轴 t 被分成许多相等的时间段 Δt，如果 Δt 很小，则 $m(t)$在间隔为 Δt 的时刻上得到的相邻的差值也将很小。如果把代表 $m(t)$幅度的纵轴也分成许多相等的小区间 σ，那么模拟信号 $m(t)$就可用如图 4-17（a）中所示的阶梯波形 $m'(t)$来逼近。显然，只要时间间隔 Δt 和台阶 σ 都很小，则 $m(t)$和 $m'(t)$将会相当地接近。阶梯波形只有上升一个台阶 σ 或下降一个台阶 σ 两种情况，因此可以把上升一个台阶 σ 用“1”码来表

示，下降一个台阶 σ 用“0”码来表示，这样图中连续变化的模拟信号 $m(t)$就可以用一串二进码序列来表示，从而实现了模/数转换。在接收端，只要每收到一个“1”码就使输出上升一个 σ 值，每收到一个“0”码就使输出下降一个 σ 值，当收到连“1”码时，表示信号连续增长，当收到连“0”码时，表示信号连续下降。这样就可以恢复出与原模拟信号 $m(t)$近似的阶梯波形 $m'(t)$，从而实现了数/模转换。

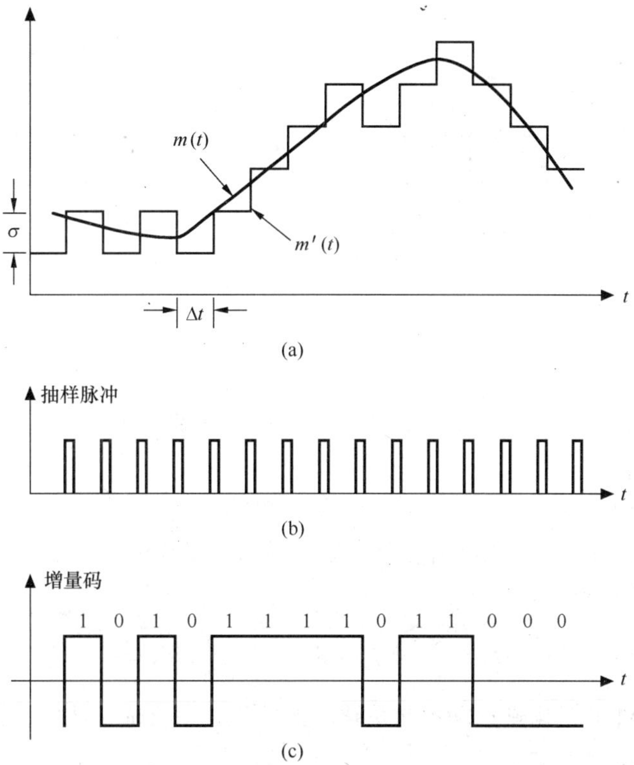

图 4-17　增量调制波形及编码

ΔM 系统的实现框图如图 4-18 所示。发送端的编码器由相减器、判决器、积分器及抽样脉冲产生器组成。其工作过程如下：将模拟信号与积分器输出的斜变波形 $m'(t)$进行比较，为了获得这个比较结果，先通过相减器进行相减得到二者的差值，然后在抽样脉冲作用下将这个差值进行极性判决。如果在给定抽样时刻 t_i 有 $m(t)\big|_{t=t_i} - m'(t)\big|_{t=t_i-} > 0$，则判决器输出“1”码；如果两者的差值小于 0，则输出“0”码。这里，t_{i-} 是 t_i 时刻的前一瞬间，即相当于在阶梯波形跃变点的前一瞬间。于是，编码器就输出一个二进码序列。

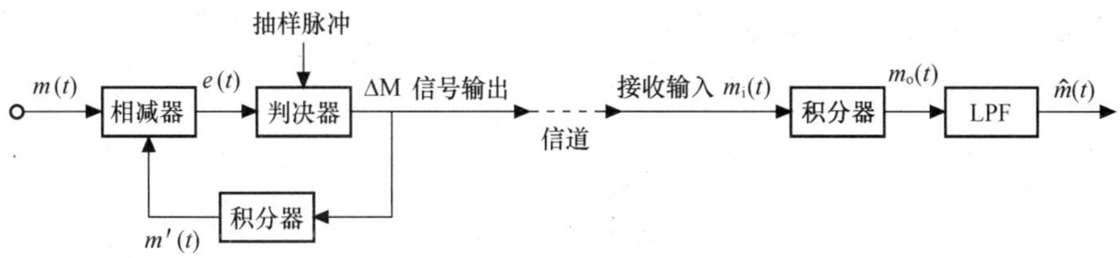

图 4-18　增量调制系统框图

接收端的译码器由积分器和低通滤波器组成，其中的积分器与编码器中的积分器完全相同。ΔM 译码器的工作过程如下：积分器遇到“1”码（即有 $+E$ 脉冲电压），就以固定斜率上升一个 Δ；遇到“0”码（即有−E 脉冲电压），就以固定斜率下降一个 Δ。图 4-19 表示了积分器输出波形，可以看到，积分器的输出波形是一个斜变波形，斜变波形与原来的模拟信号相似。积分器输出的斜变波经低通滤波器之后就变得十分接近于信号 $m(t)$。

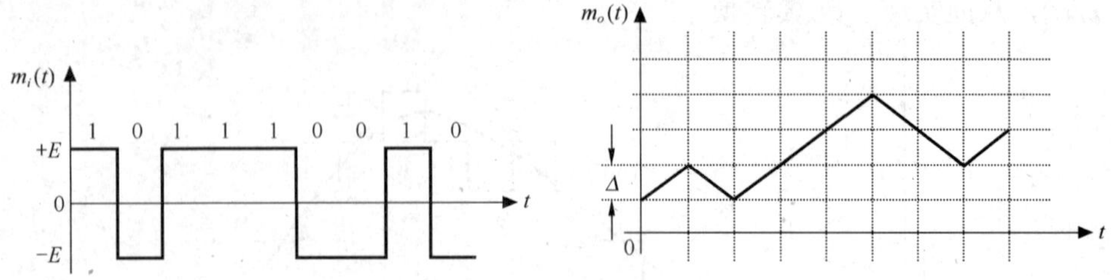

(a)　　　　(b)

图 4-19　积分器译码示意图

4.4.2　量化噪声和过载噪声

1．量化噪声

由于 ΔM 信号是按台阶 Δ 来量化的，因而也必然存在量化误差 $e_q(t)$，也就是所谓的量化噪声。量化误差可以表示为

$$e_q(t) = m(t) - m'(t) \tag{4.17}$$

正常情况下，$e_q(t)$在$(-\Delta,\ +\Delta)$范围内变化。假设随时间变化的 $e_q(t)$在区间$(-\Delta,\ +\Delta)$上均匀分布，则 $e_q(t)$的平均功率可表示成

$$E[e_q^2(t)] = \int_{+\sigma}^{-\sigma} e^2 f_q(e)\mathrm{d}e = \frac{1}{2\sigma}\int_{+\sigma}^{-\sigma} e^2\mathrm{d}e = \frac{\Delta^2}{3} \tag{4.18}$$

式（4.18）表明，ΔM 的量化噪声功率与量化阶距电压的平方成正比。因此若要想减小 N'_q，就应减小阶距电压 Δ。

2．过载噪声

因为在 ΔM 中每个抽样间隔内只容许有一个量化电平的变化，所以当输入信号的斜率比抽样周期决定的固定斜率大时，量化阶的大小便跟不上输入信号的变化，因而产生斜率过载失真，它所产生的噪声称为斜率过载噪声，如图 4-20 所示。

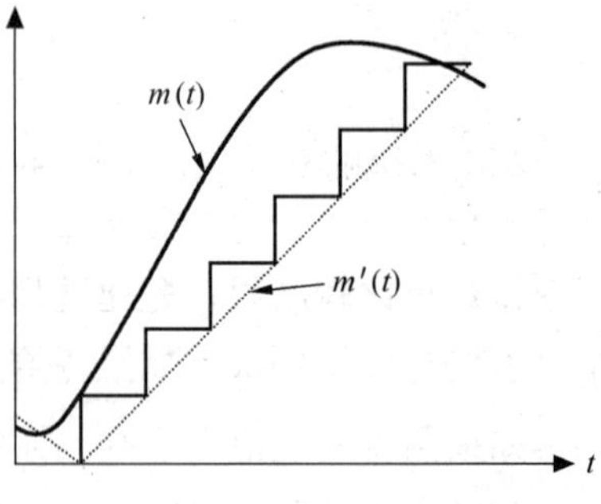

图 4-20　ΔM 的过载失真

在正常工作时，过载噪声必须加以克服。下面，我们来讨论不发生过载失真的条件。

由图 4-16（a）可见，$m'(t)$每隔 T_s 时间增长 Δ，因此其最大可能的斜率为 Δ/T_s。而模拟信号 $m(t)$的斜率为 $\mathrm{d}\,m(t)/\mathrm{d}\,t$。为了不发生过载失真，必须使信号的最大可能斜率小于斜变波的斜率，即有

$$\left|\frac{\mathrm{d}\,m(t)}{\mathrm{d}\,t}\right|_{\max} \leqslant \frac{\Delta}{T_s} \tag{4.19}$$

式中，$\left|\frac{\mathrm{d}\,m(t)}{\mathrm{d}\,t}\right|_{\max}$ 是信号 $m(t)$的最大斜率。当输入是单音频信号 $m(t) = A\cos\omega t$ 时，有

$$\left|\frac{\mathrm{d}m(t)}{\mathrm{d}t}\right|_{\max} \leqslant A\omega \tag{4.20}$$

在这种特殊的情况下，不发生过载失真的条件为

$$A\omega \leqslant \Delta f_s \tag{4.21}$$

从式（4.21）可见，当模拟信号的幅度或频率增加时，都可能引起过载。为了控制量化噪声，则量化阶距电压 $\varDelta$ 不能过大。因此若要避免过载噪声，在信号幅度和频率都一定的情况下，只有提高频率 f_s，即使 f_s 满足

$$f_s \geqslant \frac{A}{\varDelta}\omega \tag{4.22}$$

一般情况下，$A>>\varDelta$，为了不发生过载失真，f_s 的取值远远高于 PCM 系统的抽样频率。例如，ΔM 系统的动态范围$(D)_{\Delta M}$定义为最大允许编码幅度 $A_{max}=\Delta f_s/2\pi f$ 与最小可编码电平 $A_{min}=\varDelta/2$ 的之比，即

$$(D)_{\Delta M} = 20\log\frac{A_{max}}{A_{min}} = 20\log\frac{f_s}{\pi f} \tag{4.23}$$

若设话音信号的频率为 $f = 1$kHz，并要求其变化的动态范围为 40dB，则有

$$20\log\frac{f_s}{\pi f} = 40$$

因此不发生过载，f_s 的取值为 $f_s \approx 300$kHz

在 PCM 系统中，对于频率为 1kHz 的话音信号进行抽样，抽样频率为 2kHz。与之相比，ΔM 系统的 f_s 比 PCM 系统的抽样频率大很多。

需要指出的是，在 ΔM 系统中所说的抽样频率，实际上是系统最终输出的二进制码元速率，它与抽样定理中定义的抽样速率的物理意义是不同的。

在抽样频率和量化阶距电压都一定的情况下，为了避免过载发生，输入信号的频率和幅度关系应保持在图 4-21 过载特性所示的临界线之下。

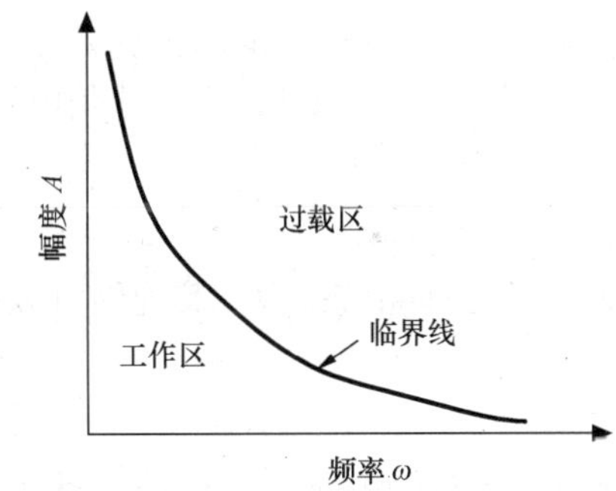

图 4-21　过载特性

在临界情况下，有

$$A_{max} = \frac{\Delta f_s}{2\pi f} \tag{4.24}$$

该式说明，输入信号所允许的最大幅度与 $\varDelta$、f_s 成正比，与输入信号的频率成反比，因此输入信号幅度的最大允许值必须随信号频率的上升而下降。频率增加一倍，幅度必须下降 6dB。这正是增量调制不实用的原因。在实际应用中，多采用 ΔM 的改进型——总和增量调制（Δ-ΣM）系统和数字压扩调制。

4.4.3　增量调制系统的抗噪声性能

增量调制系统的信噪比与 PCM 相似，包括两部分:

1. 量化产生的量化信噪比

ΔM 系统输出最大的信噪比为

$$\left(\frac{S_0}{N_q}\right)_{max} = \frac{3}{8\pi^2} \cdot \frac{f_s^3}{f_c^2 f_m} \approx 0.04\frac{f_s^3}{f_c^2 f_m} \tag{4.25}$$

式中：f_s为抽样频率，f_c为信号的频率，f_m为低通滤波器的截止频率。从式（4.25）可以看出，在临界条件下，量化信噪比与抽样频率的 3 次方成正比，与信号频率的平方成反比，与低通滤波器的截止频率成反比。所以，提高抽样频率对改善量化信噪比大有好处。

2. 由于加性干扰噪声的误码信噪比

误码造成的信噪比为

$$\frac{S_0}{N_e} = \frac{\sigma^2 f_s^2}{8\pi^2 f^2} \Big/ \left(\frac{2\sigma^2 P_e}{T_s \pi^2 f_1}\right) = \frac{f_1 f_s}{16 f^2 P_e} \tag{4.26}$$

从上式可以看出，在已知信号频率 f_c、抽样频率 f_s及低通滤波器截止频率 f_m时，ΔM 系统输出的误码信噪比与误码率成反比。

考虑到量化信噪比及误码信噪比，ΔM 系统输出总信噪比由下式决定

$$\frac{S_0}{N_q + N_e} = \frac{3 f_1 f_s^3}{8\pi^2 f_1 f_m f_c^2 + 48 P_e f_c^2 f_s^2} \tag{4.27}$$

当误码率很小时，ΔM 系统的输出信噪比主要由量化信噪比决定。

4.4.4 PCM 和 ΔM 的性能比较

前面我们对最基本的 PCM 和 ΔM 系统作了比较详细的讨论。下面来比较无误码时（或误码极低时）PCM 和 ΔM 系统的性能。

对于 PCM 系统，其量化信噪比性能可以用下式估计，即有

$$\frac{S_0}{N_q} = 6n\,(\text{dB}) \tag{4.28}$$

而对于 ΔM 系统来说，其性能可以按式（4.24）估算，即有

$$\frac{S_0}{N_q} \approx 10\lg\left(0.04\frac{f_s^3}{f_c^2 \cdot f_m}\right)(\text{dB}) \tag{4.29}$$

显然，很难从这两个式子的直接比较中得到结论。但我们可以在相同信道宽度的条件下，也就是两者有相同信道传输速率的条件下进行比较。设这个传输速率为 f_b。对于 ΔM 系统，f_b就等于系统的抽样频率，即有$f_s = f_b$；对于 PCM 系统而言，通常有$f_b = 2n f_m$，其中f_m是基带信号的最高频率，n 是编码位数。当 ΔM 系统和 PCM 系统有相同的传输速率时，可以将$f_s = f_b = 2n f_m$代入式（4.28），可得

$$\frac{S_0}{N_q} \approx 10\lg\left[0.04\frac{(2nf_m)^3}{f_c^2 \cdot f_m}\right] = 10\lg\left[0.32\, n^3\left(\frac{f_m^2}{f_c^2}\right)\right] \quad (\text{dB}) \tag{4.30}$$

因为 $f_c \leqslant f_m$，且话音信号的能量主要集中在 800～1000Hz 这一段中，故取 $f_c = 1000\text{Hz}$，$f_m = 3000\text{Hz}$，则式（4.29）变成

$$\frac{S_0}{N_q} \approx 30\lg 1.42n(\text{dB}) \tag{4.31}$$

在不同的 n 值情况下，PCM 与 ΔM 系统的比较曲线如图 4-22 所示，可以看出，在相同

的传输速率下，如果 PCM 系统的编码位数 n 小于 4，则它的性能将比 ΔM 系统差；如果 $n>4$，PCM 的性能将超过 ΔM 系统，且随 n 的增大，性能越来越好。

分析得出，增量调制与 PCM 比较有如下特点：

（1）在比特率较低时，增量调制的量化信噪比高于 PCM；

（2）增量调制抗误码性能好，可用于比特误码率为 10^{-2}～10^{-3} 的信道，而 PCM 则要求 10^{-4}～10^{-6}；

（3）增量调制通常采用单纯的比较器和积分器作编译码器（预测器），结构比 PCM 简单。

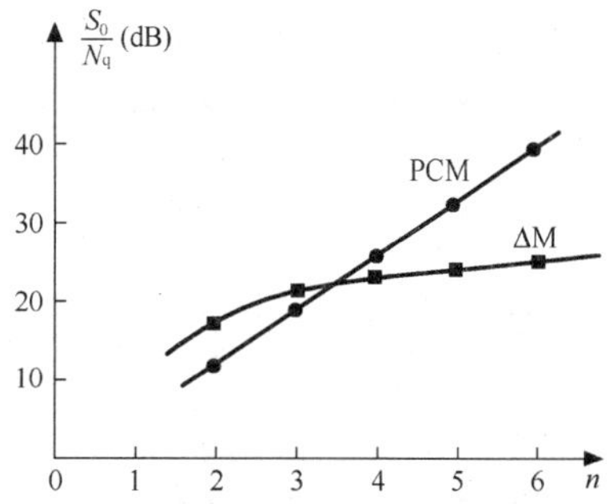

图 4-22　不同 n 值 PCM 与 ΔM 性能的比较曲线

4.5　其他脉冲数字调制系统

4.5.1　总和增量调制（Δ-ΣM）

我们知道，对于高频成分丰富的输入信号 $m(t)$，由于其在波形上急剧变化的时刻比较多，所以，如果直接进行 ΔM 调制，则往往造成阶梯波形 $m'(t)$跟不上 $m(t)$的变化，产生比较严重的过载噪声；而对低频成分丰富的输入信号 $m(t)$，由于其在波形上缓慢变化的时刻比较多，当幅度的变化在 $\sigma/2$ 以内，又会出现连续的“0”、“1”交替码，导致信号平稳期间幅度信息的丢失。总和增量调制技术解决了这一问题，其基本思想是，在发送端让输入信号 $m(t)$先通过一个积分器，然后再进行增量调制。这里，积分器的作用是使 $m(t)$波形中原来变化急剧的部分变得缓慢，而原来变化平直的部分变得比较陡峭，这样就可以解决原输入信号急剧变化时易出现过载失真和缓慢变化时易出现空载失真的问题。由于对 $m(t)$先积分再进行增量调制，所以在接收端解调以后要再增加一级微分器，以便恢复出原信号。实际上，由于接收端的积分器和微分器的相互抵消作用，所以，在 Δ-ΣM 系统的接收端只需要一个低通滤波器就可以恢复出原信号。Δ-ΣM 系统构成框图如图 4-23 所示。

与 ΔM 系统类似，Δ-ΣM 系统也会发生过载现象。我们已经知道，在 ΔM 系统中，不发生斜率过载的条件是

$$\left|\frac{\mathrm{d}m(t)}{\mathrm{d}t}\right|_{\max} \leqslant \Delta \cdot f_s \tag{4.32}$$

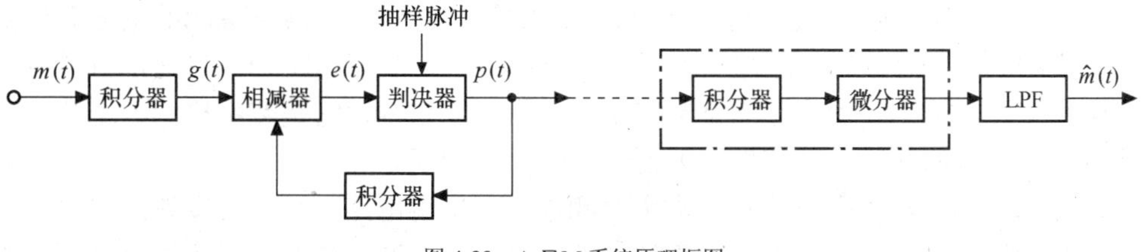

图 4-23　Δ-ΣM 系统原理框图

而在 Δ-ΣM 系统中，输入信号先经过积分器，然后再进行增量调制。这时图 4-23 中减法器的输入信号为

$$g(t)=\int m(t)\mathrm{d}t \tag{4.33}$$

因此，Δ-ΣM 系统不发生斜率过载的条件应为

$$\left|\frac{\mathrm{d}g(t)}{\mathrm{d}t}\right|_{\max}\leqslant \varDelta\cdot f_{\mathrm{s}} \tag{4.34}$$

由于 $\left|\frac{\mathrm{d}g(t)}{\mathrm{d}t}\right|_{\max}=\left|m(t)\right|_{\max}$，所以上式又可写为

$$\left|m(t)\right|_{\max}\leqslant \varDelta\cdot f_{\mathrm{s}} \tag{4.35}$$

为了与 ΔM 系统比较，仍设输入为单音频信号 $m(t)=A\sin\omega_{\mathrm{k}}t$。若要求不发生过载现象，则必须满足

$$A\leqslant \varDelta\cdot f_{\mathrm{s}} \tag{4.36}$$

或写为

$$f_{\mathrm{s}}\geqslant\frac{A}{\varDelta} \tag{4.37}$$

由此看出，Δ-ΣM 系统不发生过载的条件与信号的频率 f_{k} 无关。这意味着 Δ-ΣM 系统不仅适合于传输缓慢变化的信号，也适合于传输高频信号。

由于两个信号积分后的结果相减，与先相减后积分是等效的，所以图 4-23 中的差值信号 $e(t)$可以写成

$$e(t)=\int m(t)\mathrm{d}t-\int p(t)\mathrm{d}t=\int\left[m(t)-p(t)\right]\mathrm{d}t \tag{4.38}$$

这样就可以把发送端的两个积分器合并成为在相减器后的一个积分器。合并后的 Δ-ΣM 系统组成如图 4-24 所示。

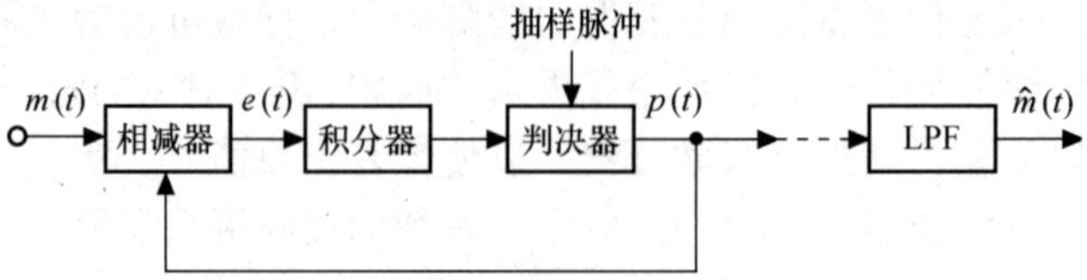

图 4-24　Δ-ΣM 系统组成

4.5.2　数字压扩自适应增量调制

在增量调制系统中，量化阶距 $\varDelta$ 是固定不变的。因此，当输入信号出现剧烈变化时，系统就会过载。为了克服这一缺点，希望 $\varDelta$ 值能随 $f(t)$的变化而自动地调整大小，这就是自适应增量调制（A$\varDelta$M)的概念。它的基本思想是要求量阶 $\varDelta$ 随输入信号 $m(t)$的变化而自动地调整，即在检测到斜率过载时开始增大量阶 $\varDelta$；斜率减小时降低量阶 $\varDelta$。目前，自适应增量调制的方法有多种，采用较为广泛的是数字压扩增量调制系统，它是数字检测、音节压缩与扩张自适应增量调制的简称，其工作原理框图如图 4-25 所示。

与 ΔM 系统相比，该系统增加了数字检测电路、平滑电路和脉冲幅度调制电路。

数字检测指的是，自适应地改变量阶 $\varDelta$ 的控制信息。音节是指输入信号包络变化的一个周期。这个周期一般是随机的，但大量统计证明，这个周期趋于某一固定值。确切地讲，音节指的就是这个固定值。对于话音信号而言，一个音节一般为 10ms。那么，音节压扩指的是量阶 $\varDelta$ 并不瞬时地随输入信号的幅度变化，而是随输入信号的音节变化。

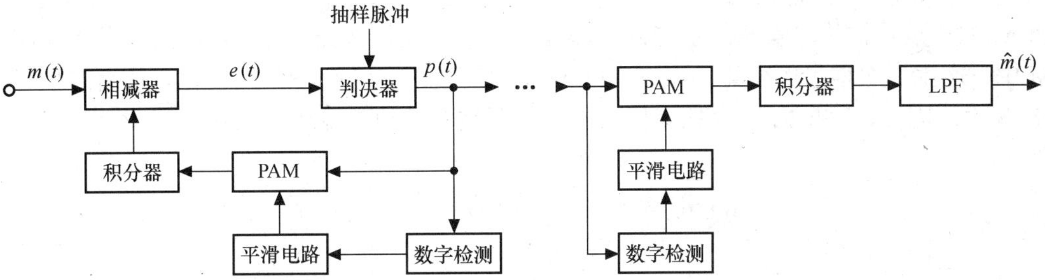

图 4-25　数字压扩增量调制系统框图

由 ΔM 系统的原理可知，在输入信号斜率的绝对值很大时，ΔM 系统的编码输出中就会出现很多的连“1”码（对应正斜率）或连“0”码（对应负斜率）。连“1”或连“0”码的数越多，说明信号的斜率就越大。可见，编码输出信号中包含着斜率大小的信息。数字检测器的作用就是检测连“1”或连“0”码的长度。当它检测到一定长度的连“1”或连“0”码时，就输出一定宽度的脉冲，连“1”或连“0”码越多，检测器输出的脉冲宽度就越宽。然后，将这个输出脉冲加到平滑电路进行音节平均。平滑电路实际上是一个积分电路，它的时间常数与话音信号的音节相近（为 5～20ms）。因此，它的输出信号是一个以音节为时间常数缓慢变化的控制电压，其电压的幅度与话音信号的平均斜率成正比。在这个电压的作用下，PAM 使输入端的数字码流脉冲幅度得到加权。控制电压越大，PAM 输出的脉冲幅度就越高，反之就越低。这就相当于本地译码输出信号的量化阶距随控制电压的大小线性地变化。由于控制电压在音节内已被平滑，因此可以认为在一个音节内它基本上是不变的，在不同的音节内才发生变化。

4.5.3　差分脉冲编码调制（DPCM）

对于图像信号而言，由于它的瞬时斜率变化比较大，因此不宜采用 ΔM 系统进行编码，否则容易产生过载。又由于图像信号从黑变白有些是突变的，幅度特性没有类似话音信号那样的音节特性，因此不宜采用音节压扩方法。如果采用 PCM，则数码率太高。因此，在图像编码中一般采用差分脉冲编码调制（DPCM）来压缩数码率，其工作原理如图 4-26 所示。DPCM 综合了 PCM 和 ΔM 的特点。它与 PCM 的区别是：PCM 系统是对信号抽样值进行独立编码，与其他抽样值无关，而 DPCM 则是对信号抽样值与信号预测值的差值进行量化、编码。它与 ΔM 的区别是：ΔM 系统是用一位二进码表示增量，而在 DPCM 中是用 N 位二进码表示增量，所以说它是介于 PCM 和 ΔM 之间的一种调制方式。

图 4-26　DPCM 系统框图

由于 DPCM 是对差值进行编码，而差值信号的幅度要比原始信号的幅度小得多，因此可以用较少的位数对差值信号进行编码。在较好图像质量的情况下，每一抽样值只需 4bit 就够了，所以大大压缩了传送的比特率。另外，在比特率相同的条件下，DPCM 比 PCM 信噪比改善 14～17dB。与 ΔM 相比，由于它增加了量化级，所以它的信噪比改善程度也优于 ΔM。DPCM 的缺点是抗传输噪声的能力差，即在抑制信道噪声方面不如 ΔM。因为发生误码时在 ΔM 中只产生一个增量的变化，而在 DPCM 中就可能产生几个量阶的变化，从而产生较大的输出噪声。因此，DPCM 很少独立使用，一般要结合其他的编码方法使用。

4.6　典型模拟信号的数字传输系统

4.6.1　脉冲编码调制（PCM）技术在电话通信系统中的应用

1. 话音信号的数字化

在电信网的程控数字交换机中交换的信号是 PCM 数字信号，这个 PCM 数字信号是在交换机的用户接口电路中进行变换的。用户电路的作用之一就是将用户送出的模拟话音变换为 PCM 数字信号，如图 4-27 所示。模拟话音的数字化通常要经过三个过程：抽样、量化、编码。

（1）抽样。

原始的话音信号是一个在时间和幅度上均连续的信号，而数字信号在时间和幅度上均是离散的。因此，模拟信号的数字化，就是将连续信号分别在时间和幅度上进行离散化的过程。首先进行抽样，即以一定的时间间隔来抽取模拟信号的样值，在时间上将模拟信号离散化。抽样过程如图 4-28 所示。

为了在接收端使信号还原为原始的话音信号，抽样必须满足低通抽样定理，即抽样频率必须大于或等于信号波形最高频率的两倍。由于话音的大部分能量集中在 300～3400Hz，所以的抽样频率至少为 3400Hz 的两倍，即 6800Hz。考虑到实际低通滤波器的截止特性不会那么理想，所以把抽样频率定在 8000Hz，其抽样周期为 $T = 1/8000 = 125\mu s$。

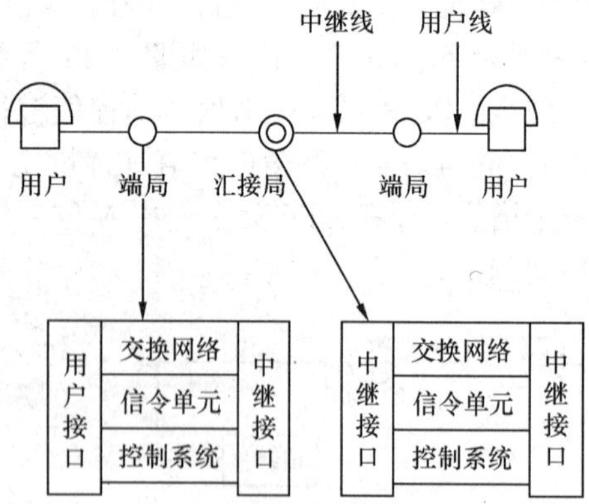

图 4-27　程控交换机及单元电路

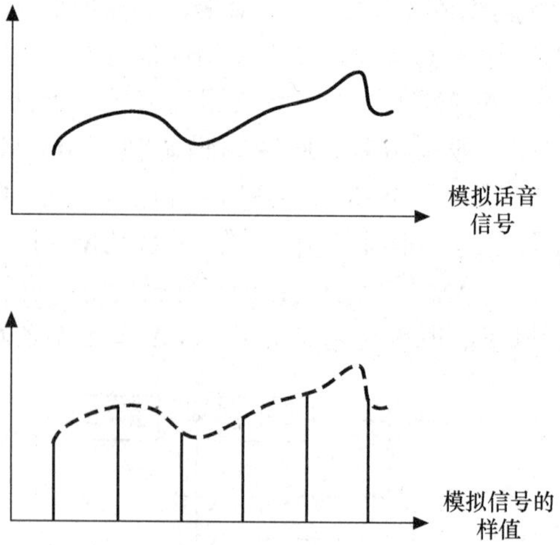

图 4-28　抽样

（2）量化。

话音信号数字化的第二步就是量化，量化是将样值幅度取值连续的模拟信号变成离散的数字信号，即是将信号的幅度取值限制在有限个离散值上，只要信号的幅值落在某一个量化级内就用该级内的量化值来代替。

如图 4-29 所示，由抽样得到的信号，抽样值分别为 1、−0.4、−1.5、−1.4。假设信号变化的幅度范围为−2～2V，将其分成 4 等份，即 2～1，1～0，0～−1，−1～−2，以每等份的中间值为量化值，分别为 1.5、0.5、−0.5、−1.5。位于每一量化区间的值均被量化为各量化值，因此，所有在−2～2V 范围内变化的样值均可用这 4 个值来表示，如上述 4 个抽样值分别被量化为 1.5、−0.5、−1.5、−1.5，其量化图如图 4-30 所示。

对于幅度不同的话音信号，其量化误差和信噪比是不同的。小信号的量化误差相对较大，而大信号的量化误差相对较小。而话音信号出现小信号的概率较大，为提高小信号量化后的信噪比，改善小信号的性能，采用非均匀量化方法，即将小信号的量化级分得更细些，将大信号的量化级分得粗些。在实际应用中，我国采用 A 律 13 折线压缩技术。

（3）编码。

话音信号数字化的第三步就是编码。上述量化值如用对称二进制编码表示，用两位二进制数 00、01、10、11 来表示上例中的量化值−0.5、−1.5、0.5、1.5，且首位为极性码，代表量化值的正负，第二位代表绝对幅度，则 1.5 对应 11，−0.5 对应 00，−1.5 对应 01，0.5 对应 10。故图 4-30 对应的一串二进制码为 11000101。实际应用中，对话音信号编码时，通常用 8 位码（8bit）表示一个样值，经过编码后的信号，即为 PCM 信号。

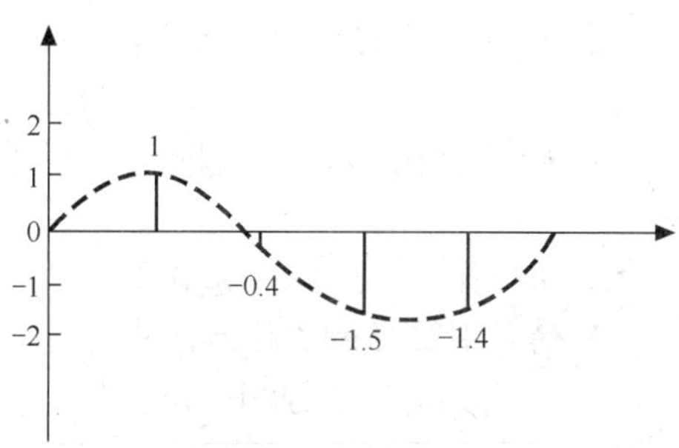

图 4-29　PAM 信号

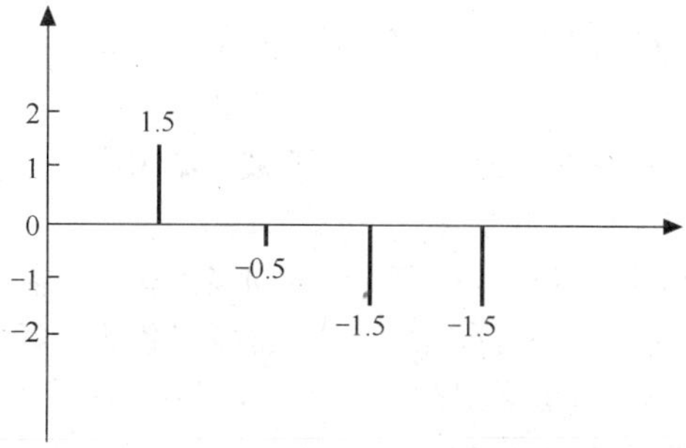

图 4-30　量化

2. 多路话音信号的时分多路复用

目前在电话通信中广泛使用时分多路复用方式。

假设复用路数为 n，则每一话路所占用一个时隙，如图 4-31 所示。第 1 路话音信号的抽样值经过量化编码后的 8 位码占用 1 时隙，同样第 2 路的 8 位码占用 2 时隙……这样依次传送，直到把第 n 路传送完后，再进行第二轮传送。每传送一轮时隙所用的总时间为 1 帧。

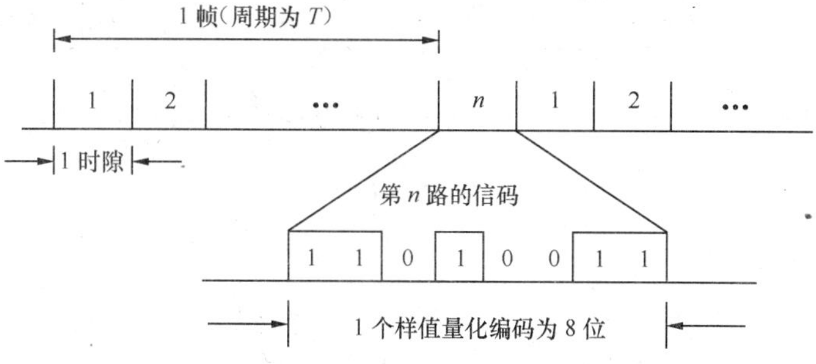

图 4-31　时隙复用示意图

如前所述，对话音信号的抽样频率为 8000Hz，抽样周期 $T = 1/8000 = 125(\mu s)$。对 30/32 路 PCM 系统而言，是将 125μs 的时间分成 32 个时隙。因此在 30/32 路 PCM 中，一个时隙所占用的时间为 125/32 = 3.9μs，即一帧有 32 个时隙（$n = 32$），1 帧的时间为 125μs。

4.6.2 自适应差分脉冲编码调制（ADPCM）在话音信号编码中的应用

由于 PCM 通信系统编码速率较高，ΔM 的信噪比性能较差，几种改进型的编码技术如 DPCM 系统等也易受传输线路噪声的影响，故在长途电话传输中使用自适应脉冲编码增量调制（ADPCM）系统。

ADPCM 有两种方案：一种是预测固定，量化自适应；另一种是兼有预测自适应和量化自适应。

1. 自适应量化

自适应量化的思路是：让量化阶距、分层电平能够自适应于量化器输入信号的变化，从而使量化误差减小。目前的自适应量化方案有两种：一种是其量化阶距由输入信号本身估值，此为前向自适应量化器；另一种是其量化阶距根据量化器输出信号进行自适应调整，此为反向自适应量化器。

前向自适应量化的优点是估值准确，其缺点是阶距信息要与话音信息一起送到接收端解码器，否则接收端无法知道发送端该时刻的量阶值。另外，阶距信息需要若干比特的精度，因而前向自适应量化技术不宜采用瞬时自适应量化方案。后向自适应量化的优点是接收端不需要阶距信息，因为阶距信息可以直接从接收信息中提取，另一个优点是可采用音节或瞬时或者两者兼顾的自适应量化方式。其缺点是因量化误差而影响其估值的准确性，但自适应动态范围越大，导致影响程度越小。后向自适应量化目前被广泛采用。这两种自适应的量化都比 DPCM 性能改善 10～12dB。

2. 自适应预测

前面介绍的 ΔM 和 DPCM 系统都是用前后两个样值的差值 $e(t)$ 进行量化编码的，这种仅用前面一个样值求 $e(t)$ 的情况称为一阶预测。实际信号中其样值的前后往往是有一定的关联的，如果采用前面若干个样值作为参考来推算 $e(t)$，这就是高阶预测。为了在接收端根据 $e(t)$ 的编码产生下一个输入样值的准确估计，可以对前面所有样值的有效信息冗余度进行加权求和，这里的加权系数又称为预测系数。

自适应量化的思路是：使预测系数的改变与输入信号的幅度相匹配，从而使预测误差 $e(t)$ 为最小值，这样预测的编码范围可减小，可在相同编码位数的情况下提高信噪比。

自适应预测也有前向型和反向型两种。图 4-32 所示给出了后向型兼有自适应量化与自适应预测的 ADPCM 原理图。

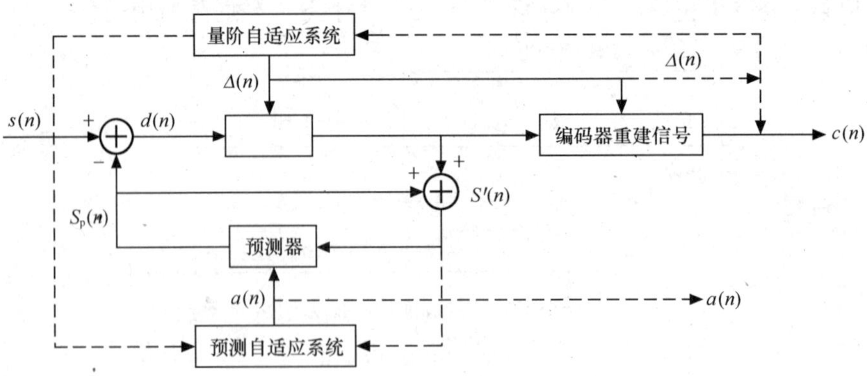

（a）编码

图 4-32 后向型兼有自适应量化和自适应预测的 ADPCM 系统

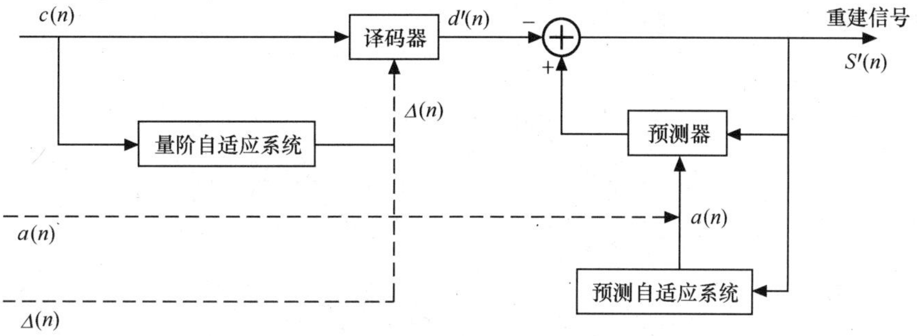

（b）译码

图 4-32　后向型兼有自适应量化和自适应预测的 ADPCM 系统（续）

对话音信号来说，ADPCM 系统的量阶及预测系数可调整一个音节周期，在两次调整之间，其值保持固定不变。由于采用了自适应措施，量化失真、预测误差均比较小，因而传送 32kbit/s 比特率即可获得传送 64kbit/s 系统的通信质量。

习　　题

4-1　在数字通信中，为什么要进行抽样和量化？

4-2　抽样后的模拟信号包含哪些频率成分？如果模拟信号的频带为 60 ~ 1300Hz，求其抽样频率 f_s=？并写出抽样后频谱中前七项的各自频率范围。

4-3　设以每秒 3600 次的抽样速率对信号进行抽样。

$$f(t)=10\cos(400\pi t)\cdot\cos(2000\pi t)$$

（1）画出抽样信号 $f_s(t)$ 的频谱图。

（2）确定由抽样信号恢复 $f(t)$ 所用理想低通滤波器的截止频率。

4-4　已知信号为 $f(t)=\cos\omega_1 t+\cos 2\omega_1 t$，并用理想的低通滤波器来接收抽样后的信号。

（1）试画出该信号的时间波形和频谱图。

（2）确定最小抽样频率是多少？

（3）画出抽样后的信号波形和频谱组成。

4-5　对于均匀量化编码，若信号幅度 U_m 小一倍，信噪比变化多少？

4-6　有 10 路具有 4kHz 最高频率的信号进行时分复用，并采用 PAM 调制。假定邻路防护时间间隔为每路应占时隙的一半，试确定其最大脉冲宽度为多少？

4-7　设以 8kHz 的速率对 24 个信道和一个同步信道进行抽样，并按时分组合。各信道的频带限制到 3.3kHz 以下，试计算在 PAM 系统内传送这个多路组合信号所需要的最小带宽。

4-8　如果传送信号 $A\sin\omega t$，$A\leqslant 10$V。按线性 PCM 编码，分成 64 个量化级，试问

（1）需要用多少位编码？

（2）量化信噪比是多少？

4-9　采用二进制编码的 PCM 信号一帧的话路数为 N，信号最高频率为 f_m，量化级数为 M，试求出二进制编码信号的最大持续时间。

4-10　某信号波形如题 4-10 图所示并用 $n=3$ 的 PCM 传输，假定抽样频率为 8kHz 为并

从 $t=0$ 时刻开始抽样。试标明：

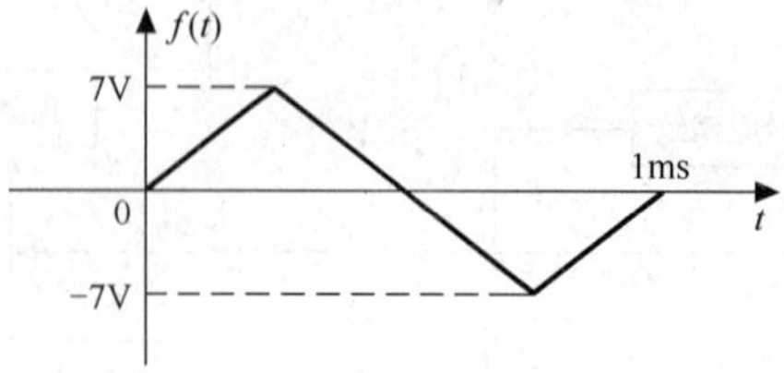

题 4-10 图

（1）各抽样时刻的位置；

（2）各抽样时刻的抽样值；

（3）各抽样时刻的量化值；

（4）将各量化值编成折叠二进制码。

4-11　在 A 律 13 折线中 8 个段落的量化级之间存在什么关系？最大量化级是最小量化级的多少倍？

4-12　某设备按 13 折线进行编码，已知未过载电压的最大值 $V=4096$mV，问 Δ 和 δ_4 应选多少 mV？

4-13　已知取样脉冲的幅度为 $+137\Delta$，试利用逐次反馈型编码器将其进行 13 折线 A 律压扩 PCM 编码，并计算收端的量化误差。

4-14　采用 A 律 13 折线编码，设最小的量化级为一个单位，已知抽样值为+635 单位。

（1）试求编码器输出的 8 位码组，并计算量化误差。

（2）写出对应 7 位码（不包括极性码）的均匀量化 11 位码。

4-15　采用 13 折线 A 律编译码电路，设接收端收到的码为 01010011，若已知段内码为自然二进制码，最小量化单位为 1 个单位。

（1）求译码器输出为多少单位电平？

（2）写出对应 7 位码（不包括极性码）的均匀量化 11 位码。

4-16　信号 $f(t)$ 的最高频率为 $f_m=25$kHz，按奈奎斯特速率进行抽样后，采用 PCM 方式传输，量化级数 $N=258$，采用自然二进码，若系统的平均误码率 $P_e=10^{-3}$。

（1）求传输 10 秒钟后错码的数目；

（2）若 $f(t)$ 为频率 $f_m=25$ kHz 的正弦波，求 PCM 系统输出的总输出信噪比(S_0/N_0)PCM。

4-17　收端解码器和本地解码器有哪些异同？

4-18　信号 $f(t)=A\sin 2\pi f_0 t$ 进行 ΔM 调制，若量化阶 Δ 和抽样频率选择得既保证不过载，又保证不至因信号振幅太小而使增量调制器不能正常编码，试证明此时要求 $f_s>\pi f_0$。

4-19　设将频率为 f_m，幅度为 A_m 的正弦波加在量化阶为 Δ 的增量调制器，且抽样周期为 T_s，试求不发生斜率过载时信号的最大允许发送功率为多少？

4-20　用 Δ-ΣM 调制系统分别传输信号 $f_1(t)=A_m\sin\Omega_1 t$ 和 $f_2(t)=A_m\sin\Omega_2 t$，在两种情况下取量化阶距 Δ 相同，为了不发生过载，试求其抽样速率，并与 ΔM 系统的情况进行比较。

第 5 章　数字信号的基带传输系统

数字信号的传输有基带传输和频带传输两种方式。在实际应用中，基带传输系统应用并不广泛，但是对基带传输的研究仍是十分重要的。这是因为不但基带传输本身是一种重要的传输方式，还因为频带传输与之有着紧密的联系。由于基带传输系统所用的设备费用较低，因此基带传输方式特别适合于传送短距离的数字信号。

5.1　概　　述

由数据终端设备输出的各种数字码流（包括第 4 章介绍的 PCM、ΔM 编码信号等）这些信号的频谱通常是从直流和低频开始的，带宽是有限的，所以称其为数字基带信号。如果将数字基带信号直接送入信道传输，就称之为基带传输。

图 5-1 是一个典型的数字基带信号传输系统的原理框图，参看数字通信系统模型（如图 5-2 所示），读者可以找到基带传输系统对应位置。

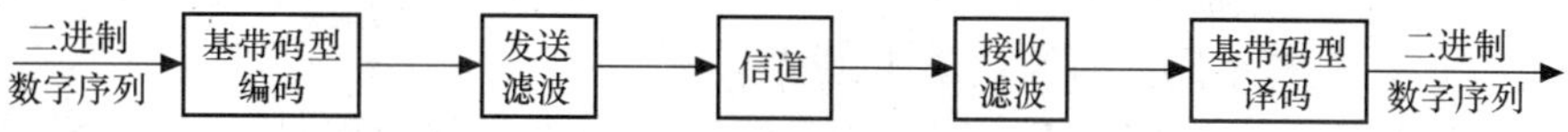

图 5-1　数字基带信号传输的原理框图

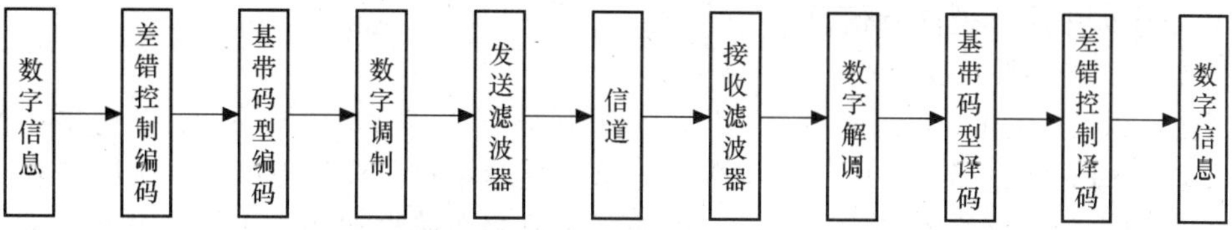

图 5-2　数字通信系统模型

本章的主要内容有：数字基带传输中常用的传输码型以及怎样解决传输中的误码问题等。

5.2　数字基带信号的常用码型

数字基带信号是用数字信息的电脉冲表示，通常把数字信息的电脉冲的表示形式称为码型。不同形式的码型信号具有不同的频谱结构，合理地设计选择数字基带信号码型，使数字信息变换为适合于给定信道传输特性的频谱结构，便于数字信号在信道内传输。适于在有线信道中传输的基带信号码型又称为线路传输码型。

线路码及码型设计的原则：

（1）编码方案与信源的统计特性无关；

（2）接收端能正确解码；

（3）码型中的直流分量、低、高频分量越小越好；

（4）便于提供位同步（位定时）信息；

（5）有在线误码检测功能；

（6）编解码设备简单可靠。

在保证（1）、（2）两项的前提下，其余各项可根据实际情况尽量多地予以满足。

下面介绍几种数字基带信号常用码型。

1. 单极性不归零码（NRZ）

平常所说的单极性码就是指单极性不归零码，如图 5-3（a）所示，它用高电平代表二进制符号的“1”；0 电平代表“0”，在一个码元时隙内电平维持不变。

单极性码的缺点：（1）有直流成分，因此不适用于有线信道；（2）判决电平取接收到的高电平的一半，所以不容易稳定在最佳值；（3）不能直接提取同步信号；（4）传输时要求信道的一端接地。

2. 单极性归零码（RZ）

单极性归零码如图 5-3（b）所示，代表二进制符号“1”的高电平在整个码元时隙持续一段时间后要回到 0 电平，如果高电平持续时间 τ 为码元时隙 T 的一半，则称之为 50%占空比的单极性码。

单极性归零码中含有位同步信息（详见 5.2 节例 2），其他特性同单极性码。

3. 双极性不归零码（NRZ）

双极性不归零码（双极性码）如图 5-3（c）所示，它用正电平代表二进制符号的“1”；负电平代表 “0”，在整个码元时隙内电平维持不变。

双极性码的优点：当二进制符号序列中的“1”和“0”等概出现时，序列中无直流分量；判决电平为 0，容易设置且稳定，抗噪声性能好；无接地问题。

缺点是序列中不含位同步信息。

4. 双极性归零码（RZ）

双极性归零码如图 5-3（d）所示，代表二进制符号“1”和“0”的正、负电平在整个码元时隙持续一段时间之后都要回到 0 电平，同单极性归零码一样，也可用占空比来表示。

它的优缺点与双极性不归零码相同，但应用时只要在接收端加一级整流电路就可将序列变换为单极性归零码，相当于包含了位同步信息。

5. 差分码

在差分码中，二进制符号的“1”和“0”分别对应着相邻码元电平符号的“变”与“不变”，如图 5-3（e）所示。

差分码码型其高、低电平不再与二进制符号的“1”、“0”直接对应，所以即使当接收端收到的码元极性与发送端完全相反时也能正确判决，应用很广。在数字调制中被用来解决移相键控中“1”、“0”极性倒 π 问题。

差分码可以由一个模 2 加电路及一级移位寄存器来实现，其逻辑关系为 $b_i = a_i \oplus b_{i-1}$，a_i 为绝对码。

6. 数字双相码

数字双相码，又称分相码或称曼彻斯特码，如图 5-3（f）所示，它属于 1B2B 码，即在原二进制一个码元时隙内有两种电平，例如“1”码可以用“+ −”脉冲，“0” 码用“− +”脉冲表示。

数字双相码的优点：在每个码元时隙的中心都有电平跳变，因而频谱中有定时分量，并且由于在一个码元时隙内的两种电平各占一半，所以不含直流成分。缺点是传输速率增加了一倍，频带也展宽了一倍。

数字双相码可以用单极性码和定时脉冲模 2 运算获得。

7. CMI 码

CMI 码是传号反转码的简称，也可归类于 1B2B 码，CMI 码将信息码流中的“1”码用交替出现的“+ +”、“− −”表示；“0”码统统用“− +”脉冲表示，参看图 5-3（g）。

CMI 码的优点除了与数字双相码一样外还具有在线错误检测功能，如果传输正确，则接收码流中出现的最大脉冲宽度是一个半码元时隙。因此 CMI 码以其优良性能被原 CCITT 建议作为 PCM 四次群的接口码型，它还是光纤通信中常用的线路传输码型。

8. 密勒码

密勒（Miller）码也称延迟调制码。它的“1”码要求码元起点电平取其前面相邻码元的末相、并且在码元时隙的中点有极性跳变（由前面相邻码元的末相决定是选用“+ −”还是“− +”脉冲）；对于单个“0”码，其电平与前面相邻码元的末相一致，并且在整个码元时隙中维持此电平不变；遇到连“0”情况，两个相邻的“0”码之间在边界处要有极性跳变，如图 5-3（h）所示。

密勒码也可以进行误码检测，因为在它的输出码流中最大脉冲宽度是两个码元时隙，最小宽度是一个码元时隙。

用数字双相码再加一级触发电路就可得到密勒码，故密勒码是数字双相码的差分形式，它能克服数字双相码中存在的相位不确定问题，而频带宽度仅是数字双相码的一半，常用于低速率的数传机中。

9. AMI 码

AMI 码是传号交替反转码，编码时将原二进制信息码流中的“1”用交替出现的正、负电平（+B 码、−B 码）表示；“0”用 0 电平表示，所以在 AMI 码的输出码流中总共有三种电平出现，并不代表三进制，所以它又可归类为伪三元码，如图 5-3（i）所示。

AMI 码的优点：功率谱中无直流分量，低频分量较小；解码容易；利用传号时是否符合极性交替原则，可以检测误码。

AMI 码的缺点：当信息流中出现长连 0 码时 AMI 码中无电平跳变，会丢失定时信息（通常 PCM 传输线中连 0 码不允许超过 15 个）。

10. HDB_3码

HDB_3码保持了 AMI 码的优点还增加了电平跳变，它的全称是三阶高密度双极性码，也是伪三元码，如图 5-3（j）所示。如果原二进制信息码流中连“0”的数目小于 4，那么编制后的 HDB_3码与 AMI 码完全一样。当信息码流中连“0”数目等于或大于 4 时，将每 4 个连“0”编成一个组即取代节，编码规则如下：

（1）序列中的“1”码编为±B 码；0000 用 000V 取代，V 是破坏脉冲（它破坏 B 码之间±极性交替原则），V 码的极性应该与其前方最后一个 B 码的极性相同，而 V 码后面第一个出现的 B 码极性则与其相反；

（2）序列中各 V 码之间的极性正负交替；

（3）两个 V 码之间 B 脉冲的个数如果为偶数，则需要将取代节 000V 改成 B′00V，B′与 B 码之间满足极性交替原则，即每个取代节中的 V 与 B′同极性。

HDB_3 码较综合地满足了对传输码型的各项要求，所以被大量应用于复接设备中，在 ΔM、PCM 等终端机中也采用 HDB_3 码型变换电路作接口码型。

类似的还有 BnZS 码等，限于篇幅这里不作介绍。

图 5-3 中所画的常用码型都是用矩形脉冲表示的，实际上基带信号还可以是其他形状，如升余弦等。

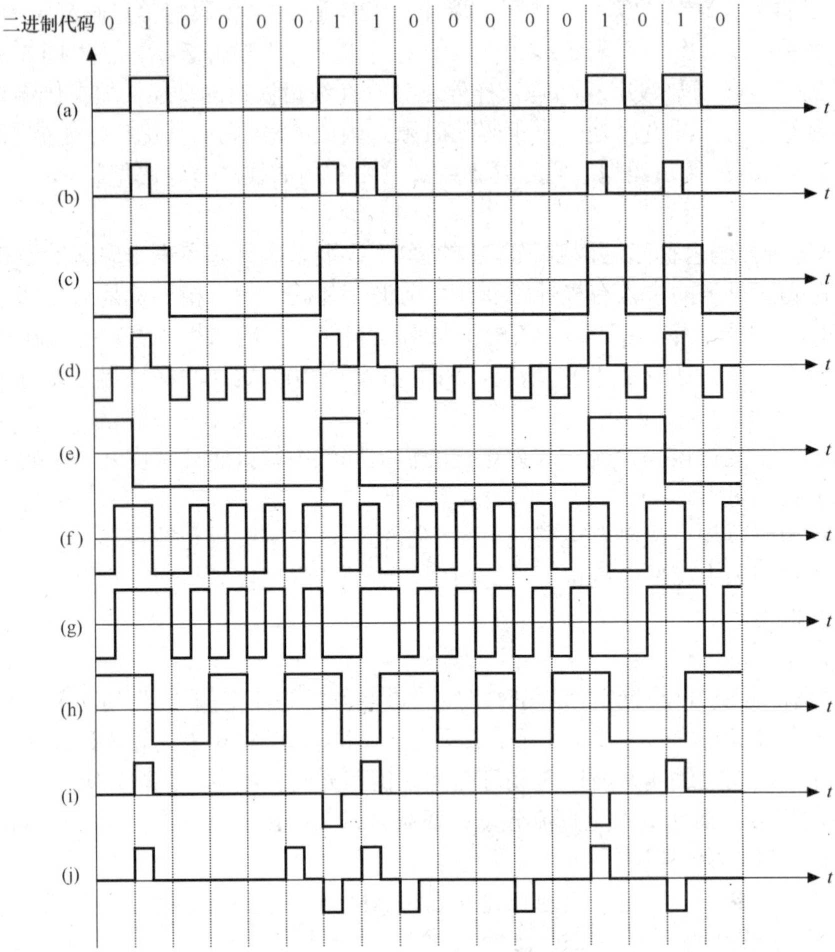

图 5-3　几种常用二进制码型

（a）单极性（NRZ）码（b）单极性归零（RZ）码（c）双极性（NRZ）码（d）双极性归零（RZ）码

（e）差分码（f）数字双相码（g）CMI 码（h）密勒码（i）AMI 码（j）HDB_3 码

11. *二元分组码（mBnB 码）*

前面我们介绍了 1B2B 码，1B2B 码的缺点是它的传输速率和频带宽度都增大了一倍。近年来在高速光纤通信中常用作线路传输码型的是 5B6B 码，它属于 *m*B*n*B 码（$m<n$）。编码时将输入信息序列每 *m* 个 bit 分为一组，再编成 *n* 个 bit 的码字输出。

以 5B6B 码为例，编码时信息序列每 5 个 bit 为一组，共有 32 种（2^5）组合，输出 6 个 bit，共有 64 种（2^6）组合。它在 2^6 种可能的组合中选择 2^5 种作输出（与输入序列一一对应）。此码的传输速率和频带宽度比原序列仅增加 20%，却换取了低频分量小、可实行在线误码检测、能迅速同步等优点。

与 mBnB 码类似的还有 PST 码、4B3T 码等，都有正、负两种变换模式。

PST 码的全称是成对选择三进制码，编码时先将输入的二进制码两两分组，然后采用 +、−、0 中的两个符号取代，即在 9 种状态（两位三进制数字 3^2）中为输入的 4 个状态找对应。表 5.1 中示出了 PST 编码较常用的一种格式，编码时当组内只有 1 个“1”码时，两种模式交替采用。

表 5.1　　PST 码表

二进制代码	+模式	−模式
0 0	− +	− +
0 1	0 +	0 −
1 0	+ 0	− 0
1 1	+ −	+ −

4B3T 码则是把 4 个二进制码变换成 3 个三进制码，它是在 2^4 与 3^3 之中确定对应关系的一种编码方式。

在码元速率一定时，为了提高传信率，还会用到多进制（M 进制）码如四进制、八进制等，视需要决定。

5.3　数字基带信号的频谱分析

选择传输码型时应该确知所选码型的带宽，还应确知该码型中是否含有可供接收端提取的同步信息，这就需要了解数字基带信号的频谱特性。

数字通信系统中传送的随机脉冲序列，属于功率信号。求功率信号的频谱特性很麻烦，现在我们避开复杂的推导，直接给出结果。

假设二进制随机脉冲序列是平稳、遍历的随机序列，$g_1(t)$ 和 $g_2(t)$ 是代表二进制随机序列中“1”码和“0”码的基本波形函数，“1”码出现的概率为 P，“0”码出现的概率为 $(1-P)$，那么任何一个二进制随机脉冲序列的单边功率谱密度表示式可写为

$$P_{s单}(f)=2f_sP(1-P)\left|G_1(f)-G_2(f)\right|^2+f_s^2\left|PG_1(0)+(1-P)G_2(0)\right|^2\delta(f)$$
$$+2f_s^2\sum_{m=1}^{\infty}\left|\left[PG_1(mf_s)+(1-P)G_2(mf_s)\right]\right|^2\delta(f-mf_s)\quad f\geqslant 0 \tag{5.1}$$

式中 $f_s=1/T_s$ 是离散谱中的基频，也是码元重复频率，在数值上等于每秒所传输的码元数；T_s 为码元间隔；$G_1(f)$和 $G_2(f)$分别是 $g_1(t)$和 $g_2(t)$的频谱函数；$G_1(mf_s)$和 $G_2(mf_s)$是 $f=mf_s$ 时 $g_1(t)$ 和 $g_2(t)$ 的频谱函数（m 为正整数），mf_s 是 f_s 的各次谐波。

表示式中各部分的含义：

第一项：$2f_sP(1-P)\left|G_1(f)-G_2(f)\right|^2$，是连续谱，由连续谱可以知道信号的能量分布，确定信号带宽。由于信息码流中不可能出现全“0”全“1”的情况（$P\neq 0$、$P\neq 1$），并且 $g_1(t)\neq g_2(t)$、$G_1(f)\neq G_2(f)$，所以连续谱永远存在。

第二项：$f_s^2\left|PG_1(0)+(1-P)G_2(0)\right|^2\delta(f)$，表示直流成分。对于双极性码 $g_1(t)=-g_2(t)$、$G_1(0)=-G_2(0)$，此时若“1”、“0”码等概率出现，则此项为零，说明等概情况下的双极性码

流中不含直流成分。

第三项：$2f_s^2\sum_{m=1}^{\infty}\left|\left[PG_1(mf_s)+(1-P)G_2(mf_s)\right]\right|^2\delta(f-mf_s)\quad f\geqslant 0$，表示离散谱。分析这一项是为了确定序列中是否含有基波成分 f_s（位同步信号由基波提取）。

例 5.1 求如图 5-4（a）所示的单极性不归 0 二进制脉冲序列的功率谱密度（设“1”、“0”码等概率出现，码元宽度 $\tau=T_s$）。

解：不归 0 二进制脉冲序列中单个脉冲的时域表达式

$$g_1(t)=\begin{cases}A & t\leqslant T_s\\ 0 & t>T_s\end{cases}\qquad g_2(t)=0 \tag{5.2}$$

功率谱密度

$$G_1(f)=A\tau\mathrm{Sa}(\omega\tau/2)=AT_s\mathrm{Sa}(\pi fT_s)\qquad G_2(f)=0 \tag{5.3}$$

$G_1(f)$ 在 $f=0$ 处有最大值：$G_1(0)=AT_s$；抽样函数的 0 点位置分别在 $f=kf_s$ 处（k 为整数），如图 5-4（b）所示。

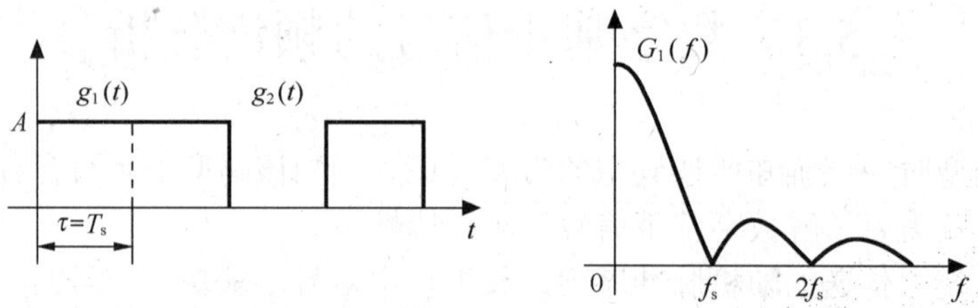

(a) 单极性不归 0 二进制序列　　(b) $g_1(t)$ 的功率谱密度

图 5-4　单极性不归零二进制码序列及单个码元的功率谱密度

将 $P=\dfrac{1}{2}$、$G_1(f)$ 和 $G_1(0)$ 的值代入式（7.1）整理。连续谱部分为 $(1/2)A^2T_s\mathrm{Sa}^2(\pi fT_s)$，按第 1 个过 0 点计算带宽：$B=f_s$；直流成分为 $(1/4)A^2\delta(f)$；由于过 0 点位置在 $f=kf_s$，抑制了离散频谱的出现（$m=k$），所以第三项不存在。

至此求出单极性不归 0 二进制序列（1、0 码等概出现）的单边功率谱密度为

$$P_{s单}(f)=\frac{1}{2}A^2T_s\mathrm{Sa}^2(\pi fT_s)+\frac{1}{4}A^2\delta(f) \tag{5.4}$$

式中无离散频谱，故没有基波，不能提取同步信息。

例 5.2 求如图 5-5（a）所示单极性归 0 二进制码序列的功率谱密度（设 $\tau=\dfrac{T_s}{2}$）。

解：50%占空比的单极性二进制随机脉冲序列单个脉冲的时域表达式

$$G_1(f)=A\tau\mathrm{Sa}\left(\frac{\omega\tau}{2}\right)=\frac{AT_s}{2}\mathrm{Sa}\left(\frac{\omega T_s}{4}\right)\qquad G_2(f)=0 \tag{5.5}$$

$G_1(f)$ 的最大值 $G_1(0)=AT_s/2$，抽样函数的过 0 点位置由 $\omega T_s/4=k\pi$ 解出：$f=2kf_s$（k

为整数)，如图 5-5 所示。

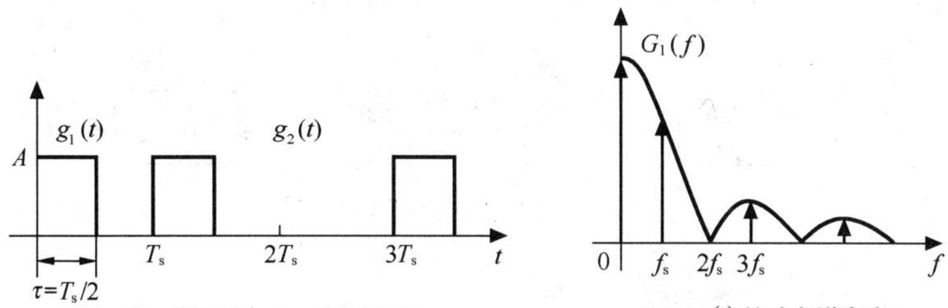

(a) 单极性归 0 二进制序列　　(b) $g_1(t)$ 的功率谱密度

图 5-5　单极性归零二进制码序列的功率谱密度

$P=1/2$ 时，其单边功率谱密度为

$$P_{s单}(f)=\frac{A^2T_s}{8}\mathrm{Sa}^2\left(\frac{\omega T_s}{4}\right)+\frac{A^2}{16}\delta(f)+\frac{A^2}{8}\sum_{m=1}^{\infty}\mathrm{Sa}^2\left(\frac{m\pi}{2}\right)\delta(f-mf_s)\quad f\geqslant 0 \tag{5.6}$$

取第 1 个过 0 点为频带宽度，则 $B=2f_s$，是不归零二进制序列的两倍；有直流分量，还有奇数倍于基波频率的谐波。离散频谱出现在 f_s 的奇数倍上，由于接收端的位同步信号从基波中提取，所以单极性归零码中有位同步信息。

例 5.3　求归零与不归零双极性码序列的功率谱密度（设“1”、“0”码等概率出现）。

解：

将 $g_1(t)=-g_2(t)$，$G_1(f)=-G_2(f)$ 和 $P=\dfrac{1}{2}$ 代入式（5.1）整理

双极性不归零码

$$P_{s单}(f)=P_u(f)=2f_s\left|G_1(f)\right|^2=2A^2T_s\mathrm{Sa}^2(\pi fT_s)\qquad f\geqslant 0 \tag{5.7}$$

双极性归零码

$$P_{s单}(f)=P_u(f)=2f_s\left|G_1(f)\right|^2=\frac{A^2T_s}{2}\mathrm{Sa}^2(\frac{\pi fT_s}{2})\qquad f\geqslant 0 \tag{5.8}$$

可见双极性码在 1、0 码等概出现时，不论归零与否，都没有直流成分和离散谱。虽然它们的功率谱密度表达式中都没有基频，不含位同步信息，但是对于双极性归零码，只要在接收端加一个全波整流电路，将接收到的序列变换为单极性归零码序列，就可以提取出位同步信息；另外可以利用脉冲的前沿起动信号，后沿终止信号而无须另加位定时信号提取电路。

5.4　数字基带传输系统

5.4.1　数字基带信号传输系统模型

前面我们介绍了数字基带信号的常用码型，这些码型的形状常常画成矩形，而矩形脉冲的频谱在整个频域是无穷延伸的。由于实际信道的频带是有限的而且有噪声，用矩形脉冲作传输码型会使接收到的信号波形发生畸变，所以这一节我们寻找能使差错率最小的传输系统

的传输特性。

图 5-6 示出了一个典型的数字基带信号传输系统模型。

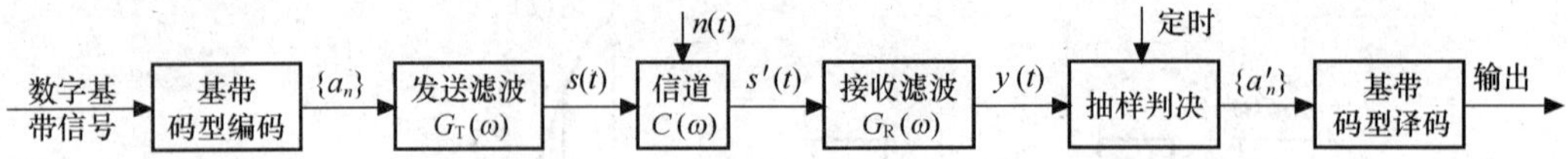

图 5-6　数字基带信号传输系统模型

图中：

基带码型编码电路的输出是携带着基带传输的典型码型信息的 δ 脉冲或窄脉冲序列 $\{a_n\}$，我们仅仅关注取值：0、1 或±1；

发送滤波器又叫信道信号形成网络，它限制发送信号频带，同时将 $\{a_n\}$ 转换为适合在信道中传输的基带波形；

信道可以是电缆等狭义信道也可以是带调制器的广义信道，信道中的窄带高斯噪声会给传输波形造成随机畸变；

接收滤波器的作用是滤除混在接收信号中的带外噪声和由信道引入的噪声，对失真波形进行尽可能的补偿（均衡）；

抽样判决器是一个识别电路，它把接收滤波器输出的信号波形 $y(t)$ 放大、限幅、整形后再加以识别，进一步提高信噪比；

码型译码将抽样判决器送出的信号还原成原始信码。

5.4.2　基带传输中的码间串扰与无码间串扰的基带传输

1. 基带传输中的码间串扰

数字通信的主要质量指标是传输速率和误码率，二者之间密切相关、互相影响。当信道一定时，传输速率越高，误码率越大。如果传输速率一定，那么误码率就成为数字信号传输中最主要的性能指标。从数字基带信号传输的物理过程看，误码是由接收机抽样判决器错误判决所致，而造成误判的主要原因是码间串扰和信道噪声。

顾名思义，码间串扰是传输过程中各码元间的相互干扰。由于系统的滤波作用或者信道不理想，当基带数字脉冲序列通过系统时，脉冲会被展宽，这样前面的码元对后面的若干码元都有影响，这样就产生了码间串扰。

图 5-7（a）示出了 $\{a_n\}$ 序列中的单个“1”码，经过发送滤波器后，变成正的升余弦波形见图 5-7（b），此波形经信道传输产生了延迟和失真如图 5-7（c）所示，我们看到这个“1”码的拖尾延伸到了下一码元时隙内，并且抽样判决时刻也应向后推移至波形出现最高峰处（设为 t_1）。

假如传输的一组码元是 1110、采用双极性码、经发送滤波器后变为升余弦波形如图 5-8（a）所示。经过信道后产生码间串扰，前 3 个“1”码的拖尾相继侵入到第 4 个“0”码的时隙中，如图 5-8（b）所示。

图中 a_1、a_2、a_3 分别为第 1、2、3 个码元在 t_1+3T_s 时刻对第 4 个码元产生的码间串扰值，a_4 为第 4 个码元在抽样判决时刻的幅度值。当 $a_1+a_2+a_3<|a_4|$ 时，判决正确；当 $a_1+a_2+a_3>|a_4|$ 时，发生错判造成误码。

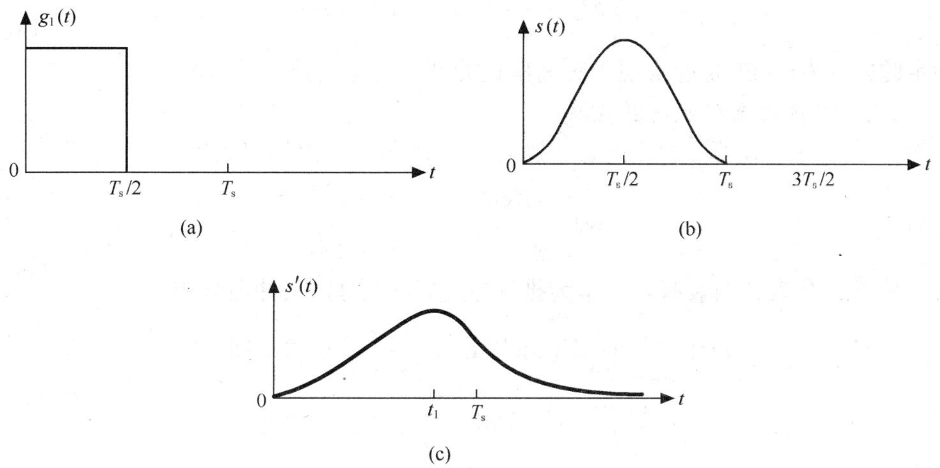

图 5-7　传输单个波形失真示意图

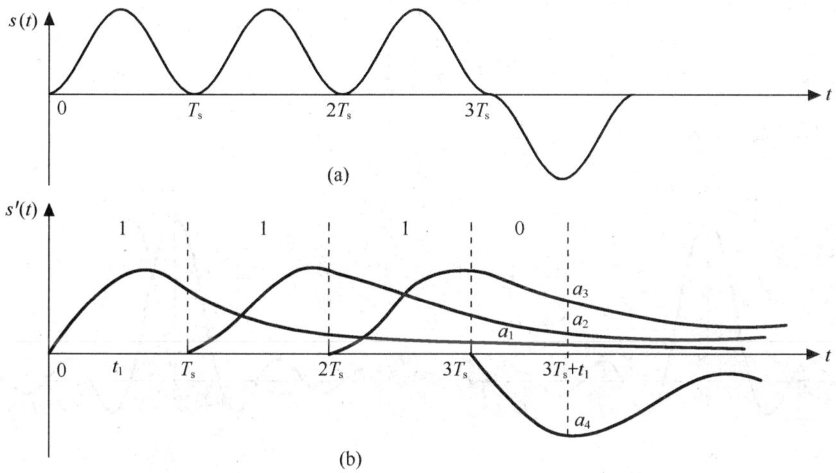

图 5-8　传输信息序列时波形失真示意图

2. 无码间串扰的基带传输特性

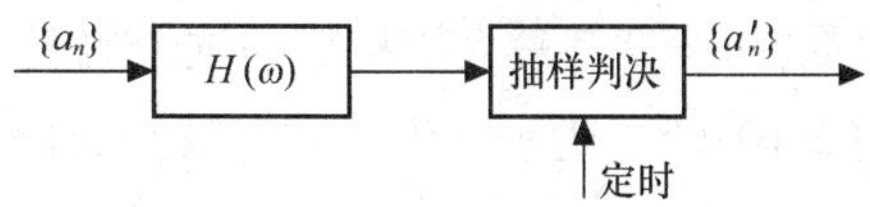

图 5-9　简化的基带传输系统模型图

一个好的基带传输系统，应该在传输有用信号的同时能尽量抑制码间串扰和噪声。为便于讨论，先忽略信道噪声，同时把基带传输系统模型（见图 5-6）作一简化，如图 5-9 所示。图中 $H(\omega)=G_T(\omega)C(\omega)G_R(\omega)$，为发送滤波器、信道、接收滤波器之总和，是整个系统的基带传输特性。

如果无码间串扰，系统的冲激响应满足

$$h(kT_s)=\begin{cases}1, & k=0\\ 0, & k\text{为其他整数}\end{cases} \tag{5.9}$$

即抽样时刻（$k=0$ 点）除当前码元有抽样值之外，其他各抽样点上的取值均应为 0。

根据频谱分析，可以写出

$$h(kT_s)=\frac{1}{2\pi}\int_{-\infty}^{\infty}H(\omega)e^{j\omega kT_s}d\omega \tag{5.10}$$

满足此式的 $H(\omega)$ 就是能实现无码间串扰的基带传输函数。

3. 无码间串扰的理想低通滤波器

最简单的无码间串扰的基带传输函数是理想低通滤波器的传输特性

$$H(\omega)=\begin{cases}Ke^{-j\omega t_0}\ , & |\omega|\leqslant \pi/T_s\\ 0\ , & |\omega|>\pi/T_s\end{cases} \tag{5.11}$$

式中 K 为常数，代表带内衰减，这里为推导方便设其为 1，其冲激响应

$$\begin{aligned}h(t)&=\frac{1}{2\pi}\int_{-\infty}^{\infty}H(\omega)e^{j\omega t}d\omega=\frac{1}{2\pi}\int_{-\pi/T_s}^{\pi/T_s}e^{-j\omega t_0}e^{j\omega t}d\omega\\&=\frac{1}{2\pi}\int_{-\pi/T_s}^{\pi/T_s}e^{j\omega(t-t_0)}d\omega=\frac{1}{T_s}\mathrm{Sa}\left[\pi(t-t_0)/T_s\right]\end{aligned} \tag{5.12}$$

抽样函数的最大值出现在 $t=t_0$ 时刻（t_0 反映了理想低通滤波器对信号的时间延迟）。变换坐标系统，令 $t'=t-t_0$，则

$$h(t')=\frac{1}{T_s}\mathrm{Sa}\left[\pi t'/T_s\right] \tag{5.13}$$

波形如图 5-10（a）所示。

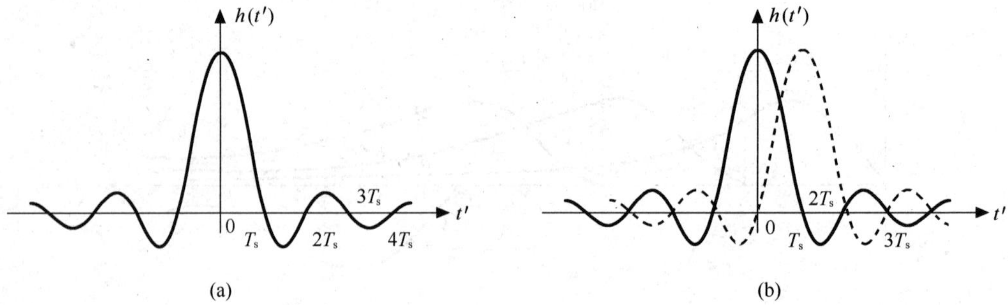

图 5-10　抽样函数示意图

可以看到在 t' 轴上，抽样函数出现最大值的时间仍在坐标原点。如果传输一个脉冲串，那么在 $t'=0$ 有最大抽样值的这个码元在其他码元抽样时刻 kT_s（$k=0, \pm1, \pm2\ \cdots$）为 0，如图 5-10（b）所示，说明它对其相邻码元的抽样值无干扰。这就是说，对于带宽为

$$B_N=W/2\pi=\frac{\pi/T_s}{2\pi}=\frac{1}{2T_s}\quad(\mathrm{Hz}) \tag{5.14}$$

的理想低通滤波器只要输入数据以 $R_B=\dfrac{1}{T_s}=2B_N$ 波特的速率传输，那么接收信号在各抽样点上就无码间串扰。反之，数据若以高于 $2B_N$ 波特的速率传输，则码间串扰不可避免。这是抽样值无失真条件，又叫奈奎斯特（Nyquist）第一准则。

无码间串扰的理想低通系统其频带利用率

$$\eta=R_B/B_N=2(\mathrm{Bd/Hz}) \tag{5.15}$$

这是所有无码间串扰传输系统的最高频带利用率。

归纳以上讨论，对于无码间串扰的理想 LPF，其带宽 $B_N=\dfrac{1}{2T_s}$ 被称为奈奎斯特带宽；抽样间隔 T_s 为奈奎斯特间隔；传输速率 $R_B=2B_N$ 为奈奎斯特速率，这是能实现无码间串扰的基带传输系统的最高传输速率。

虽然在用理想低通滤波器传输基带脉冲序列时，只要将传输速率设置成信号截止频率的两倍就能消除码间串扰，且达到极限性能，但是对理想低通滤波器的研究却只有理论意义。因为其一，理想 LPF 要求传递函数的过渡带无限陡峭，这是物理上无法实现的；其二，即使可以找到相当逼近的理想特性，但由于其冲激响应是抽样函数——拖尾振荡起伏较大、衰减又慢，因此对同步定时系统的要求非常严格，不允许有稍微的偏差（否则仍会引入码间串扰），而这几乎是不可能的，所以还需要寻找实用的、物理上可以实现的等效传输系统。

4. 无码间串扰的滚降系统

奈奎斯特在作了大量的研究后，导出了无码间串扰的基带传输特性的等效式，

$$H_{eq}(\omega)=\begin{cases}\sum\limits_{i=-\infty}^{\infty}H(\omega+2i\pi/T_s)=T_s\,, & |\omega|\leqslant\pi/T_s\\ 0\,, & |\omega|>\pi/T_s\end{cases}\tag{5.16}$$

从频域看，如果将该系统的传输特性 $H(\omega)$ 按 $2\pi/T_s$ 间隔分段，再搬回 $(-\pi/T_s,\ \pi/T_s)$ 区间叠加，叠加后的幅度值若为常数，则此基带传输系统可实现无码间串扰。

例如图 5-11（a）所示，这是一个具有升余弦滚降特性传递函数的低通滤波器

$$H(\omega)=\begin{cases}\dfrac{T_s}{2}\left(1+\cos\dfrac{\omega T_s}{2}\right) & |\omega|\leqslant\dfrac{2\pi}{T_s}\\ 0 & |\omega|>\dfrac{2\pi}{T_s}\end{cases}\tag{5.17}$$

若只取原点附近的三个时隙（$i=-1$、0、1）代入式（5.16），则

$$H_{eq}(\omega)=H(\omega-2\pi/T_s)+H(\omega)+H(\omega+2\pi/T_s)=\begin{cases}T_s & |\omega|\leqslant\pi/T_s\\ 0 & |\omega|>\pi/T_s\end{cases}\tag{5.18}$$

从图形上看是 3 个相邻段 $H(\omega-2\pi/T_s)$、$H(\omega)$、$H(\omega+2\pi/T_s)$分别被移到$(-\pi/T_s,\ \pi/T_s)$区间（即把图 c、d 移至图 b 中）叠加，得到的 $H_{eq}(\omega)$为一矩形，如图 5-11（e）所示，此低通滤波器的带宽

$$B=W/2\pi=1/T_s\quad(\text{Hz})\tag{5.19}$$

当传输速率 $R_B=1/T_s$（Bd）时，此基带传输系统可以实现无码间串扰。

在实际中得到广泛应用的是一类在奈氏带宽截止频率两侧以 π/T_s 为中心，其频谱特性具有奇对称升余弦形状过渡带的传递函数。

$$H(\omega)=\begin{cases}T_s\,, & 0\leqslant|\omega|\leqslant\dfrac{(1-\alpha)\pi}{T_s}\\ \dfrac{T_s}{2}\left[1+\sin\dfrac{T_s}{2\alpha}\left(\dfrac{\pi}{T_s}-\omega\right)\right], & \dfrac{(1-\alpha)\pi}{T_s}\leqslant|\omega|\leqslant\dfrac{(1+\alpha)\pi}{T_s}\\ 0\,, & |\omega|\geqslant\dfrac{(1+\alpha)\pi}{T_s}\end{cases}\tag{5.20}$$

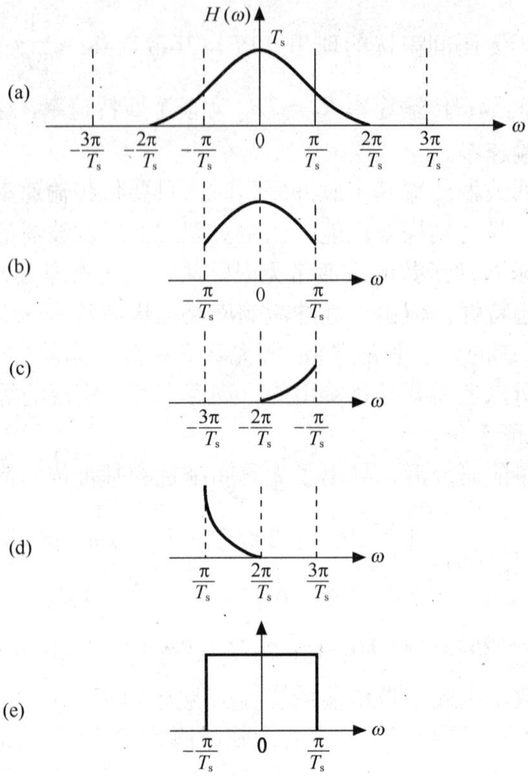

图 5-11　$H_{eq}(\omega)$特性的构成

式中 α 为滚降系数（$0 \leqslant \alpha \leqslant 1$），用以描述滚降程度

$$\alpha = 扩展量/奈氏带宽 \tag{5.21}$$

奈氏带宽 W_N 取奇对称点的值 $\dfrac{\pi}{T_s}$，扩展量为超出奈氏带宽的部分，设为 W_1，那么

$$\alpha = \frac{W_1}{W_N} \tag{5.22}$$

若在频率域定义，则上式的分子分母需同时除以 2π，得到

$$\alpha = \frac{B_1}{B_N} \tag{5.23}$$

式中 B_1 和 B_N 的单位是 Hz。

α 取不同值时的传递函数图形示于图 5-12（a）中，其冲激响应

$$h(t) = \frac{\sin \pi t/T_s}{\pi t/T_s} \cdot \frac{\cos \alpha \pi t/T_s}{1 - 4\alpha^2 t^2/T_s^2} \tag{5.24}$$

相应的波形如图 5-12（b）所示。

图中 $\alpha = 0$ 对应的是理想低通滤波器的曲线，α 越大抽样函数的拖尾振荡起伏越小、衰减越快。$\alpha = 1$ 时波形的拖尾按 t^{-3} 速率衰减，在第一个旁瓣中多了一个过 0 点，抑制码间串扰的效果最好。与理想低通相比，它付出的代价是带宽增加了一倍。此时系统的最高传码率虽然没变，但频带宽度已被扩展 $B = (1+\alpha)B_N$，所以系统的频带利用率也要调整：

$$\eta = 2/(1+\alpha)(\text{Bd/Hz}) \tag{5.25}$$

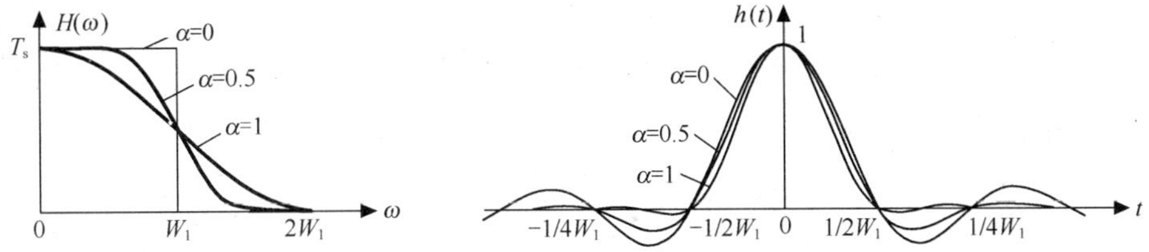

(a) 不同 α 时的传递函数　　(b) 不同 α 时的冲激响应

图 5-12　滚降特性的构成及示意图（仅画正频率部分）

把 $\alpha=1$ 代入（5.20）式中整理得到一个具有升余弦滚降特性传递函数的低通滤波器，正是在图 5-11 中所举的例子。例中 3 个相邻段 $H(\omega-2\pi/T_s)$、$H(\omega)$、$H(\omega+2\pi/T_s)$在$(-\pi/T_s,\ \pi/T_s)$区间叠加成的 $H_{eq}(\omega)$恰为矩形，如图 5-11（e）所示。可见，图示具有升余弦滚降传输特性的滤波器满足奈氏第一准则，其带宽

$$B=(1+\alpha)B_N=2B_N=1/T_s\ (\text{Hz}) \tag{5.26}$$

传输速率　$$R_B=1/T_s\quad(\text{Bd}) \tag{5.27}$$

频带利用率　$$\eta=\frac{2}{1+\alpha}=1\quad(\text{Bd/Hz})$$

比理想低通滤波器的频带利用率低了一倍。

5.5　数字基带传输系统的抗噪声性能

本节将在不考虑码间串扰的前提下，讨论信道噪声可能对数字基带信号传输产生的影响。由于信道不理想，加性高斯白噪声总是存在，所以当接收机接收单极性基带信号时，抽样判决器中的抽样值为

$$x(t)=\begin{cases}A+n_R(t), & 发“1”码\\ n_R(t), & 发“0”码\end{cases} \tag{5.28}$$

式中 $n_R(t)$为信道噪声，是均值为 0、方差为 σ_n^2 的加性高斯白噪声，噪声瞬时值 V 的一维概率密度分布为

$$f(V)=\frac{1}{\sqrt{2\pi}\sigma_n}\mathrm{e}^{-V^2/2\sigma_n^2} \tag{5.29}$$

它描述了噪声瞬时值的统计特性。

设判决门限为 V_d，则

$x(t)>V_d$，　判接收信号为“1”码；

$x(t)<V_d$，　判接收信号为“0”码。

发“0”码时，因其电平为 0，所以接收端收到的只是噪声，此时 $x(t)$的概率密度分布就是信道噪声的概率密度分布，如图 5-13 所示。

$$f_0(x)=\frac{1}{\sqrt{2\pi}\sigma_n}\mathrm{e}^{-x^2/2\sigma_n^2} \tag{5.30}$$

$x(t)=n_R(t)>V_d$ 时发生错判，发 0 错判为 1 的概率

$$P(1/0)=\int_{V_d}^{\infty} f_0(x)\mathrm{d}x \tag{5.31}$$

对应图 5-13 中 V_d 右边的阴影面积。

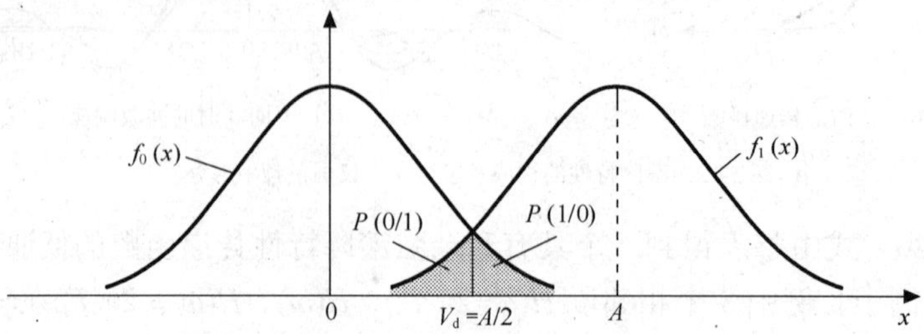

图 5-13　$x(t)$的概率密度分布曲线

发“1”码时，发送电平为 A，经过信道叠加上噪声，接收端收到的是 $A+n_R(t)$，虽然 $x(t)$ 的概率密度分布仍为高斯分布，但均值为 A。

$$f_1(x)=\frac{1}{\sqrt{2\pi}\sigma_n}\exp\left[-\frac{(x-A)^2}{2\sigma_n^2}\right] \tag{5.32}$$

$x(t)=A+n_R(t)<V_d$ 时发生错判，发 1 错判为 0 的概率

$$P(0/1)=\int_{-\infty}^{V_d} f_1(x)\mathrm{d}x \tag{5.33}$$

对应图 5-13 中 V_d 左边的阴影面积。

$V_d=A/2$ 时，图中阴影部分的总面积最小，故最佳判决门限应取“1”码电平的一半。二进制基带传输系统的总误码率

$$P_e=P(0)P(1/0)+P(1)P(0/1)$$

假设发“0”码概率与发“1”码概率相等，则

$$P_e=\frac{1}{2}\left[P(1/0)+P(0/1)\right] \tag{5.34}$$

因为都是高斯分布，具有对称性，两个条件概率的阴影面积也对称相等，所以总差错率

$$P_e=P(0/1)=P(1/0)=\int_{V_d}^{\infty} f_0(x)\mathrm{d}x=\frac{1}{2}\left[1-\mathrm{erf}\left(\frac{A}{2\sqrt{2}\sigma_n}\right)\right] \tag{5.35}$$

或

$$P_e=\frac{1}{2}\mathrm{erfc}\left(\frac{A}{2\sqrt{2}\sigma_n}\right) \tag{5.36}$$

利用上式，通过查误差函数或互补误差函数表，就可求出总误码率 P_e。

双极性二进制码，当“1”、“0”码的电平分别取 $\pm A$ 时误码率

$$P_e=\frac{1}{2}\left(1-\mathrm{erf}\left(\frac{A}{\sqrt{2}\sigma_n}\right)\right) \tag{5.37}$$

或

$$P_e=\frac{1}{2}\mathrm{erfc}\left(\frac{A}{\sqrt{2}\sigma_n}\right) \tag{5.38}$$

与单极性二进制码的抗噪声性能作比较，使用双极性码的抗噪声性能要优于单极性码；如果双极性二进制码的电平值分别取 $\pm A/2$，则其误码率与单极性二进制码的相同，但由于此时信号的功率仅为 $A^2/4$，所以抗噪声性能还是比单极性二进制码好。

5.6　眼图与均衡

5.6.1　基带传输系统测量工具——眼图

一个实际的数字基带传输系统，是不可能完全消除码间干扰的，尤其是在信道不可能完全确知的情况下，要计算误码率非常困难。评价系统性能的实用方法是分析眼图，即利用示波器观察接收信号波形的质量。

将示波器的水平扫描周期调整为所接收脉冲序列码元间隔 T_s 的整数倍，从示波器的 Y 轴输入接收码元序列，在荧光屏上就可以看到由码元重叠而产生的类似人眼的图形。由于荧光屏的余辉作用，呈现的图形是若干个码元重叠后的图案。只要示波器扫描频率和信号同步，不存在码间干扰和噪声时，每次重叠上去的迹线都会和原来的重合，这时的迹线既细又清晰，如图 5-14（c）所示；若存在码间干扰，序列波形变坏，就会造成眼图迹线杂乱，眼皮厚重，甚至部分闭合，如图 5-14（d）所示。

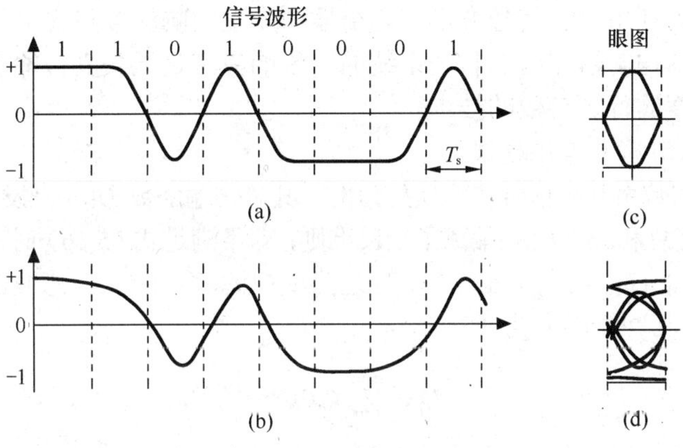

图 5-14　基带信号波形及眼图

为了进一步说明眼图和系统性能之间的关系，我们把眼图简化成一个模型，示于图 5-15 中，模型中各个部分的含义如下。

（1）最佳抽样判决时刻对应于眼睛张开最大的时刻。

（2）判决门限电平对应于眼图的横轴。

（3）最大信号失真量即信号畸变范围用眼皮厚度（图中上下阴影的垂直厚度）表示。

（4）噪声容限是用信号电平减去眼皮厚度，它体现了系统的抗噪声能力。

（5）过零点畸变为压在横轴上的阴影长度，它会影响系统的定时标准（有些接收机的定时标准是由经过判决门限点的平均位置决定的）。

（6）对定时误差的灵敏度由斜边的斜率反映，斜率越大，灵敏度越高，对系统的影响越大。

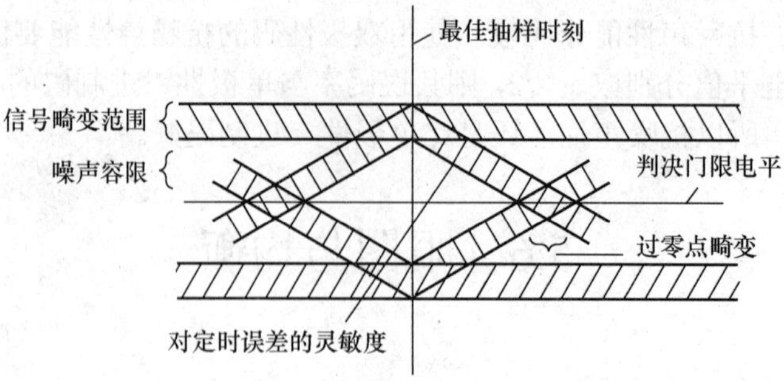

图 5-15　眼图的模型

总之，掌握了眼图的各个指标后，在利用均衡器对接收信号波形进行均衡处理时，只需观察眼图就可以判断均衡效果，确定信号传输的基本质量。

5.6.2　时域均衡技术

我们已经知道在传输基带信号的过程中，除了信道会产生噪声外，码间串扰是影响传输质量的主要因素，所以在设计系统的传输特性时要求满足奈氏准则。但在实际通信中传输特性还会偏离理想特性，引起码间串扰。要克服这种偏离，一般是在基带传输系统中插入可调滤波器（均衡器）。

均衡器分为频域均衡和时域均衡。频域均衡是利用均衡器的频率特性去补偿传输系统的幅频和相频缺陷，使包括均衡器在内的整个系统的总传输函数满足无失真传输条件；而时域均衡则是在时间域内利用接收信号波形在均衡器中产生的响应波形去补偿各抽样点上已发生畸变的波形，使包括均衡器在内的整个系统的冲激响应满足无失真传输条件，是一种能将码间串扰减到最小程度的行之有效的技术。

1．时域均衡器的基本工作原理

以图 5-6 所示的数字基带信号传输模型为例，其总传输函数 $H(\omega)$是发送滤波器、信道和接收滤波器传输特性之总和。当 $H(\omega)$偏离了奈氏准则，即不满足式（5.16）时，就会出现码间串扰。

设在接收滤波器 $G_R(\omega)$后面插入一个称之为横向滤波器的可调滤波器（这是时域均衡器的一个具体实现），其冲激响应为

$$h_T(t)=\sum_{n=-\infty}^{\infty}c_n\delta(t-nT_s) \tag{5.39}$$

如果式中的 c_n 完全由 $H(\omega)$决定，就能够抵消由于 $H(\omega)$的偏离而产生的码间串扰。设此插入滤波器的频率特性为 $T(\omega)$，即 $h_T(t)\leftrightarrow T(\omega)$，那么包括此插入滤波器在内的总传输函数 $H'(\omega)$ 为

$$H'(\omega)=H(\omega)T(\omega) \tag{5.40}$$

只要 $H'(\omega)$ 满足式（5.16），就相当于包括均衡器在内的整个系统的冲激响应满足了无失真传输条件。式中的 $T(\omega)$ 由 $H(\omega)$决定，可以证明其付氏展开式的系数就是可调滤波器的加权系数 c_n。

可调滤波器也称为横向滤波器，它是由 $2N$ 个横向排列的延时单元和 $2N+1$ 个可调增益放大器组成，如图 5-16 所示。图中 T_S 方框为时延一个码元宽度的延时电路，c_i 为可调增益放大器的抽头系数，用它产生的 $2N+1$ 个响应波形之和，去抵消抽样时刻的码间串扰。时域均衡器的输出

$$y(t)=x(t)*h_T(t)=\sum_{i=-N}^{N}c_i x\left(t-iT_s\right) \tag{5.41}$$

设图 5-17（a）为某接收机收到的单个脉冲信号 $x(t)$有拖尾。横向滤波器为其加上补偿波形，

如图中虚线所示，经校正后波形 $y(t)$不再有“尾巴”，如图 5-17（b）所示，达到了均衡目的。

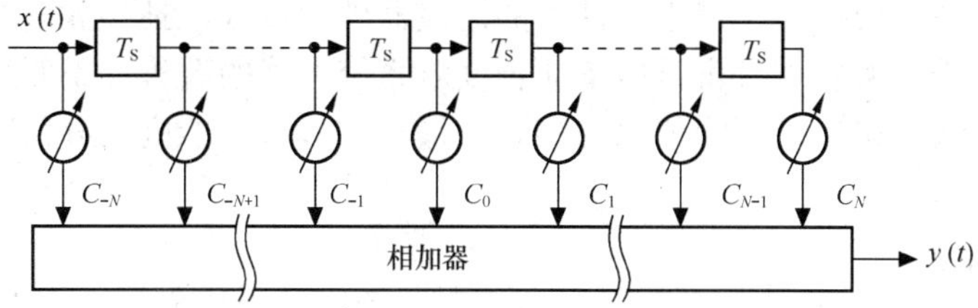

图 5-16　横向滤波器

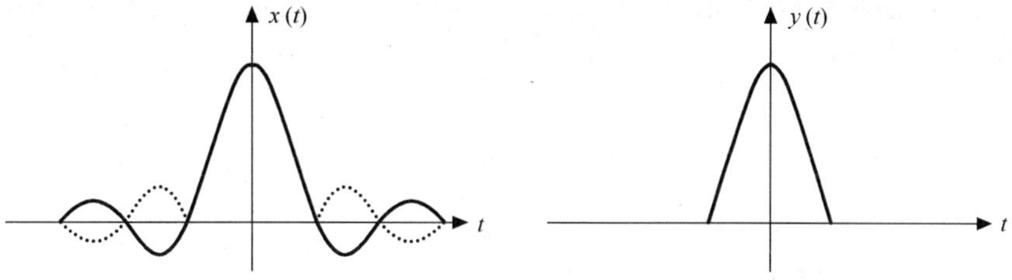

(a) 接收端有拖尾的单个脉冲信号　　(b) 校正后的波形

图 5-17　时域均衡的波形

2. 举例

设输入信号波形如图 5-18（a）所示，图中各样点值分别为 $x_{-2}=0.05, x_{-1}=-0.2, x_0=1, x_1=-0.3, x_2=0.1$,（其他 $x_{k-i}=0$），送入一个三抽头的“迫零”均衡器，已知抽头系数 $c_{-1}=0.209, c_0=1.126, c_1=0.317$，计算相应的输出 y_k 值。

解：由式（5.41）列竖式计算

				0.05	−0.2	1	−0.3	0.1
			×			0.209	1.126	0.317
				0.016	−0.063	0.317	−0.095	0.032
			0.056	−0.225	1.126	−0.337	0.113	
+		0.010	−0.042	0.209	−0.063	0.021		
	0.01	0	0.014	0	1	0.001	0.018	0.032

计算结果与我们的预期一致，即 $y_0=1$ 而 $y_1 \approx y_{-1}=0$，但 y_{-2}、y_2、y_{-3}、y_3 不为 0，这是滤波器抽头太少的缘故。相应的输出波形如图 5-18（b）所示。

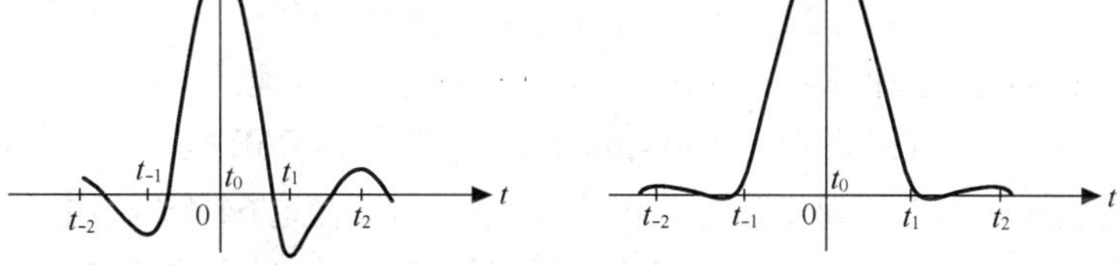

(a) 输入波形　　(b) 输出波形

图 5-18　均衡器的输入与输出波形

理论上，横向滤波器应有无限多节，但考虑到一个码元波形只是对邻近几个码元的干扰比较严重，故实际上只要有一、二十个抽头的滤波器就可以了，抽头太多会使设备复杂、成本增高、调整也困难，所以有时盲目地增加长度对系统性能的改善并不明显。

最佳调整原则通常采用最小峰值畸变准则和最小均方畸变准则。峰值畸变的定义是

$$D=\frac{1}{y_0}\sum_{\substack{k=-\infty\\k\neq 0}}^{\infty}|y_k| \tag{5.42}$$

即为 $k=0$ 点以外的所有抽样时刻码间串扰的绝对值之和 $\Sigma|y_k|$ 与 $k=0$ 点的抽样值 y_0 之比。分子 $\Sigma|y_k|$ 反映的是信息传输中某抽样时刻（$k=0$）所受前、后码元干扰的最大可能值（峰值），它正比于 D，故越小越好。

均方畸变的定义是

$$e^2=\frac{1}{y_0^2}\sum_{\substack{k=-\infty\\k\neq 0}}^{\infty}y_k^2 \tag{5.43}$$

式中各参数的定义与式（5.42）同。

用前面例题的参数，按峰值畸变的定义，把均衡前、后的失真情况作一对比。

均衡前 $$D_x=\frac{1}{x_0}\sum_{\substack{k=-2\\k\neq 0}}^{2}|x_k|=0.05+0.2+0.3+0.1=0.65$$

均衡后 $$D=\frac{1}{y_0}\sum_{\substack{k=-2\\k\neq 0}}^{2}|y_k|=0.014+0.001+0.018=0.033$$

改善了近 20 倍。

5.7 典型数字基带传输系统

5.7.1 基带数字系统在电力系统中的应用

在电力系统通信中，数字光纤通信由于其本身的优点得到越来越广泛的应用。数字光纤通信系统中，从电端机传输过来的电信号均要结合数字光纤通信传输的特点经过线路码型的转换。通过线路码型的转变平衡数字码流中的“0”和“1”码字，从而避免码流中出现长“0”或者长“1”的现象。在数字光纤通信系统中比较常用的线路码型就是 mBnB 码型，mBnB 线路码型的最大优点就是最大相同码元连码很少、定时信息丰富，并且有简单成熟的误码监测与码组同步的方法。

以 5B6B 码为例，编码时信息序列每 5 个 bit 为一组，共有 32 种（2^5）组合，输出 6 个 bit，共有 64 种（2^6）组合。它在 2^6 种可能的组合中选择 2^5 种作输出（与输入序列一一对应）。此码的传输速率和频带宽度比原序列仅增加 20%，却换取了低频分量小、可实行在线误码检测、能迅速同步等优点。我国规定在 140Mbit/s 系统中采用 5B6B 码。

编码时先设权重 d：“1”码权重为 1，“0”码权重为−1，在这 64 个码字中，$d=0$（“1”、“0”个数相等）的有 c_6^3=20 个；$d=\pm2$（4 个“1”、2 个“0”或 4 个“0”、2 个“1”）的各有 $c_6^2=c_6^4=$ 15 个，二者之和已达到 50 个（多于 32），所以 $d=\pm4$ 和 $d=\pm6$ 的其余组合不用再考虑。

表 5.2 给出一种 5B6B 码的变换规则，有正、负两种变换模式。编码时如果前一码组的数字和 $d=0$，则保持原模式不变；遇到 $d=\pm2$ 时，为保持输出码流中的“1”、“0”码等概率出现，要正、负模式交替采用。按表 5.2 编制的 5B6B 码有如下特性。

表 5.2　5B6B 码表

输入二元码组（5B 码）	输出二元码组（6B 码）			
	正模式	数字和	负模式	数字和
00000	110010	0	110010	0
00001	110011	+2	100001	−2
00010	110110	+2	100010	−2
00011	100011	0	100011	0
00100	110101	+2	100100	−2
00101	100101	0	100101	0
00110	100110	0	100110	0
00111	100111	+2	000111	0
01000	101011	+2	101000	−2
01001	101001	0	101001	0
01010	101010	0	101010	0
01011	001011	0	001011	0
01100	101100	0	101100	0
01101	101101	+2	000101	−2
01110	101110	+2	000110	−2
01111	001110	0	001110	0
10000	110001	0	110001	0
10001	111001	+2	010001	−2
10010	111010	+2	010010	−2
10011	010011	0	010011	0
10100	110100	0	110100	0
10101	010101	0	010101	0
10110	010110	0	010110	0
10111	010111	+2	010100	−2
11000	111000	0	011000	−2
11001	011001	0	011001	0
11010	011010	0	011010	0
11011	011011	+2	001010	−2
11100	011100	0	011100	0
11101	011101	+2	001001	−2
11110	011110	+2	001100	−2
11111	001101	0	001101	0

（1）输出码流中最长的连“0”或连“1”数为 5。

（2）同步状态下每个码组结束时数字和的可能值为 0 或±2。利用每个输出码字结束时的累计数字和，可以建立正确的分组同步。

进行不中断通信业务的误码监测时码组是连起来的，运行数字和应在一定范围（−4～+4）内变化，若超出此范围，就意味着发生了误码。

5.7.2　基带传输系统在电话传输系统中的应用

在电信网中，话音信号在交换机的用户单元中经抽样、量化、编码变为 PCM 数字信号，这种数字信号是单极性不归零码（NRZ）。在交换机内部交换的也是单极性不归零码。当通过中继器送到中继线上时，要将 NRZ 码变换为 HDB_3 码，而接收端要将中继线上的 HDB_3 码变换为 NRZ 码，如图 5-19 所示。

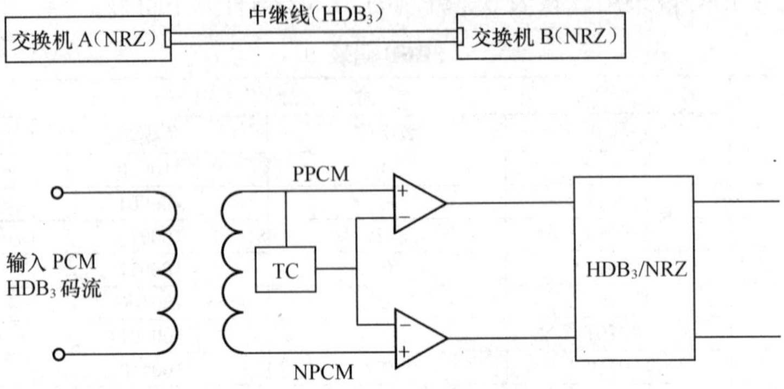

图 5-19　码型变换示意图

输入 PCM 双极性码（HDB_3），先通过运放比较器，变换为单极性码，输出分为正极性 PCM（即 PPCM−HDB_3^+）码和负极性 PCM（即 NPCM−HDB_3^-）码，经 NRZ/HDB_3 变换，完成检出并去掉极性破坏点，再去掉 4 个连“0”中的第一位，将所添加的 B 脉冲还原为单极性码。中继线所传送来的 PCM 码流时，每一位码的定位时钟都是从 PCM 码流本身的脉冲激励的谐振电路中提取的。所传输的信号为“1”时，表示有脉冲，为“0”时，表示没有脉冲，如果传输码流中有多个“0”码相连，谐振电路会因长时间无激励而衰减，从而影响定位时钟的提取，从而影响原来码流信号的恢复，因此需要对连“0”码进行抑制。

当 PCM 码流中有连零码出现时，应能进行某种变换，使连零码个数不超过某一个值，并能在接收端识别到这种变换，进行逆变换，恢复成原来的连零码。HDB_3 码可以完成这种功能，使线路上的连零码不超过 3 个，这需要在数字中继接口电路中有 NRZ/HDB_3 和 HDB_3/NRZ 码型变换电路。

习　题

5-1　设二进制代码为 100110101110，以矩形脉冲为例，分别画出相应的单极性、单极性归 0、双极性、双极性归 0、差分、CMI 密勒码和数字双相码波形。

5-2　将二进制代码 100110000100001 编成 AMI 和 HDB_3 码（设该序列前面相邻 B 码的极性为负）。

5-3　将上题中的代码换成全“0”、全“1”序列，再按 AMI 和 HDB_3 编码规则画图。

5-4　已知二元信息序列为 11000101011101100001，按表 7-1 写出 5B6B 码的输出。

5-5　设一单极性不归 0 随机脉冲序列，其码元速率为 1000 波特，“1”码为幅度为 A 的矩形脉冲，“0”码为 0，“1”码的概率为 0.4，求该随机脉冲序列的带宽、直流及定时信号成分。

5-6　已知一随机脉冲序列“1”码、“0”码及此随机脉冲序列的某个实现如图 7-4 所示，若取“1”码概率为 0.6，求该随机脉冲序列的带宽、直流及定时信号成分。

5-7　设随机二进制脉冲序列的码元间隔为 T_B，经过理想抽样后加到如题 5-7 图所示的几种滤波器中，试指出哪些会引起码间串扰。

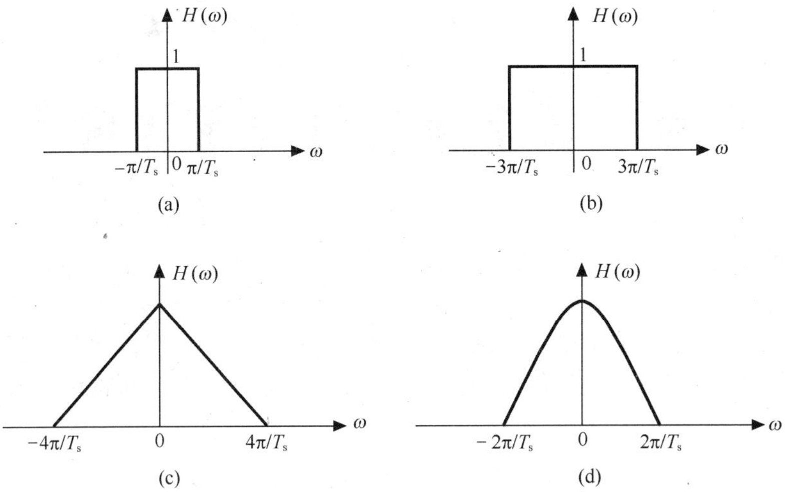

题 5-7 图

5-8　某二进制数字基带传输系统所传送的是“1”“0”等概率出现的单极性信息码流。

（1）设对应于“1”码时，接收滤波器输出信号在抽样判决时刻的值 $A = 1\text{V}$，已知接收滤波器输出噪声是均值为 0、均方根值为 0.2V 的高斯噪声，求误码率 p_e;

（2）若要求误码率 p_e 不大于 10^{-5}，试确定 A 至少应该是多少。

5-9　某一具有升余弦传输特性 $\alpha = 1$ 的无码间串扰传输系统，试求:

（1）该系统的最高无码间串扰的码元传输速率为多少？频带利用率为多少?

（2）若输入信号由单位冲激函数改为宽度为 T 的不归零脉冲，要保持输出波形不变，试求这时的传输特性表达式。

（3）若升余弦特性 $\alpha = 0.25$;　$\alpha = 0.5$ 时，试求传输 PCM30/32 路的数字电话（数码率为 2048kbit/s）所需要的最小带宽?

5-10　已知某信道的截止频率为 1600Hz，其滚降特性为 $\alpha = 1$。

（1）为了得到无串扰的信息接收，系统最大传输速率为多少?

（2）接收机采用什么样的时间间隔抽样，便可得到无串扰接收。

5-11　已知某信道的截止频率为 100kHz。码元持续时间为 10μs 的二元数据流，若采用滚降因子 $\alpha = 0.75$ 的余弦频谱的滤波器后，能否在此信道中传输?

5-12　随机二进制序列为 10110001…设符号“1”对应的基带波形为升余弦形，持续时间为 T_s;　符号“0”对应的基带波形恰好与“1”时相反。

（1）当示波器扫描周期 $T_0 = T_s$ 时，画出眼图;

（2）当 $T_0 = 2T_s$ 时，重画眼图;

（3）指出最佳抽样判决时刻、判决门限电平及噪声容限值。

5-13　有一个 3 抽头时域均衡器，各抽头系数分别为−1/3，1，1/4。若输入信号 $x(t)$的抽样值 $x_{-2} = 1/8$，$x_{-1} = 1/3$，$x_{-0} = 1$，$x_{+1} = -1/4$，$x_{+2} = 1/16$，求均衡器输入及输出波形的峰值畸变。

5-14　设信息序列 X 为 1010101010000000000010，通过图 7-22（a）所示的扰乱器，求输出序列 Y。

第 6 章　数字信号的频带传输系统

与模拟信号调制类比，如果调制信号是数字脉冲序列就称为数字调制，或称数字载波调制。

在微波无线通信和光通信等通信系统中信道是带通型的，所以需要把数字基带信号的频谱搬移到相应的频段再送入信道传输。因此，数字调制系统又称为频带传输系统。

6.1　数字调制技术概述

数字频带传输系统可以用图 6-1 来描述。

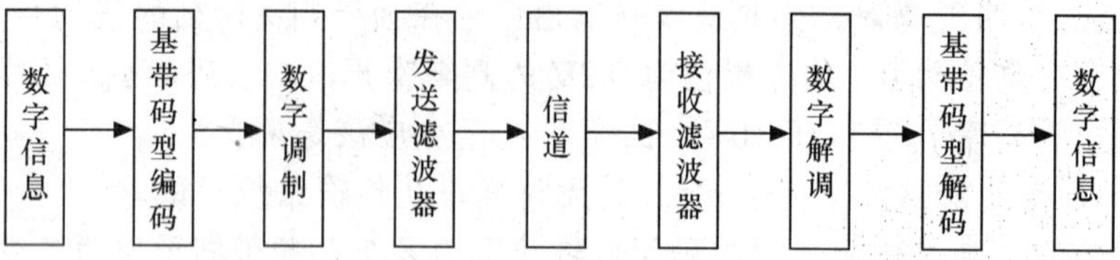

图 6-1　数字频带传输系统

原始数字序列信号经基带信号形成器后变换为适合于在信道中传输的基带信号，送到数字调制器中去调制载波的幅度、频率和相位，形成数字调制信号，再经发送滤波器送到信道。在信道中传输时还会有各种干扰，接收滤波器把叠加了干扰和噪声的有用信号分离出来，经过相应的解调器，恢复出基带数字信号或数字序列。另外，数字传输时是按一定节拍传输数字信号的，因而接收端必须有一个与发送端相同的节拍，即同步。

数字调制解调技术是从最基本、最简单的二进制数字调制的基础上发展起来的。数字调制技术从开始的二元调制（包括 2ASK、2FSK、2PSK）发展到多元数字调制技术，极大地提高了数字信号传输的频带利用率，而且改善了误码性能。为适应通信领域的新发展，又出现了二进制调制的改进形式和新调制技术。

（1）基于 2ASK 由二进制向多元制方向发展，产生了正交幅度调制 QAM、MQAM 调制；

（2）基于 2FSK 向多元制方向发展，产生了 MFSK 调制；

（3）基于 2PSK 向多元制方向发展，产生了 QPSK、OQPSK、MPSK、DPSK 和 DQPSK 调制等。

为了进一步改善移相中相位跃变带来的频谱扩展与幅度上的变化，又引入了连续相位调制（CPM），其中最为典型的有最小频移键控（MSK）、高斯型最小频移键控（GMSK）以及性能更加优良的平滑调频（TFM）等。1982 年出现的网格编码调制（TCM）将编码技术与调制技术有机地结合在一起，依靠卷积码的良好抗干扰性能，即使在信噪比极差的条件下仍能改善误码性能，同时又保持了极高的频带利用率，目前这种数字调制技术已经得到实用化。

6.2　二进制数字调制原理

6.2.1　二进制幅移键控（2ASK）调制与解调

1. 2ASK 调制

2ASK 信号是利用二进制脉冲序列中的 1、0 码去控制载波输出的幅度（有或无）得到的。对单极性不归 0 的矩形脉冲序列而言，“1”码作为“电键”打开通路，送出载波；“0”码关闭通路，输出 0 电平。

调制信号是具有一定波形形状的二进制数字基带序列，即

$$f(t)=\sum_{n=-\infty}^{\infty}a_n g(t-nT_s) \tag{6.1}$$

式中 T_s 为码元间隔；$g(t)$表示调制信号的脉冲形状，为讨论方便，设其为单极性不归 0 的矩形脉冲；a_n 为二进制符号，服从下式

$$a_n=\begin{cases}1 & 概率为P\\ 0 & 概率为(1-P)\end{cases} \tag{6.2}$$

借助于模拟幅度调制原理，二进制序列幅移键控信号的一般表达式为

$$s_{2ASK}(t)=f(t)\cos\omega_c t=\left[\sum_{n=-\infty}^{\infty}a_n g(t-nT_s)\right]\cos\omega_c t \tag{6.3}$$

若只考虑在一个码元的持续时间内

$$s_{2ASK}(t)=\begin{cases}A\cos\omega_c t & "1"\\ 0 & "0"\end{cases} \tag{6.4}$$

与输入序列 1001 相对应的输出波形如图 6-2 所示。

幅移键控调制器是一个相乘器，也可以用一个开关电路来实现。两种调制电路的框图分别对应于图 6-3（a）、6-3（b）。

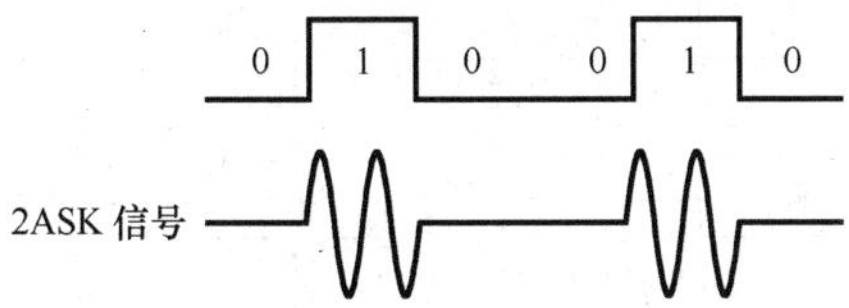

图 6-2　二进制幅移键控信号的波形

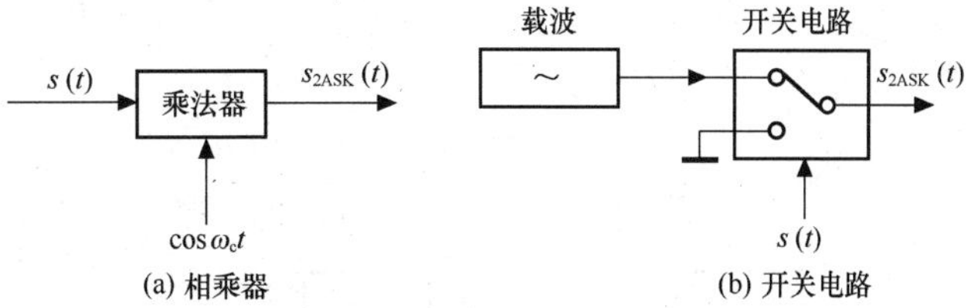

图 6-3　2ASK 信号的产生

2. 2ASK 解调

2ASK 信号的解调与模拟双边带 AM 信号的解调一样，也可以用相干解调或包络检波（非相干解调）实现，原理框图如图 6-4 所示。与模拟信号解调不同的是，在解调数字信号的电路中，要设置抽样判决电路。

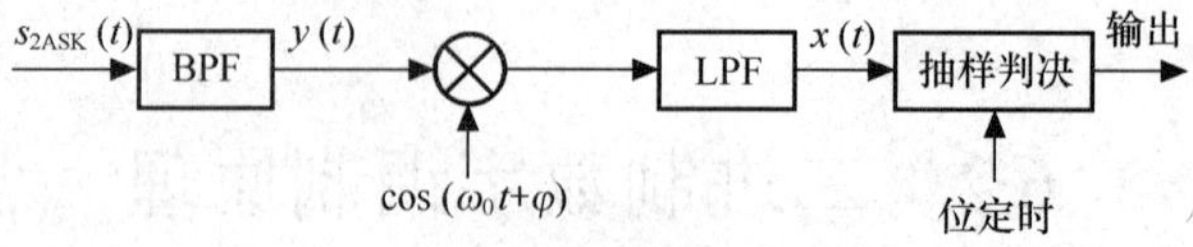

(a) 相干解调原理

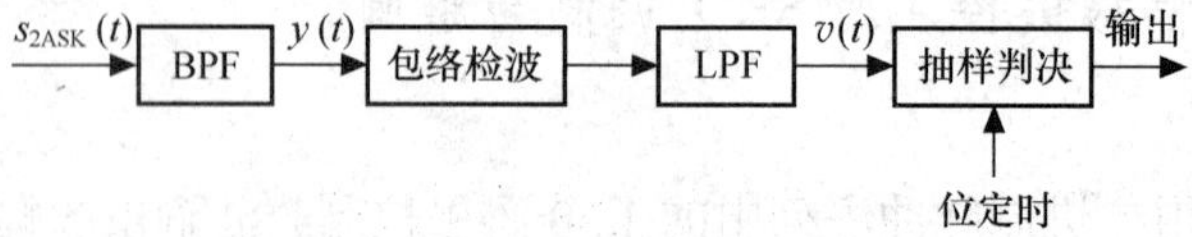

(b) 非相干解调原理

图 6-4　2ASK 信号解调原理

6.2.2　二进制频移键控（2FSK）调制与解调

1. 2FSK 调制

2FSK 信号是用二进制脉冲序列中的“1”或“0”去控制两个不同频率的载波信号得到的。已调信号的时域表达式为

$$s_{2FSK}(t)=\sum_{n=-\infty}^{\infty}a_n g(t-nT_s)\cos\omega_1 t+\sum_{n=-\infty}^{\infty}\overline{a}_n g(t-nT_s)\cos\omega_2 t \tag{6.5}$$

若只考虑在一个码元的持续时间内

$$s_{2FSK}(t)=\begin{cases}A\cos\omega_1 t & "1"\\ A\cos\omega_2 t & "0"\end{cases} \tag{6.6}$$

输入序列为 1001 时，已调 2FSK 的输出波形如图 6-5 所示，图中 f_1 代表“1”，f_2 代表“0”。

频移键控调制器既可以采用模拟信号调频电路，也可以采用键控法如图 6-6 所示。采用键控法时，二进制矩形脉冲序列中的“1”和“0”分别控制两个独立的载波发生器，“1”码时输出载波频率 f_1；“0”码时输出载波频率 f_2。

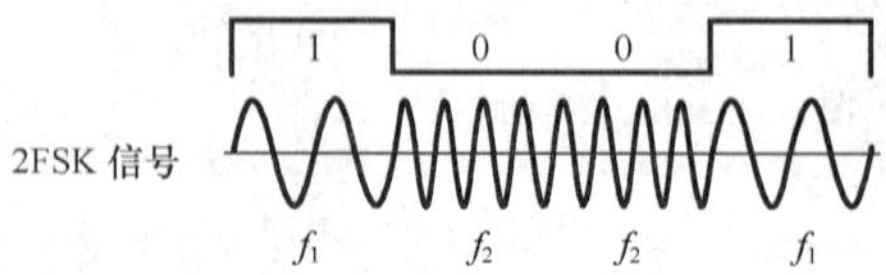

图 6-5　2FSK 信号的波形

（a）模拟信号调频电路

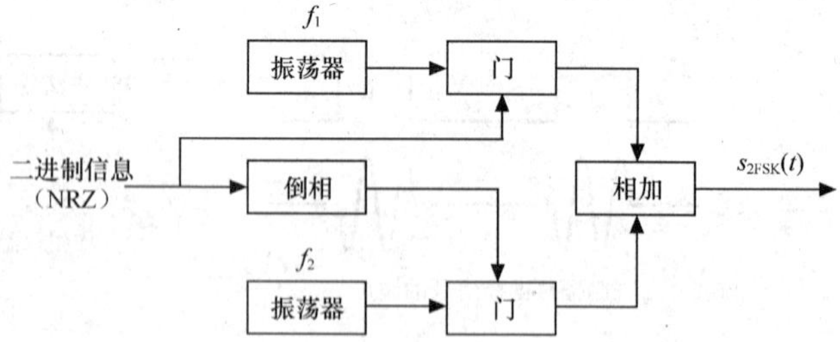

（b）键控法

图 6-6　2FSK 调制器

2. 2FSK 解调

2FSK 信号的解调借用了 2ASK 信号的解调电路，所以也有相干解调或非相干解调两种

方式，如图 6-7（a）、图 6-7（b）所示。

考虑到成本等综合因素，在 2FSK 系统中很少使用相干解调，以图 6-7（b）非相干解调原理框图为例画出的各点波形如图 6-7（c）所示。图中的抽样判决电路是一个比较器，在判决时刻对上下两支路低通滤波器送出的信号电平进行比较，如果上支路输出的信号大于下支路，判为“1”码；反之判为“0”码。

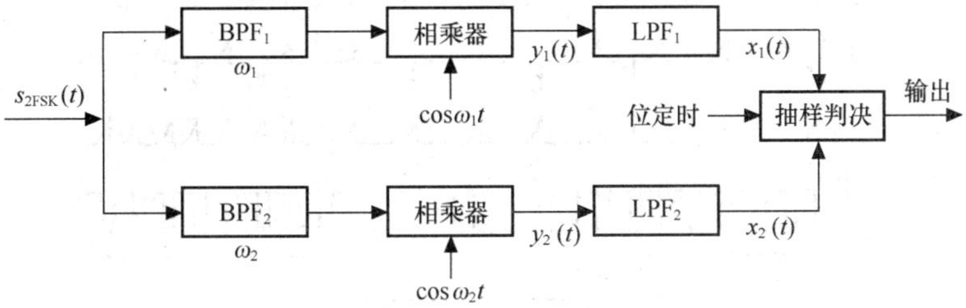

(a) 2FSK 信号相干解调原理框图

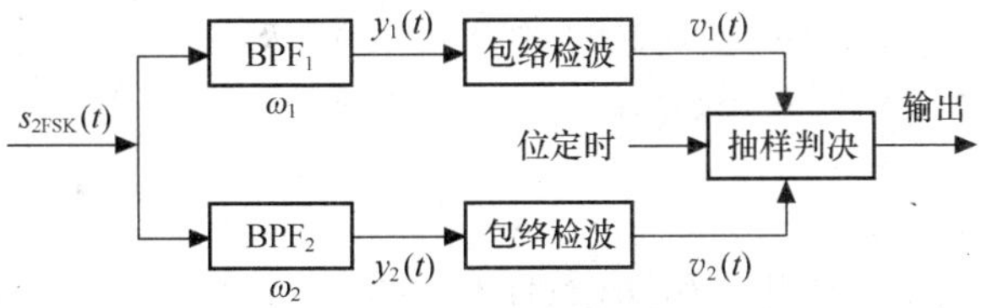

(b) 非相干解调原理框图

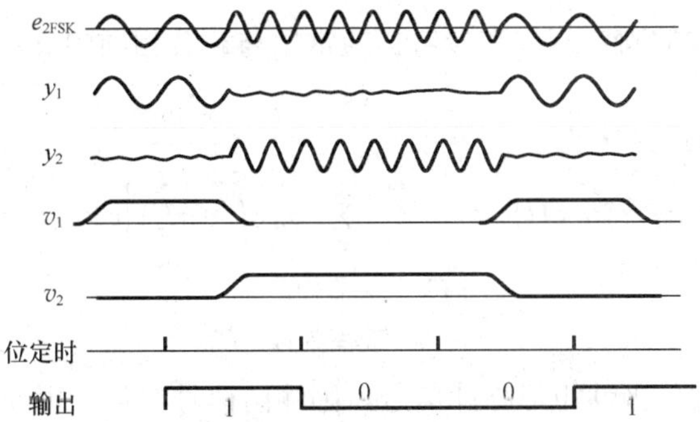

(c) 与非相干解调原理框图对应的各点波形

图 6-7　2FSK 系统解调原理框图及波形

解调 2FSK 信号还可以用鉴频法、过零检测法及差分检波法等。鉴频法的解调原理已在模拟调制中作了介绍，这里不赘述。

过零检测法的基本思想是，利用不同频率的正弦波在一个码元间隔内过零点数目的不同来检测已调波中频率的变化，其原理框图及各点波形如图 6-8 所示。

图中限幅器将接收序列整形为矩形脉冲，送入微分电路和整流器，得到尖脉冲（尖脉冲的个数代表了过零点数）。在一个码元间隔内，尖脉冲数目的多少直接反映了载波频率的高低，所以只要将其展宽为具有相同宽度的矩形脉冲，经低通滤波器滤除高次谐波后，两种不同的频率就转换成了两种不同幅度的信号（见图中 f 点的波形），送入抽样判决器即可恢复原信息序列。

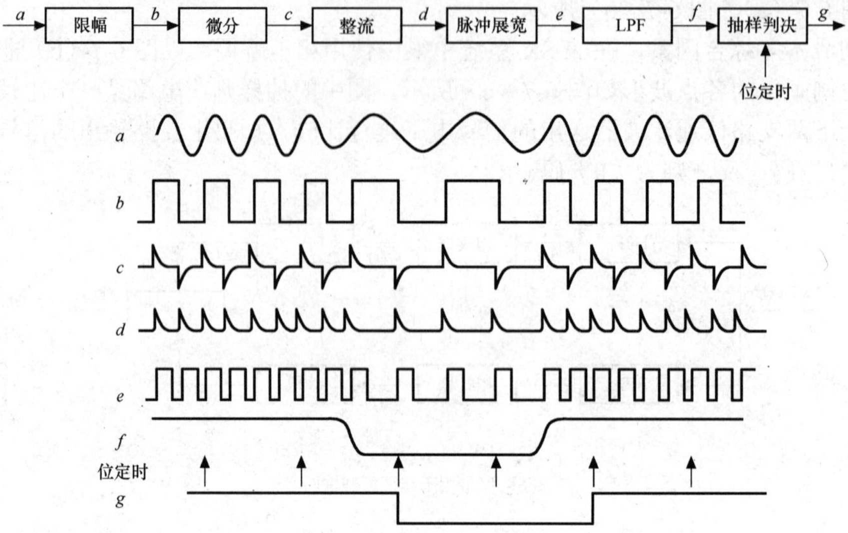

图 6-8　2FSK 信号的过零检测原理框图及波形

6.2.3　二进制相移键控（2PSK）调制与解调

1．2PSK 调制

相移键控是用载波的相位变化来传递信息的，它有两种工作方式：绝对相移键控（PSK）和相对相移键控（DPSK）。

（1）二进制绝对相移键控 PSK。

在 2PSK 中，以载波的固定相位为参考，通常用与载波相同的 0 相位表示“1”码；π相位表示“0”码。

2PSK 已调信号的时域表达式

$$s_{2\mathrm{PSK}}(t)=f(t)\cos\omega_{\mathrm{c}}t=\left[\sum_{n=-\infty}^{\infty}a_n g(t-nT_{\mathrm{s}})\right]\cos\omega_{\mathrm{c}}t \tag{6.7}$$

式中

$$a_n=\begin{cases}+1 & 概率为P\\ -1 & 概率为(1-P)\end{cases} \tag{6.8}$$

设 $g(t)$是幅度为 A 的单极性矩形脉冲信号，则输出信号在每个码元间隔 T_{s} 内的值

$$s_{2\mathrm{PSK}}(t)=\pm A\cos\omega_{\mathrm{c}}t=\begin{cases}A\cos\omega_{\mathrm{c}}t, & \text{"1"}\\ A\cos(\omega_{\mathrm{c}}t+\pi), & \text{"0"}\end{cases} \tag{6.9}$$

若 1 个码元内只画 1 个载波周期（设载波初相位为 0），则对应于输入序列 1011001 的已调波形如图 6-9 所示。

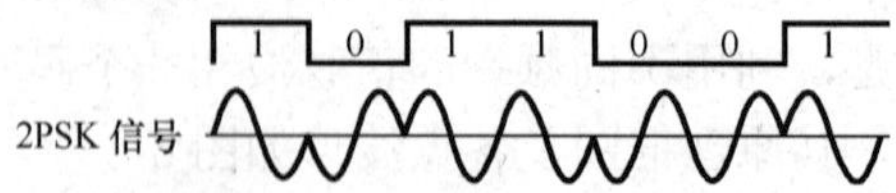

图 6-9　2PSK 信号波形

2PSK 调制波形的实现可以采用相乘器或相位选择器，分别示于图 6-10 中。

（2）二进制相对相移键控 DPSK。

2PSK 信号在接收端会产生倒π现象，这对于数据信号的传输是不允许的，所以有实用价值的是相对相移键控。2DPSK 信号能够克服相位倒置现象，实现起来也不困难，只需在 PSK

调制器的输入端加一级差分编码电路，因此 DPSK 又可称为差分相移。

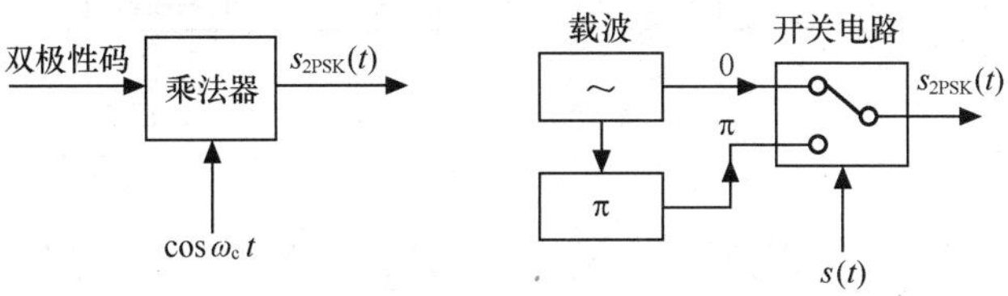

（a）相乘器　　　　（b）相位选择器

图 6-10　2PSK 信号的调制原理框图

2DPSK 对信息序列码元所取相位的定义如下：以前一码元的末相为参考，序列中出现“1”码时，输出载波相位变化 π；序列中出现“0”码时，输出载波相位不变。

设 $g(t)$为单极性不归 0 矩形脉冲信号，输入序列为 10010110，已调 2DPSK 的输出波形如图 6-11 所示。

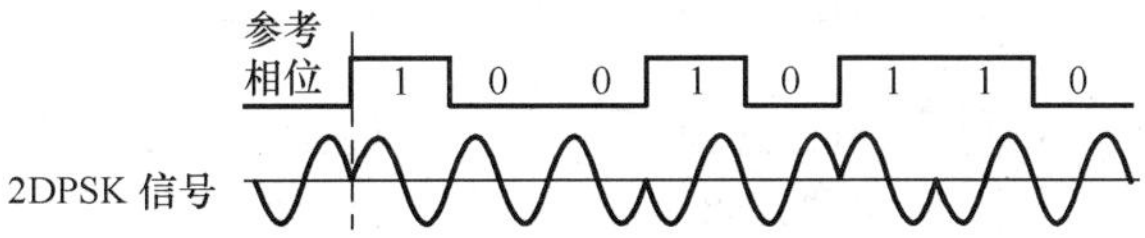

图 6-11　2DPSK 信号波形

调制电路模型及各点波形示于图 6-12 中，与按定义画出的调制波形（图 6-11）完全相同。

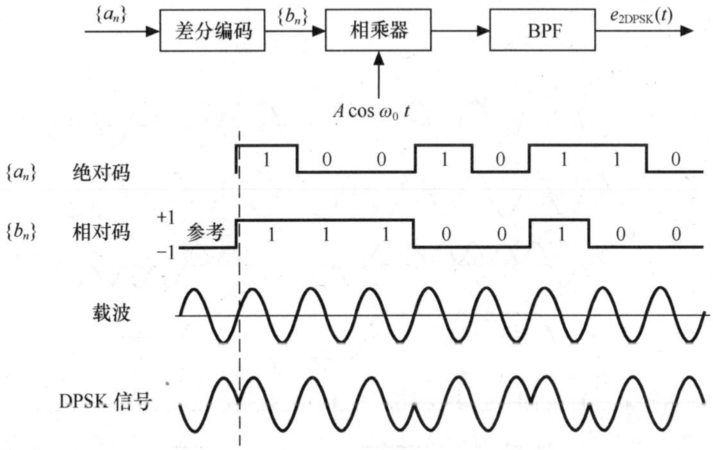

图 6-12　2DPSK 调制原理框图及各点波形

2. 2PSK 解调

（1）2PSK 信号。

2PSK 信号的解调只能采用相干解调一种形式。解调电路及波形如图 6-13 所示。

解调器中本地参考载波的相位必须和发端调制器的载波同频同相。若本地参考载波偏移 π 相位，则解调得到的数据极性完全相反，这就是倒 π 现象。然而在实际通信中参考载波的基准相位很难固定，随时都会出现跳变且不易察觉，因此绝对相移键控很少被采用。

（2）DPSK 信号。

2DPSK 信号的解调有两种方案，其一是在 PSK 相干解调电路抽样判决器的后面加差分译码（以抵消在调制器输入端差分编码的影响），解调电路及各点波形如图 6-14 所示。由图可见，经差分译码后恢复的原数据序列中不存在倒相问题。

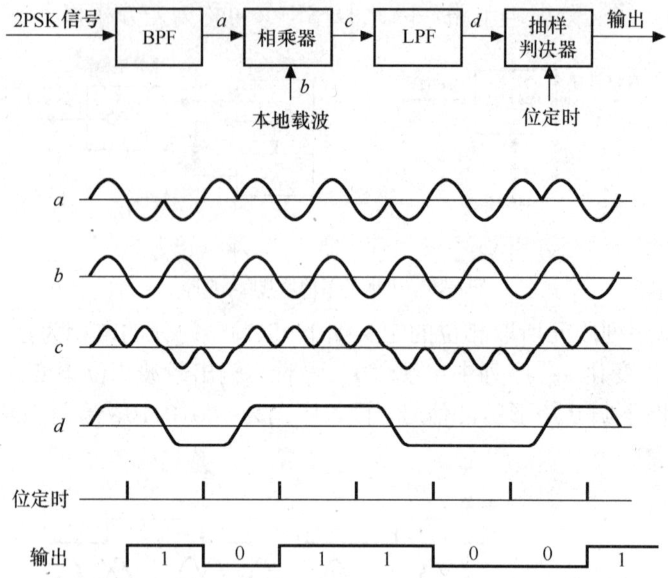

图 6-13　2PSK 信号的解调原理框图及波形

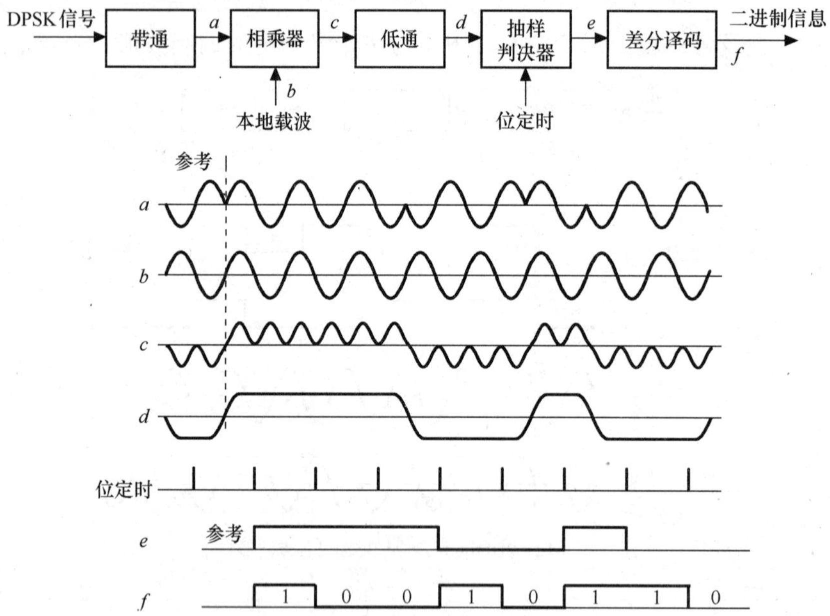

图 6-14　2DPSK 相干解调原理框图及波形

DPSK 解调的另一方案是差分相干解调，它将 DPSK 接收信号和自身延时一个码元间隔后的信号按位相乘。相乘结果反映了前后码元的相对相位关系，经低通滤波后再抽样判决就可直接恢复出原信息序列。差分相干解调电路及各点波形如图 6-15 所示。图中抽样判决器的判决原则：抽样值大于 0 时判“0”，抽样值小于 0 时判“1”。

比较这两种解调方案，它们的解调波形虽然一致，都不存在相位倒置问题，但差分相干解调电路中不需本地参考载波和差分译码，是一种经济可靠的解调方案，得到了广泛的应用。要注意的是调制端的载波频率应设置成码元速率的整数倍。

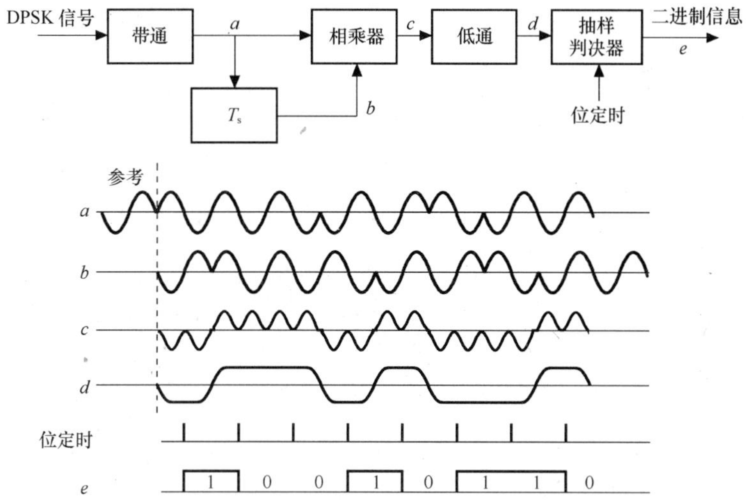

图 6-15　DPSK 差分相干解调原理框图及波形

6.2.4　二进制数字调制信号的频谱特性

1. 2ASK 信号的功率谱

二进制序列幅移键控已调信号的时域表达式参见式（6.3），它的功率谱密度表达式为

$$P_{2ASK}(f)=\frac{1}{4}\left[P_s(f+f_c)+P_s(f-f_c)\right] \tag{6.10}$$

式中 $P_s(f)$ 为矩形脉冲的频谱（双边）。在 5.2.2 节中我们讨论过“1”、“0”等概率的单极性不归 0 矩形脉冲序列的单边谱式（5.4）：$P_{s单}(f)=\frac{1}{2}A^2T_s\mathrm{S_a}^2(\pi fT_s)+\frac{1}{4}A^2\delta(f)$。而式（6.10）中的 $P_s(f)$ 为双边功率谱，所以对式（5.4）的连续谱部分要乘以 1/2 因子，另外为讨论方便，设幅度 $A=1$，即

$$P_s(f)=\frac{1}{4}T_s\mathrm{S_a}^2(\pi T_s f)+\frac{1}{4}\delta(f) \tag{6.11}$$

代入式（6.10）得到

$$\mathrm{P}_{2ASK}(f)=\frac{T_s}{16}\left\{\mathrm{S}_a^2\left[\pi(f+f_c)T_s\right]+\mathrm{S}_a^2\left[\pi(f-f_c)T_s\right]\right\}+\frac{1}{16}\left[\delta(f+f_c)+\delta(f-f_c)\right] \tag{6.12}$$

与其对应的功率谱密度如图 6-16 所示。由图可见，传输 2ASK 信号的带宽是基带脉冲波形带宽的两倍，即

$$B_{2ASK}=2B_{基}=2f_s=2R_B \quad (\mathrm{Hz}) \tag{6.13}$$

2. 2FSK 信号的功率谱

二进制序列频移键控信号的时域表达式参见式（6.5）。对于相位不连续的 2FSK 信号，可以将其假定为两个幅移键控信号的叠加，参照 2ASK 信号功率谱密度的推导及假设，可写出

$$\begin{aligned}P_{2FSK}(f)&=P_{2ASK}(f_1)+P_{2ASK}(f_2)\\&=\frac{T_s}{16}\left[\left|\mathrm{S_a}\pi(f+f_1)T_s\right|^2+\left|\mathrm{S_a}\pi(f-f_1)T_s\right|^2+\left|\mathrm{S_a}\pi(f+f_2)T_s\right|^2+\left|\mathrm{S_a}\pi(f-f_2)T_s\right|^2\right]\\&\quad+\frac{1}{16}\left[\delta(f+f_1)+\delta(f-f_1)+\delta(f+f_2)+\delta(f-f_2)\right]\end{aligned} \tag{6.14}$$

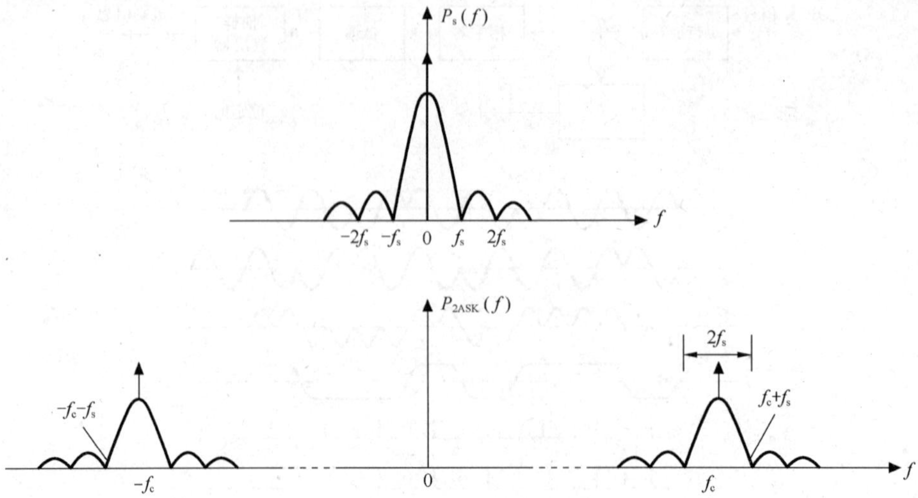

图 6-16　二进制振幅键控信号的功率密度示意图

当基带信号不含直流时，2FSK 信号的功率谱密度表达式中无冲激项。图 6-17 示出了两条功率谱密度曲线。图中两个连续谱的峰-峰距离由两个载频之差决定，若差值小于 f_s 则出现单峰（如波形 b）。波形 a 为差值等于 $2f_s$ 的情况，此时的两个载频 f_1、f_2 分别为 f_c+f_s 和 f_c-f_s。

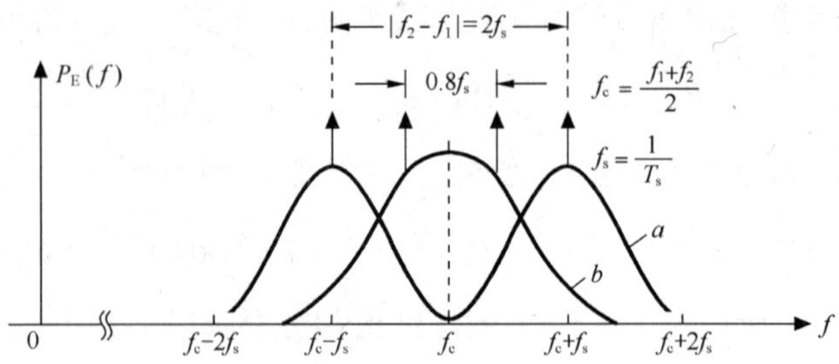

图 6-17　相位不连续 2FSK 信号的功率谱示意图（单边谱）

传输由单极性矩形脉冲序列调制产生的 2FSK 信号所需的带宽近似为

$$B_{2FSK}=|f_2-f_1|+2f_s \quad (\text{Hz}) \tag{6.15}$$

3．2PSK 信号的功率谱

2PSK 与 2ASK 已调信号的时域表达式在形式上完全相同，不同的仅仅是对 a_n 的定义。2PSK 中的 $s(t)$代表一个随机的双极性矩形脉冲序列，所以 a_n 的取值为±1，其功率谱密度用 $P_s'(f)$ 表示。如果与模拟调制类比，则 2ASK 相当于标准调幅 AM，而 2PSK 相当于抑制载波双边带调幅 DSB。

2PSK 信号的功率谱密度

$$P_{2PSK}(f)=P_{2ASK}(f)=\frac{1}{4}\left[P_s'(f+f_c)+P_s'(f-f_c)\right] \tag{6.16}$$

式中 $P_s'(f)$ 为随机双极性矩形脉冲序列的功率谱密度，可由式（5.7）除以 2 得到，代入上式

$$P_{2PSK}(f)=\frac{T_s}{4}\left\{\text{S}_a^2\left[\pi(f+f_c)T_s\right]+\text{S}_a^2\left[\pi(f-f_c)T_s\right]\right\} \tag{6.17}$$

可见，对于等概率出现的双极性基带信号，已调 2PSK 信号的功率谱密度中不存在离散谱。

连续谱形状与 2ASK 信号基本相同，所以具有相同的带宽

$$B_{2PSK}=B_{2ASK}=B_{基}=2f_s \quad (\text{Hz}) \tag{6.18}$$

6.2.5　二进制数字调制系统的抗噪声性能

数字信号载波传输系统的抗噪声性能是用误码率来衡量的。同第 5 章一样，计算误码率要在忽略码间串扰的前提下，只考虑加性噪声对接收机造成的影响。这里所说的加性噪声主要是指信道噪声，也包括接收设备噪声折算到信道中的等效噪声。

鉴于计算误码率的复杂性，表 6.1 中直接给出了各系统的误码率与接收机输入信噪比 r 的关系式。为便于比较，在图 6-18 中又示出了误码率 P_e 与输入信噪比 r 的关系曲线。

表 6.1　二进制频带传输系统误码率公式表

调制方式	解调方式	误码率 P_e	近似 P_e ($r>>1$)
ASK	相干	$\frac{1}{2}\text{erfc}\left(\frac{\sqrt{r}}{2}\right)$	$\frac{1}{\sqrt{\pi r}}e^{-r/4}$
	非相干		$\frac{1}{2}e^{-r/4}$
FSK	相干	$\frac{1}{2}\text{erfc}\left(\frac{\sqrt{r}}{2}\right)$	$\frac{1}{\sqrt{2\pi r}}e^{-r/2}$
	非相干	$\frac{1}{2}e^{-r/2}$	
PSK	相干	$\frac{1}{2}\text{erfc}\left(\sqrt{r}\right)$	$\frac{1}{2\sqrt{\pi r}}e^{-r}$
DPSK	差分相干	$\frac{1}{2}e^{-r}$	

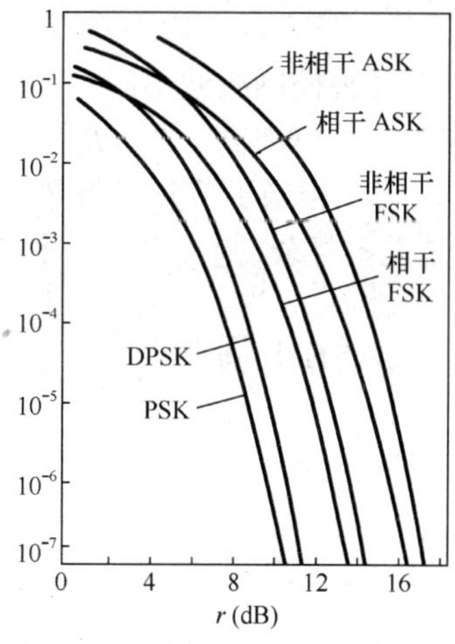

图 6-18　二进制频带传输系统 P_e-r 曲线

6.2.6　二进制数字调制系统的性能比较

通过前面的讨论，我们已经得出了各种二进制数字调制系统的频带宽度、调制解调方法

及与之对应的系统误码率，下面对不同二进制数字调制系统的基本性能作一比较。

1. 误码率

观察图6-18可见，r增大，P_e下降。对于同一种调制方式，相干解调的误码率小于非相干解调系统，但随着r的增大，二者差别减小。

当解调方式相同而调制方式不同时，在相同误码率条件下，相干PSK系统要求的信噪比r比FSK系统小3dB，FSK系统比ASK系统要求的r也小3dB，并且FSK、PSK、DPSK的抗衰落性能均优于ASK系统。

2. 判决门限

在2FSK系统中，不需要人为设置判决门限，仅根据两路解调信号的大小作出判决；2PSK和2DPSK系统的最佳判决门限电平为0，稳定性也好；ASK系统的最佳门限电平与信号幅度有关，当信道特性发生变化时，最佳判决门限电平会相应地发生变化，不容易设置，还可能导致误码率增加。

3. 频带宽度

当传码率相同时，PSK、DPSK、ASK系统具有相同的带宽，而FSK系统的频带利用率最低。

4. 设备复杂性

三种调制方式的发送设备的复杂性相差不多。接收设备中采用相干解调的设备要比非相干解调时复杂，所以除在高质量传输系统中采用相干解调外，一般应尽量采用非相干解调方法。

综合以上，在选择调制解调方式时，就系统的抗噪声性能而言，2PSK系统最好，但会出现倒相问题，所以2DPSK系统更实用；如果对数据传输率要求不高（1200bit/s或以下），特别是在衰落信道中传送数据，则2FSK系统又可作为首选。

6.3 多进制数字调制系统

用多进制（$M>2$）数字基带信号去控制载波不同参数的调制，称为多进制数字调制。采用多进制数字调制系统的优点首先是传信率高，$R_b=R_B\log_2 M$（bit/s）；其次在传信率相同的情况下与二进制数字调制系统作比较，相当于节省了带宽。

采用多进制调制系统的缺点是设备复杂，判决电平增多，误码率高于二进制数字调制系统。

6.3.1 多进制幅移键控（MASK）调制原理

M进制序列振幅键控信号的一般表达式

$$s_{\text{MASK}}(t)=\left[\sum_{n=-\infty}^{\infty}a_n g(t-nT_s)\right]\cos\omega_c t \tag{6.19}$$

式中$g(t)$是高为1、宽为T_s的矩形脉冲

$$a_n=\begin{cases}0 & \text{概率为}P_0\\ 1 & \text{概率为}P_1\\ \vdots & \vdots\\ M-1 & \text{概率为}P_{M-1}\end{cases} \tag{6.20}$$

满足：$P_0 + P_1 + \cdots + P_{M-1} = 1$。

MASK 调制波形示于图 6-19 中，图 6-19（b）波形是由图 6-19（c）中诸波形的叠加构成，即 MASK 信号是由 M 个不同振幅的 2ASK 信号叠加而成。由此，MASK 信号的功率谱也是这 M 个 2ASK 信号功率谱之叠加。MASK 信号的功率谱结构虽然复杂，但所占带宽却与每一个 2ASK 信号相同。

$$B_{\text{MASK}} = 2f_s \quad (\text{Hz}) \tag{6.21}$$

MASK 信号与 2ASK 信号产生的方法相同，可利用乘法器实现，不过由发送端输入的 k 位二进制数字基带信号需要经过一个电平变换器，转换为 M 电平的基带脉冲再送入调制器。

解调也与 2ASK 信号相同，可采用相干解调和非相干解调两种方式。

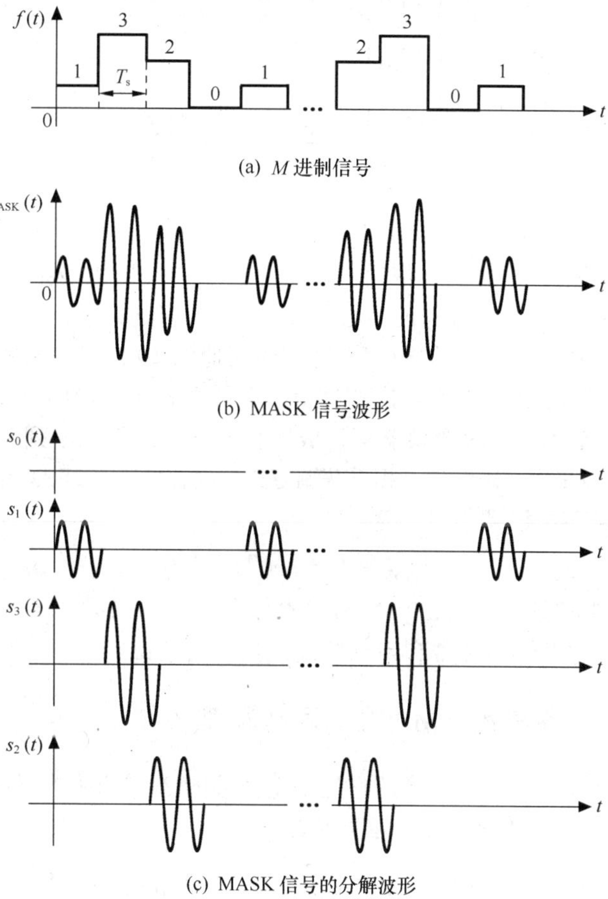

图 6-19　MASK 系统波形

6.3.2　多进制频移键控（MFSK）调制原理

多进制数字频率调制简称多频制，它基本上是二进制数字频率键控方式的直接推广。对于相位不连续的多频制系统，其原理框图如图 6-20 所示。

图中串/并变换和逻辑电路负责把 k 位二进制码转换成 M 进制码 ($2^k = M$)，然后由逻辑电路控制选通开关，在每一码元时隙内只输出与本码元对应的调制频率，经相加器衔接，送出 MFSK 已调波形。

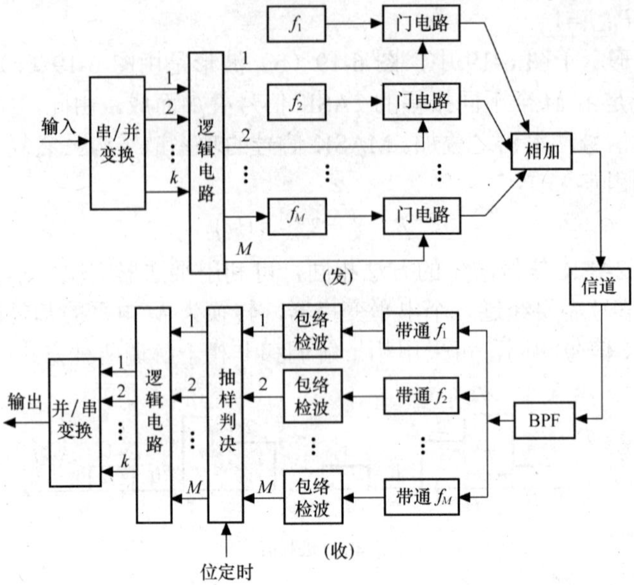

图 6-20　MFSK 系统原理框图

多频调制信号的解调器由多个带通滤波器、包络检波器以及抽样判决器、逻辑电路和并/串变换器组成。M 个带通滤波器的中心频率与 M 个调制频率相对应，这样当某个调制频率到来时，只有一个 BPF 有信号加噪声通过，而其他的 BPF 中输出的只有噪声。所以抽样判决器在判决时刻，要比较各 BPF 送出的样值，选最大者作为输出，逻辑电路再将其转换成 k 位二进制并行码，最后由并/串变换器变换成串行的二进制信息序列。

MFSK 信号也可以采用分路滤波、相干解调方式。读者可参照 2FSK 相干解调原理自行分析。

相位不连续的 MFSK 已调信号带宽

$$B_{\text{MFSK}} = f_{\text{h}} - f_{\text{i}} + 2f_{\text{s}} \quad (\text{Hz}) \tag{6.22}$$

式中 f_{h} 为 M 个载波中的最高载频，f_{i} 为 M 个载波中的最低载频，f_{s} 为码元速率。

由式可见，MFSK 系统的频带利用率较低，只能用于调制速率不高的传输系统中。

6.3.3　多进制相移键控（MPSK）调制原理

多进制数字相位调制简称多相制，它是用正弦波的 M 个相位状态来代表 M 组二进制信息码元的调制方式，因此 MPSK 信号可表示为

$$s_{\text{MPSK}}(t) = \sum_{k=-\infty}^{\infty} g(t-kT_{\text{s}})\cos(\omega_{\text{c}}t+\phi_n) = \sum_{k=-\infty}^{\infty} a_k g(t-kT_{\text{s}})\cos\omega_{\text{c}}t - \sum_{k=-\infty}^{\infty} b_k g(t-kT_{\text{s}})\sin\omega_{\text{c}}t \tag{6.23}$$

式中

$$a_k = \cos\phi_n$$

$$b_k = \sin\phi_n$$

ϕ_n 为受调相位，有 M 种取值。例如可以设 $\phi_n = n2\pi/M$，($n=0$，1，2，…，M−1)，若取 $M=4$，就得到如表 6.2 所示之方式 A 中的 4 个相位。方式 A 称为π/2 系统，方式 B 称为 π/4 系统，也可以用矢量表示，如图 6-21 所示，图中虚线为参考（基准）相位。

表 6.2　　双比特码元与载波相位的关系

双比特码元		载波相位	
a	b	A 方式	B 方式
0	0	0	$-3\pi/4$
1	0	$\pi/2$	$-\pi/4$
1	1	π	$\pi/4$
0	1	$-\pi/2$	$3\pi/4$

与 2PSK 一样，MPSK 也有绝对相移键控和相对相移键控两种调制方式。对绝对相移键控 MPSK 而言，基准相位是未调载波的初相，M 种码元的组合对应着载波的 M 个相位。对相对相移键控 MDPSK 而言，基准相位是前一码元载波的末相。

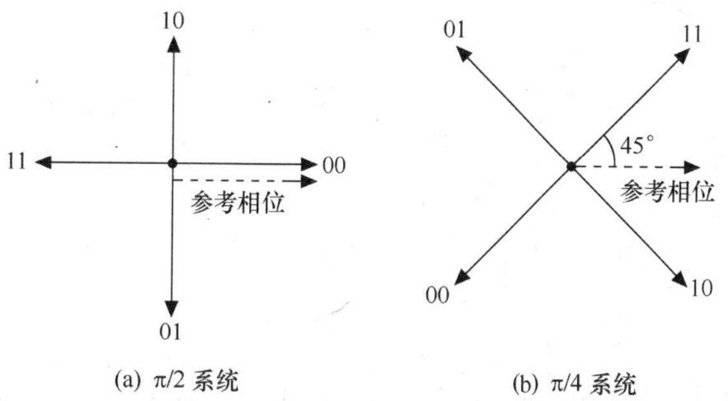

图 6-21　QPSK 信号的矢量图

这两种调制方式中的 ϕ_n 都是定值，a_k、b_k 均为常数。式（6.23）表明 MPSK 信号可以等效为两个正交载波进行多电平双边带调幅所产生的已调波之和，故多相调制的带宽计算与多电平振幅调制时相同。

$$B_{\text{MPSK}} = B_{\text{MASK}} = 2f_s \quad (\text{Hz}) \tag{6.24}$$

又因为调相时并不改变载波的幅度，所以与 MASK 相比，MPSK 大大提高了信号的平均功率，是一种高效的调制方式。

一般来说，在 MPSK 中 $M=4$、$M=8$ 较为常见，M 再大，则误码率的影响不容忽视。下面我们讨论 $M=4$ 的情况。按照表 6.2 首先将二进制信息序列分成双比特码组，设 a 为前一个信息比特，b 为后一个信息比特。若调制码元宽度仍为 T_s，载波周期取 T_0，且 $T_s=T_0$，那么两个相位系统、两种调制方式的已调波形如图 6-22 所示。

1．四相绝对相移键控（QPSK 或 4PSK）信号的产生和解调

四相 PSK 调制波形可看作是两路正交双边带信号的合成，因此可由图 6-23 所示方法产生。首先，串/并变换器将二进制信息序列分成双比特码组（A 路、B 路），再由单/双极性变换器将 0、1 码转换为±1 码送入调制器与载波相乘，形成正交的两路双边带信号，加法器完成信号合成。显然，按图示方框产生的已调信号属于 π/4 系统（如果需要产生 π/2 系统的 PSK 信号，应将载波移相 π/4）。

对应上述 π/4 系统的解调，可参照 2PSK 信号的解调方法，用两个正交的相干载波分别与 A、B 两路接收信号相乘，经低通滤波器滤除高次谐波、抽样判决之后，再由并/串变换器将两路信号恢复成串行的二进制信息序列。解调方案如图 6-24 所示，判决准则示于表 6.3 中。

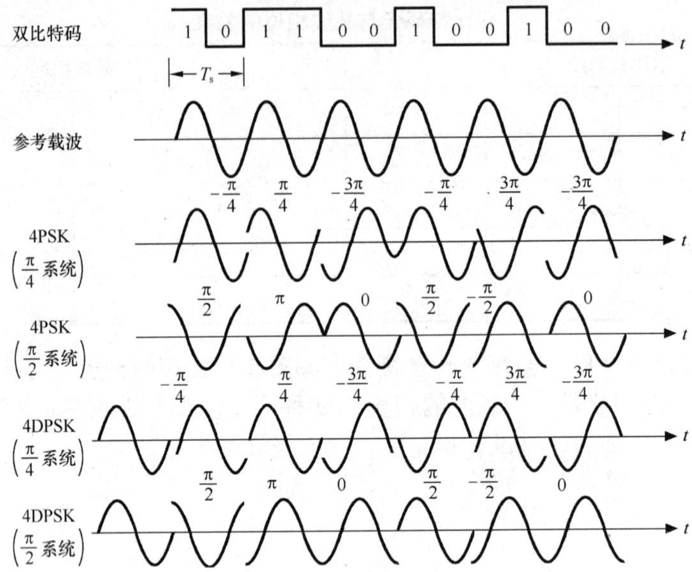

图 6-22　四相 PSK、DPSK 信号的调制波形

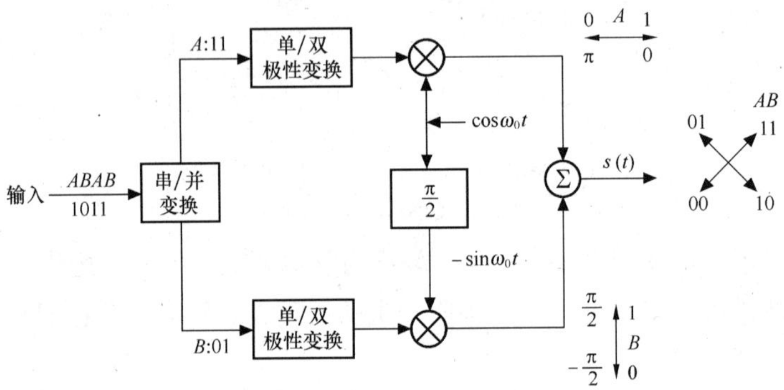

图 6-23　$\frac{\pi}{4}$ 系统 QPSK 信号产生原理框图

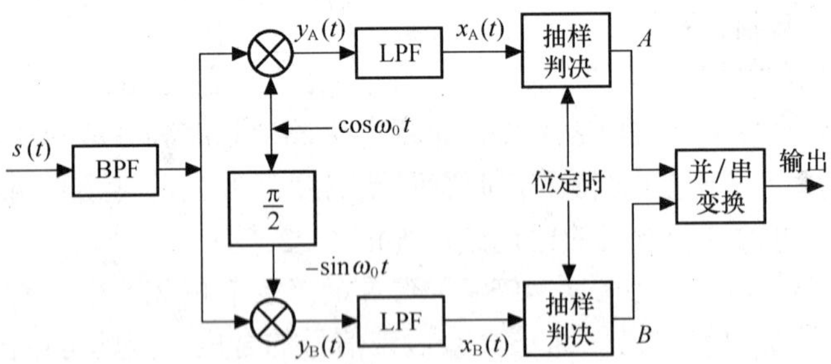

图 6-24　$\frac{\pi}{4}$ 系统 QPSK 信号解调原理框图

表 6.3　$\frac{\pi}{4}$ 系统判决器判决准则

符号相位 φ_n	$\cos\varphi_n$ 的极性	$\sin\varphi_n$ 的极性	判决器输出	
			A	B
π/4	+	+	1	1
3π/4	—	+	0	1

续表

符号相位 φ_n	$\cos\varphi_n$ 的极性	$\sin\varphi_n$ 的极性	判决器输出	
			A	B
5π/4	—	—	0	0
7π/4	+	—	1	0

2. 四相相对相移键控（QDPSK 或 4DPSK）信号的产生和解调

与 2PSK 相干解调一样，对 QPSK 信号相干解调也会出现相位模糊现象，所以更实用的相移键控方式应为 QDPSK。

能够产生π/2 系统的 QDPSK 信号的原理框图如图 6-25 所示，图中在串/并变换器的后面增加了一个码变换器，它负责把绝对码变换为相对码（差分码）。

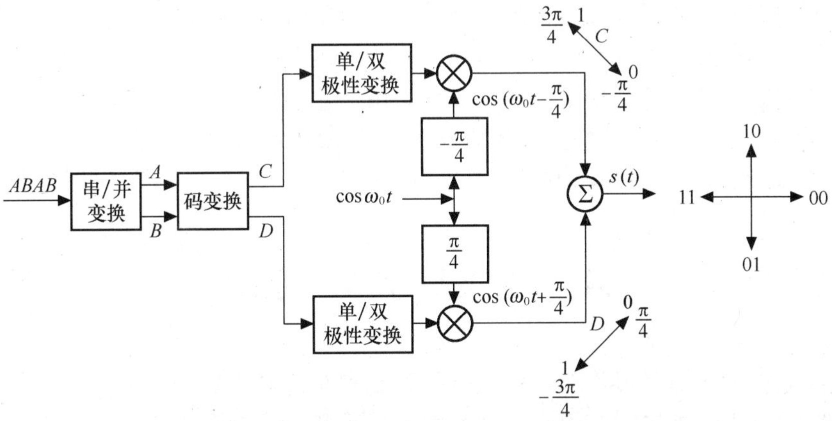

图 6-25　π/2 系统 DPSK 信号产生原理框图

QDPSK 信号的解调也有相干解调和差分相干解调两种方式。相干解调时要加码反变换器，如图 6-26 所示，差分相干解调方案如图 6-27 所示。

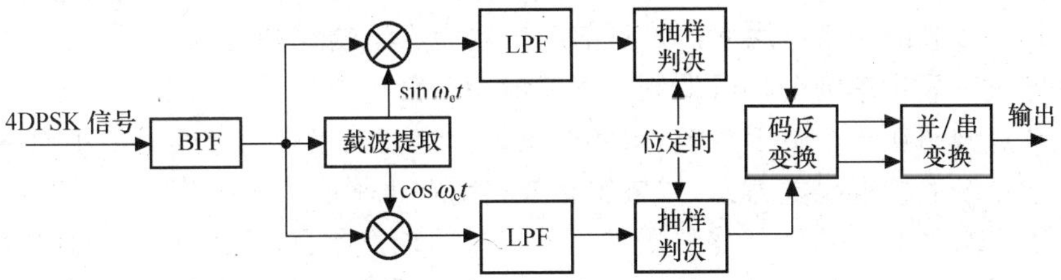

图 6-26　4DPSK 信号相干解调加码反变换器方式原理图

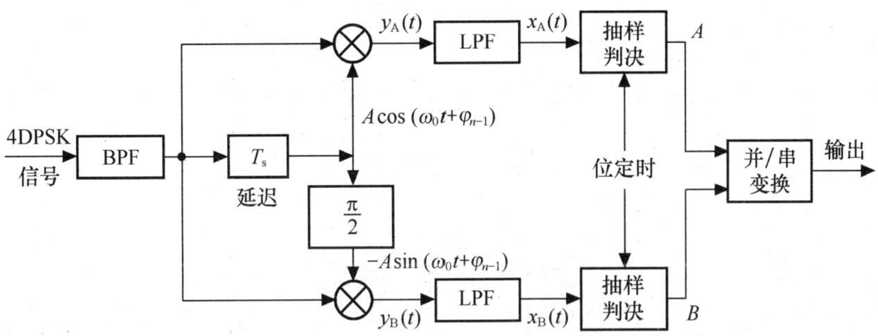

图 6-27　π/4 系统 DPSK 信号差分相干解调原理框图

6.3.4 多进制数字调制系统的抗噪声性能

同二进制一样，M进制数字调制系统的抗噪声性能也不作推导。就MASK调制而言，由于发送端产生的M个电平（振幅）之间的间隔小于二进制的间隔，故接收端取样判决时M进制ASK的误码率通常远大于二进制。当功率受限时，M越大误码越严重。在图6-28中示出$M=2$、4、8、16…情况，在满足相同P_e的前提下，4电平系统比2电平系统所需信噪比要高出5倍（7dB）。

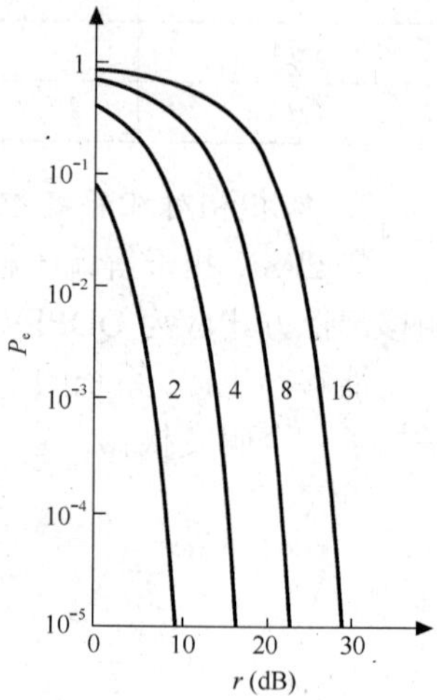

图6-28 MASK系统的性能曲线

多进制移频键控系统的误码率与二进制系统相比增加不多，但是当M增加时，P_e随之增加。多相调制与多电平调制相比虽然所占带宽、信息速率以及频带利用率相同，但由于多相调制是恒包络调制，发信机的功率得到了充分利用，它的平均功率大于多电平调制。在相同误码率指标下，所需信噪比$r_{PSK} < r_{ASK}$。目前在卫星、微波等领域广泛采用多相调制。

6.4 现代数字调制技术

随着数字通信的迅速发展，对传输频带的限制和对传输质量的要求越来越高。为进一步减小信道带宽、减小带外幅射、提高功率利用率，研究人员在不断开发新技术。

6.4.1 正交幅度调制（QAM）

正交幅度调制（QAM）是幅度和相位联合键控APK的一种调制方式。它可以提高系统的可靠性，具有较高的频带利用率，是目前应用较为广泛的一种调制方式。

如果用矢量图表示单纯的幅度调制，其矢量端点分布在一条直线上；表示单纯的相位调制，其矢量端点分布在一个圆上。随着M的增加，这些矢量端点之间的最小距离d_0也随之变小（d_0表示系统的抗误码能力）。如果想充分利用整个平面，则需将各矢量端点重新布局，以争取在d_0损失不大的情况下，尽量增加信号矢量的端点数目，这时可以选择幅度与相位相结合的调制方式，即幅相键控（APK）。目前被建议用于数字通信系统中的一种APK是16进制和64进制的QAM。

通常，把信号矢量端点的分布图称为星座图。以16进制为例，在图6-29中所示的两个单位圆上分别画出了16PSK和16QAM的星座图。星座图上各端点之间的最小距离满足下式

$$d_{\text{MPSK}} = 2\sin\left(\frac{\pi}{M}\right)$$

$$d_{\text{MQAM}} = \frac{\sqrt{2}}{L-1} = \frac{\sqrt{2}}{\sqrt{M}-1}$$

式中M为进制数，L为星座图上信号点在x轴和y轴上的投影数目，$L=M^{1/2}$。

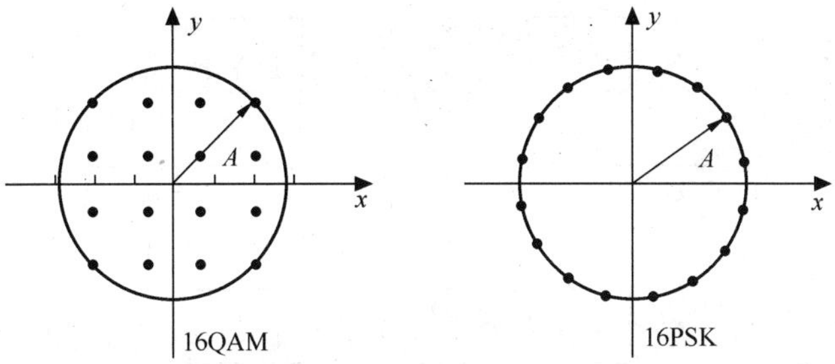

图 6-29　16QAM 和 16PSK 信号的星座图

在 16PSK 信号的星座图上，各信号点之间的距离 $d_{16PSK}=2\sin(\pi/16)=0.39$；在 16QAM 信号的星座图上，$d_{16QAM}=2^{1/2}/(L-1)=2^{1/2}/(4-1)=0.47$。只有在 $M=4$ 时二者一样（$d_{4PSK}=d_{4QAM}=\sqrt{2}$）。

正交幅度调制信号的时域表达式可写成

$$s_{QAM}(t)=\left[\sum_{n=-\infty}^{\infty}A_n g(t-nT_s)\right]\cos(\omega_c t+\phi_n) \tag{6.25}$$

式中 A_n 为第 n 个码元的幅度；ϕ_n 为第 n 个码元的初始相位；$g(t)$是高为 1、宽为 T_s 的矩形基带脉冲。利用三角公式进一步展开

$$s_{QAM}(t)=\left[\sum_{n=-\infty}^{\infty}A_n g(t-nT_s)\cos\phi_n\right]\cos\omega_c t-\left[\sum_{n=-\infty}^{\infty}A_n g(t-nT_s)\sin\phi_n\right]\sin\omega_c t \tag{6.26}$$

令

$$A_n\cos\phi_n=X_n,\ -A\sin\phi_n=Y_n \tag{6.27}$$

X_n、Y_n代表已调信号在信号空间中的坐标位置有 L 个幅度（$L^2=M$），代入式（6.26）

$$\begin{aligned}s_{QAM}(t)&=\left[\sum_{n=-\infty}^{\infty}X_n g(t-nT_s)\right]\cos\omega_c t+\left[\sum_{n=-\infty}^{\infty}Y_n g(t-nT_s)\right]\sin\omega_c t\\&=m_I(t)\cos\omega_c(t)+m_Q(t)\sin\omega_c(t)\end{aligned} \tag{6.28}$$

式中 $m_I(t)=\sum_{n=-\infty}^{\infty}X_n g(t-nT_s)$、$m_Q(t)=\sum_{n=-\infty}^{\infty}Y_n g(t-nT_s)$ 为两个通道的基带信号。所以上式可看作是用两个独立的基带波形对两个正交的同频载波进行抑制载波双边带调制的结果。它在同一带宽内利用已调信号频谱正交的性质实现了两路并行的数字信息传输。

正交振幅调制系统的组成方框图如图 6-30 所示，图中低通滤波器的作用是对调制前的基带信号做限带处理，4 进制的 $I(t)$、$Q(t)$的波形与 QPSK 中的 $I(t)$、$Q(t)$相同，示于图 6-33 中。

由于 QAM 信号采用相干解调方式，故系统误码率性能与 4PSK 系统相同。

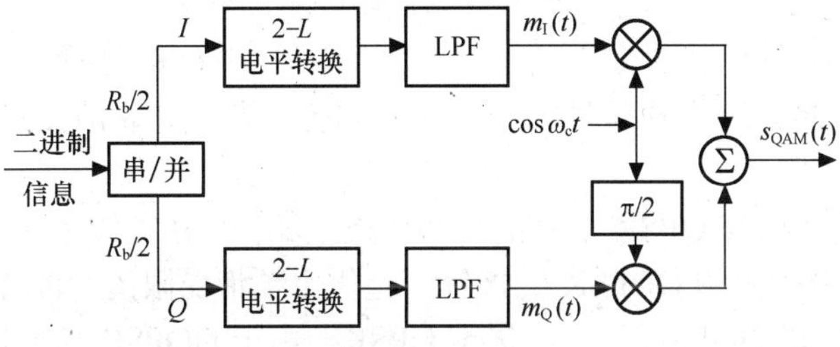

(a) 调制器

图 6-30　MQAM 调制器与解调器

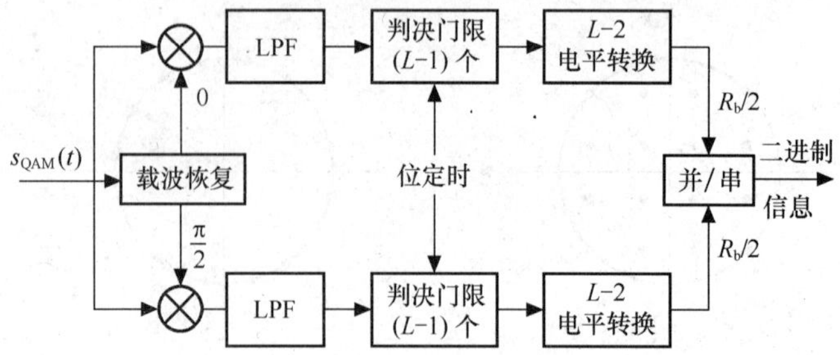

(b) 解调器

图 6-30　MQAM 调制器与解调器（续）

6.4.2　偏移四相相移键控 OQPSK(Offset Quadri-Phase Shift Keying)

在讨论 QPSK 调制信号时，曾假定每个符号的包络是矩形，并认为信号的振幅包络在调制中是恒定不变的。但是当它通过限带滤波器进入信道时，其功率谱的旁瓣（信号中的高频成分）会被滤除，所以限带后的 QPSK 信号已不能保持恒包络，特别是在相邻符号间发生 180° 相移（例如 10→01，00→11）时，限带后还会出现包络为 0 的现象，如图 6-31 所示。

为了减小包络起伏作一改进：在对 QPSK 作正交调制时，将正交路 $Q(t)$的基带信号相对于同相路 $I(t)$的基带信号延迟半个码元 $T_s/2$ 时隙。这种调制方法称为偏移四相相移键控（OQPSK）又称参差四相相移键控 SQPSK(Staggered QPSK)。

将正交路 $Q(t)$的基带信号偏移 $T_s/2$ 后，相邻 1 比特信号的相位只可能发生±90° 的变化，故星座图中的信号点只能沿正方形四边移动，消除了已调信号中相位突变 180° 的现象，如图 6-32 所示。经限带滤波器后，OQPSK 信号中包络的最大值与最小值之比约为 $2^{1/2}$，不再出现比值无限大的现象。

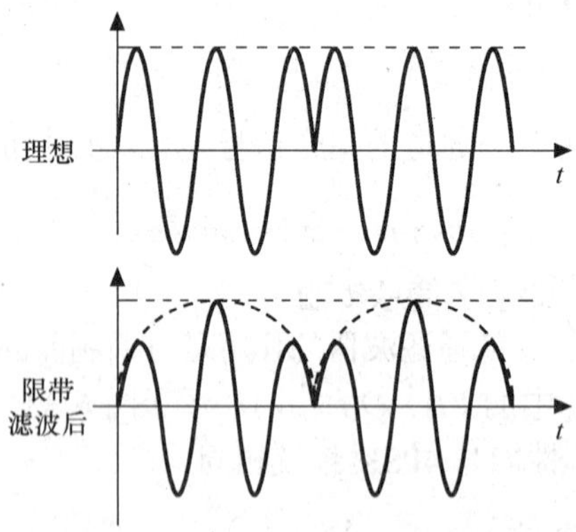

图 6-31　QPSK 信号限带前后的波形

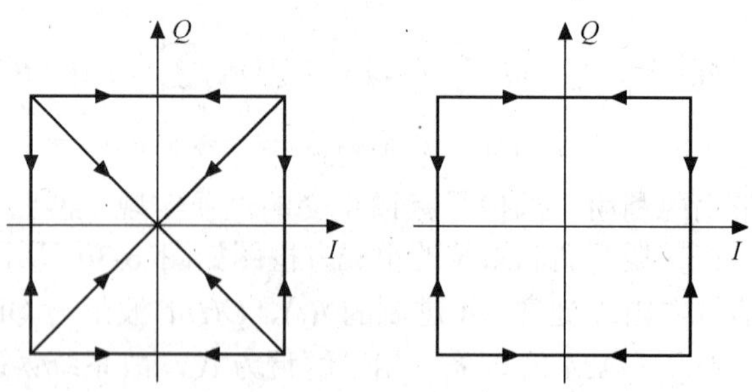

(a) QPSK　　(b) OQPSK

图 6-32　相位转移图

OQPSK 信号的调制、解调方框图请参考相关文献，其同相路 $I(t)$、正交路 $Q(t)$的典型波形图分别示于图 6-33 中。

OQPSK 信号的功率谱与 QPSK 信号的功率谱形状相同，其主瓣包含功率的 92.5%，第一个零点在 $0.5f_s$ 处。频带受限的 OQPSK 信号包络起伏比频带受限的 QPSK 信号小，经限幅放大后频谱展宽得少，所以 OQPSK 的性能优于 QPSK，由于 OQPSK 信号采用相干解调方式，因此其误码性能同相干解调的 QPSK。

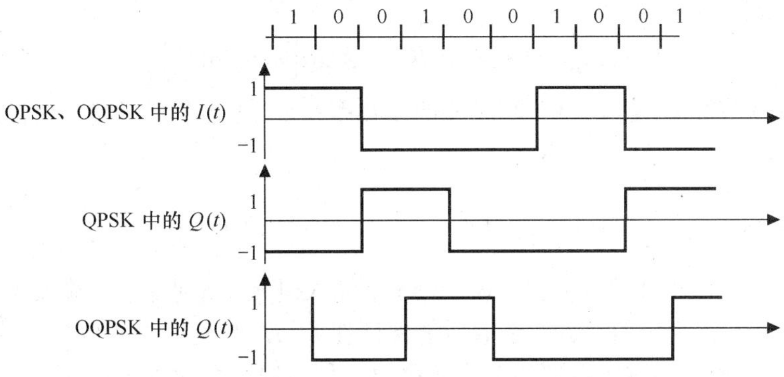

图 6-33　QPSK、OQPSK 信号中的同相和正交基带信号

6.4.3　π/4-QPSK

OQPSK 信号经窄带滤波后不再出现包络为 0 的情况；但仍要采用相干解调方式，这是我们所不希望的。现在北美和日本的数字蜂窝移动通信系统中采用了 π/4-QPSK 调制方式，它不但消除了倒 π 现象，还可以采用差分相干解调技术。

π/4-QPSK 调制系统把已调信号的相位均匀等分为 8 个相位点，分成∘和 • 两组，已调信号的相位只能在两组之间交替选择，这样就保证了它在码元转换时刻的相位突跳只可能出现 ±π/4 或±3π/4 四种情况之一，其矢量状态转换图如图 6-34 所示（为方便对比，图中还示出了 QPSK 的矢量状态转换图）。

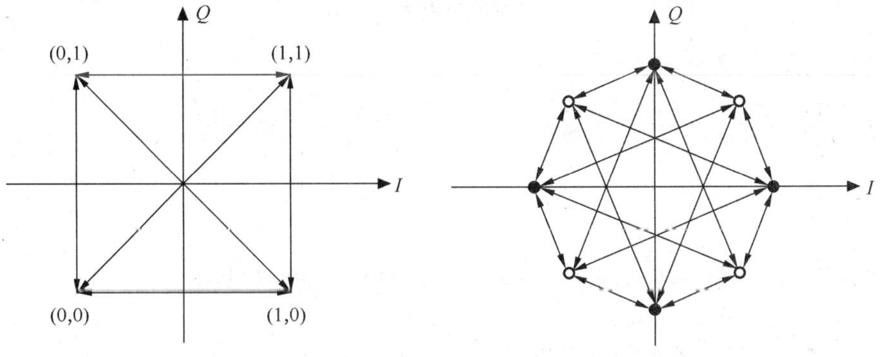

(a) QPSK　　(b) π/4-QPSK

图 6-34　相位矢量状态转换图

6.4.4　最小频移键控（MSK）

在前面介绍的 2FSK 调制方式中，不同频率的载波信号来自于两个独立的振荡源，已调信号在频率转换点上的相位可以不连续，因而功率谱中旁瓣分量很大，经带限后会引起包络起伏。为克服上述缺点可采用连续相位的频移键控 CPFSK（Continual Phase FSK）技术。目前，移动通信系统中大量采用的最小频移键控 MSK（Minimum Shift Keying）就是 CPFSK 技术中的一种。

1. MSK 数字调制技术的特点

它的调制指数 $h = 1/2$，具有正交信号的最小频差，在相邻符号交界处其相位路径的变化连续，能产生恒定包络。

MSK 的时域表达式

$$s_{\mathrm{MSK}}(t)=A\cos\theta(t)=A\cos\left[\omega_{\mathrm{c}}t+\phi(t)\right] \tag{6.29}$$

式中 $\omega_{\mathrm{c}}=(\omega_1+\omega_2)/2$, ω_1 是发“1”时对应的角频率；ω_2 是发“0”时对应的角频率，$\phi(t)$ 是附加相位。

$$\phi(t)=\frac{a_i\pi t}{2T_{\mathrm{s}}}+\phi_i \qquad (i-1)T_{\mathrm{s}}<t\leqslant iT_{\mathrm{s}} \tag{6.30}$$

式中第一项为频偏，a_i 取值±1，表示第 i 个输入码元；ϕ_i 是第 i 个输入码元的起始相位，在一个码元周期 T_{s} 内为定值，ϕ_i 的选取应能保证在 $t=iT_{\mathrm{s}}$ 时刻信号相位变化的连续性。

为得到 MSK 数字调制所需要的两个频率值，现对总相角求微分

$$\frac{\mathrm{d}\theta(t)}{\mathrm{d}t}=\omega_{\mathrm{c}}+\frac{a_i\pi}{2T_{\mathrm{s}}}=\begin{cases}2\pi\left[f_{\mathrm{c}}+f_{\mathrm{s}}/4\right]=2\pi f_1 & a_i=+1\\ 2\pi\left[f_{\mathrm{c}}-f_{\mathrm{s}}/4\right]=2\pi f_2 & a_i=-1\end{cases}$$

解出

$$\begin{aligned}f_1&=f_{\mathrm{c}}+f_{\mathrm{s}}/4\\ f_2&=f_{\mathrm{c}}-f_{\mathrm{s}}/4\end{aligned} \tag{6.31}$$

最小频差

$$\Delta f=\left|f_1-f_2\right|=\frac{1}{2T_{\mathrm{s}}}=\frac{f_{\mathrm{s}}}{2} \tag{6.32}$$

调制指数

$$h=\Delta f/f_{\mathrm{s}}=\frac{1}{2} \tag{6.33}$$

2. 满足正交性的条件

载波频率 $f_{\mathrm{c}}=\frac{1}{2}(f_1+f_2)$；（6.34）

最小频差 $\Delta f=\frac{f_{\mathrm{s}}}{2}$；（6.35）

码元间隔 $T_{\mathrm{s}}=\frac{nT_{\mathrm{c}}}{4}$——每一码元周期内含四分之一载波周期的整数倍；（6.36）

或 $f_{\mathrm{c}}=\frac{n}{4T_{\mathrm{s}}}=\frac{nf_{\mathrm{s}}}{4}$——载波频率应取四分之一码元速率的整数倍。（6.37）

3. 相位常数

相位常数的选取应能保证在前后码元转换时的相位路径连续，即第 i 个码元的起始相位应等于第 $i-1$ 个码元的末相。换言之，在 $t=iT_{\mathrm{s}}$ 时刻应保证两个相邻码元的附加相位 $\phi(t)$ 相等，即

$$\left(\frac{a_{i-1}\pi}{2T_{\mathrm{s}}}\right)iT_{\mathrm{s}}+\phi_{i-1}=\left(\frac{a_i\pi}{2T_{\mathrm{s}}}\right)iT_{\mathrm{s}}+\phi_i$$

解出相位常数

$$\phi_i=\phi_{i-1}+(a_{i-1}-a_i)\frac{i\pi}{2} \qquad (\text{模}2\pi)$$

或
$$\phi_i=\begin{cases}\phi_{i-1}\pm i\pi, & a_{i-1}\neq a_i\\ \phi_{i-1}, & a_i=a_{i-1}\end{cases} \tag{6.38}$$

此式说明两个相邻码元之间的相位存在着相关性，对相干解调来说，ϕ_i 的起始参考值若假定为 0，则

$$\phi_i=0 \text{ 或}\pi \qquad （模 2\pi） \tag{6.39}$$

4. 附加相位的变化轨迹

附加相位函数 $\phi(t)$ 在数值上等于由 MSK 调制的总相角 $\theta(t)$ 减去随时间线性增长的载波相位 $\omega_c t$ 得到的剩余相位，其表达式（6.30）本身是一个斜线方程，斜率为 $a_i\pi/2T_s$，截距是 ϕ_i，另外由于 a_i 的取值为±1，故 $(a_i\pi/2T_s)t$ 是一个以码元宽度 T_s 为段的、分段线性的相位函数，在任一个码元期间内 $\phi(t)$ 的变化量总是 $a_i\pi/2$，即 $a_i=+1$ 时线性增加 $\pi/2$；$a_i=-1$ 时线性减小 $\pi/2$。

图 6-35 给出了当输入二进制数据序列为 1101000 时，信号的初相角以及附加相位的变化轨迹。

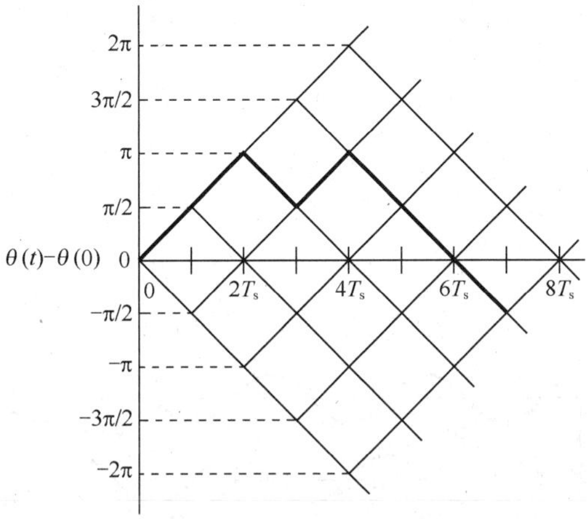

图 6-35　MSK 的相位网格图

5. MSK 信号的产生

展开式（6.29），$s_{\text{MSK}}(t)=\cos\left[\omega_c t+\phi(t)\right]=\cos\phi(t)\cos\omega_c t-\sin\phi(t)\sin\omega_c t$　　（6.40）

式中

$$\cos\phi(t)=\cos\left(\frac{a_i\pi t}{2T_s}+\phi_i\right)=\cos\left(\frac{a_i\pi t}{2T_s}\right)\cos\phi_i=\cos\left(\frac{\pi t}{2T_s}\right)\cos\phi$$

$$-\sin\phi(t)=-\sin\left(\frac{a_i\pi t}{2T_s}+\phi_i\right)=-\sin\left(\frac{a_i\pi t}{2T_s}\right)\cos\phi_i=-a_i\sin\left(\frac{\pi t}{2T_s}\right)\cos\phi_i$$

令 $\cos\phi_i=I_i$，$-a_i\cos\phi_i=Q_i$，则

$$s_{\text{MSK}}(t)=I_i\cos\left(\frac{\pi t}{2T_s}\right)\cos\omega_c t+Q_i\sin\left(\frac{\pi t}{2T_s}\right)\sin\omega_c t \qquad (i-1)T_s<t\leqslant iT_s \tag{6.41}$$

式中 I_i 是同相分量基带信号的等效数据，Q_i 是正交分量基带信号的等效数据，参考（6.38）式可算出其值，它们与原始数据有关，可以由原始数据差分编码得到。

$\cos(\pi t/2T_s)$ 和 $\sin(\pi t/2T_s)$ 为加权函数（调制函数），是同相路和正交路基带信号的包络，在表 6.4 中给出了 MSK 信号的变换关系。

表 6.4　　**MSK 信号的变换关系**

i	0	1	2	3	4	5	6	7	8	9	10	11	12	13	14	15	16	17	18	19	20
输入数据 a_i	1	1	1	−1	1	−1	−1	1	1	1	1	−1	1	−1	−1	−1	1	−1	−1	1	1
差分编码	−1	1	−1	−1	1	1	1	−1	1	−1	1	1	−1	−1	−1	−1	1	1	1	−1	1
同相数据 I_i		1		−1		1		−1		−1		1		−1		−1		1		−1	
正交数据 Q_i			−1		1		1		1		1		−1		−1		1		1		1
φ_i（模 2π）	0	0	0	π	π	0	0	π	π	π	π	0	0	π	π	π	π	0	0	π	π
$I_i=\cos\varphi_i$		1	1	−1	−1	1	1	−1	−1	−1	−1	1	1	−1	−1	−1	−1	1	1	−1	−1
$Q_i=a_i\cos\varphi_i$			−1	−1	1	1	1	1	1	1	1	1	−1	−1	−1	−1	1	1	1	1	1
频率	f_2	f_2	f_2	f_1	f_2	f_1	f_1	f_2	f_2	f_2	f_2	f_1	f_2	f_1	f_1	f_1	f_2	f_1	f_1	f_2	f_2

按式（6.41）构成的 MSK 调制器原理框图如图 6-36 所示，各点波形如图 6-37 所示。

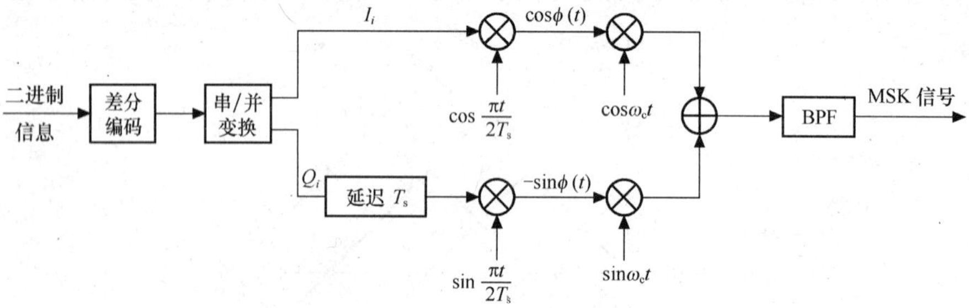

图 6-36　MSK 调制器原理框图

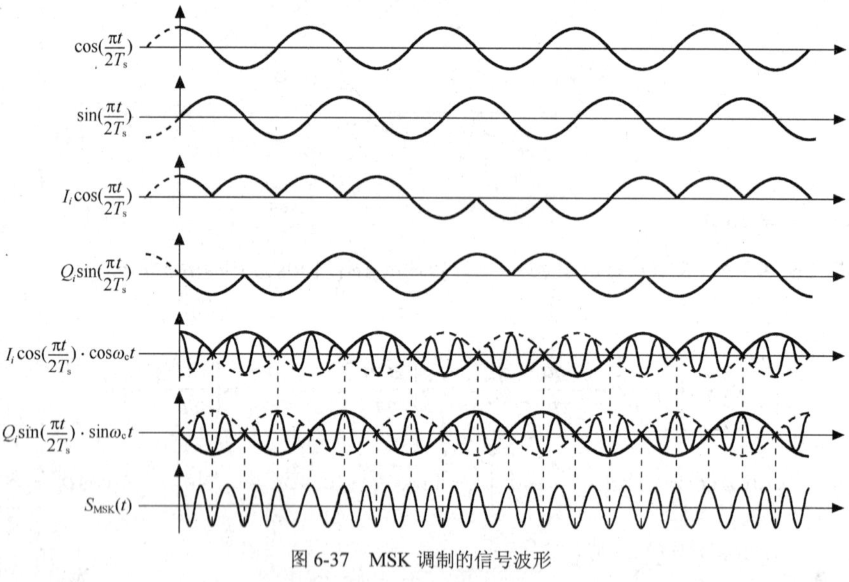

图 6-37　MSK 调制的信号波形

信号的解调与 FSK 相似，可采用相干或非相干解调。

6.4.5　其他恒包络调制

为了适合限带传输，希望调制信号的功率谱主瓣越窄、滚降速度越快、旁瓣所含的功率分量越小、相位路径越平滑越好。

MSK 信号相位路径的变化虽然连续，但是在符号转换时刻呈现尖角，即此时相位路径的斜率变化并不连续，因而影响了已调信号频谱的衰减速度，带外幅射较强。下面围绕着怎样使符号转换时刻相位路径的斜率变化也连续，再介绍几种恒包络调制。

1. 正弦频移键控 SFSK

SFSK 信号的相位路径是在 MSK 线性变化的直线段上叠加一个正弦变化，因此在符号转换时刻的相位路径轨迹圆滑、斜率变化连续，且一个符号内相位的变化量仍为 90°，其相位路径如图 6-38 所示。这一改进使得 SFSK 信号频谱在主瓣之外的衰减速度加快，减小了带外幅射。但由于 SFSK 信号把 MSK 信号在每个符号内的直线也改成了曲线，导致 SFSK 信号频谱的主瓣宽度比 MSK 的还宽（参看图 6-40），所以影响了 SFSK 信号的应用。

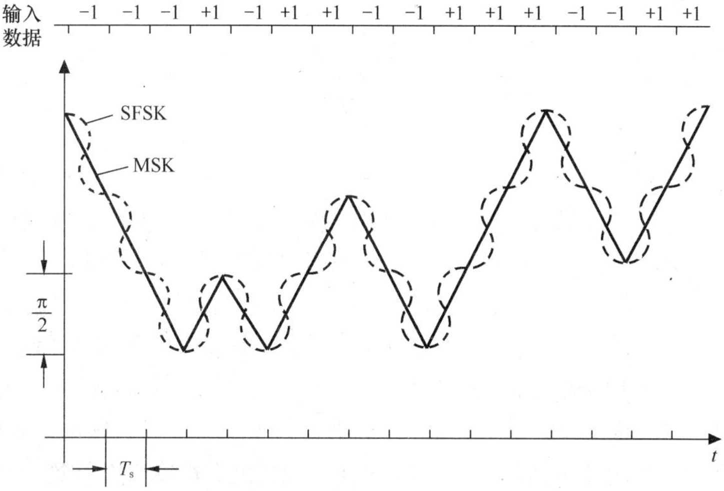

图 6-38　SFSK 信号相位轨迹图

2. 高斯最小频移键控 GMSK

在移动通信中，对信号带外辐射功率限制十分严格，必须衰减 70～80dB 甚至更高，MSK 不能满足要求，这样就推出了 MSK 的改进型——高斯最小频移键控 GMSK。GMSK 以 MSK 为基础，在 MSK 调制之前增加一个高斯低通滤波器，其相位路径在符号转换时刻的轨迹比 SFSK 调制更加圆滑、流畅，如图 6-39 所示。GMSK 信号频谱的主瓣宽度由高斯低通滤波器的带宽决定，如果选择恰当，能使 GMSK 信号的带外辐射功率小到可以满足移动通信的要求。

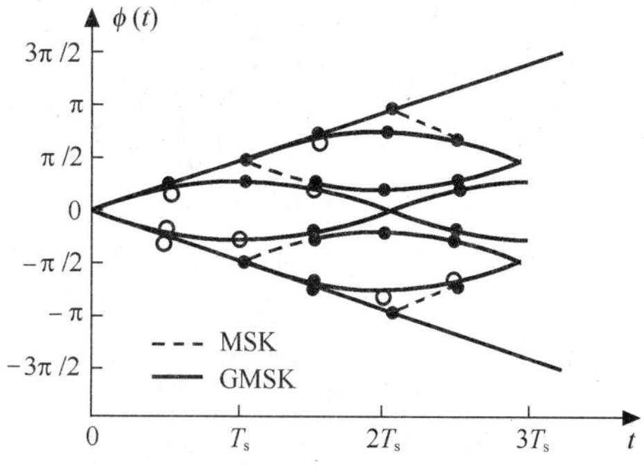

图 6-39　GMSK 信号相位轨迹图

3. 平滑调频（TFM）

下面介绍一种被称为相关相位键控（Cor-PSK）的新调制方式。它采用部分响应技术，在一组码元之间引入一定的相关性，既保留了包络恒定、频谱主瓣窄的优点，同时还做到了相位连续、变化轨迹平滑，因此大大压低了带外辐射。

根据相关编码输入和输出的电平数不同，部分响应编码的规则也不一样，可以产生出不同类型的 Cor-PSK。其中一种相关相位键控[2−5, $(1+D)^2$]，称为平滑调频（Tamed FM），其部分响应编码多项式为$(1+D)^2$，输入 a_i 有两种电平：±1，而编码输出 b_i 为 5 种电平。TFM 的相关编码表达式为

$$b_i = (a_{i-1} + 2a_i + a_{i+1})/2 \tag{6.42}$$

定义在一个符号间隔内的相移$\Delta\phi_i$为

$$\Delta\phi_i = \phi[(i+1)T_s] - \phi(iT_s) = b_i(2\pi/n) \tag{6.43}$$

式中 n 为一个固定的正整数，它是信号选取的相位数，$2\pi/n$ 表示相位的最小增量。对 TFM，取 $n=8$，即

$$\Delta\phi_i = b_i(\pi/4) = (a_{i-1} + 2a_i + a_{i+1})\pi/8 \tag{6.44}$$

由于 a_i 是取值为±1 的双极性码，所以 TFM 信号在各码元内的相位变化是不均匀的，$\Delta\phi_i$ 的可能取值为 0，$\pm\pi/4$ 和$\pm\pi/2$，见表 6.5。

表 6.5　$\Delta\phi_i$的取值

码元组合	+++	−−−	+−+	−+−	++−	+−−	−++	−−+
$\Delta\phi_i$	$+\pi/2$	$-\pi/2$	0	0	$+\pi/4$	$-\pi/4$	$+\pi/4$	$-\pi/4$

可以看出：当连续 3 个数据 a_{i-1}，a_i，a_{i+1} 的极性相同时，TFM 信号相位变化 $\pi/2$；当连续 3 个数据极性交替时，TFM 信号相位不变；其余 4 种情况相位的变化是 $\pi/4$。

TFM 信号的相位路径轨迹变化情况示于图 6-40 中（作为比较，图中还画出了 SFSK 和 MSK 信号的相位变化轨迹），图中显示在码元转换点处，TFM 的相位变化相当平滑，因此 TFM 的频谱特性非常好。在图 6-41 中给出了 TFM、MSK、SFSK 和 QPSK 的功率谱，由图可见，TFM 主瓣窄且带外衰减比 MSK 快得多，当$|f-f_0|>f_s$时，TFM 的功率谱衰减可达 60dB 以上。

理论上已经证明，在理想情况下，TFM 的误码性能仅比 QPSK 性能恶化 1dB 左右。所以 TFM 调制方式在有效性和可靠性两方面都得到了兼顾。

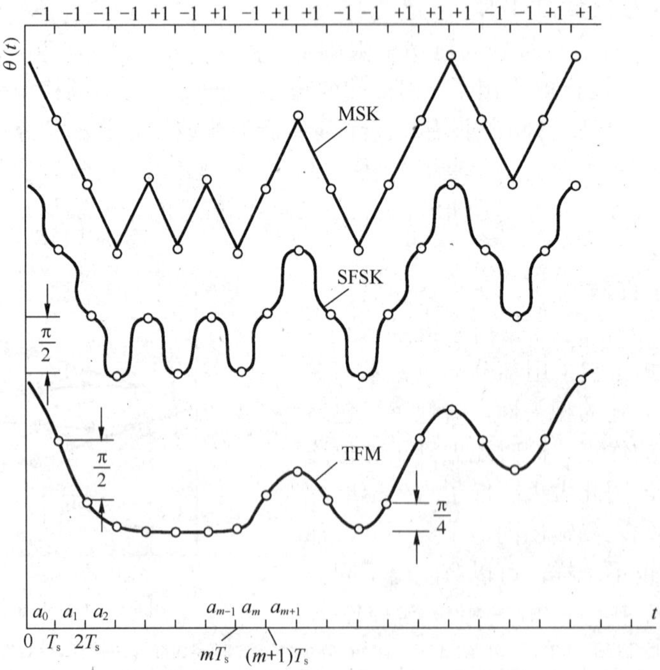

图 6-40　MSK、SFSK 和 TFM 相位路径轨迹

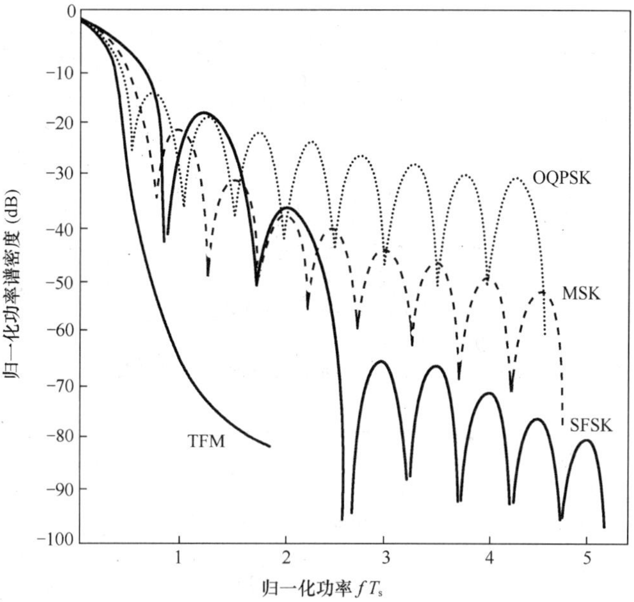

图 6-41　OQPSK、MSK、SFSK 和 TFM 信号的归一化功率谱

TFM 信号的产生可以采用直接调频的方法和正交调幅的方法实现。

TFM 信号的解调一般采用正交相干解调方法，如果发送端采用差分编码，则在接收端应采用相应的译码方案。

6.4.6　扩展频谱通信

扩展频谱（Spread Spectrum）通信是指其系统所占用的频带，远远大于欲传输信号原始带宽的一种通信方式。如果设信号原始带宽为 B_i，则扩频通信的带宽 $B_{扩}$应该≥100B_i。

在恶劣的信道条件下，比如说移动通信中，会遇到信号被噪声淹没的情况。根据香农信息论，信道容量一定时，带宽和信噪比可以互换。所以采用扩频通信对单一用户而言，就是以牺牲频谱利用率为代价，来换取较高的输出信噪比。可以说移动通信的第三代，码分多址 CDMA 的核心技术就建立在扩频技术的基础上。

扩频技术包括：直接序列（DS）扩频、跳频（FH）扩频、线性调频（chrip）、跳时（TH）扩频等。其中直接序列（Direct Sequence）扩频技术应用最为广泛，下面以它为例给予重点介绍。

DS 扩频采用传输速率极高的二进制数字序列做调制载波，序列的带宽远大于信号带宽。图 6-42 中示出了有用信号和干扰信号在频域中的频谱变换示意图。图（a）为普通 PSK 已调信号的功率谱，图中 f_c 为载波频率；R_i 为信息速率，已调信号的带宽为 $2R_i$。图（b）表示用一个码速率为 R_{pn} 的伪随机码序列对窄带信号进行处理（模 2 加）之后再经过 PSK 调制时的情况。当选择 $R_{pn} >> R_i$ 时，便得到一个带宽为 $2R_{pn}$ 的已调信号。这时信号能量已被均匀地分散在很宽的频带内，从而大大降低了传输信号的功率谱密度。图（c）假设了信道中存在一个频率比较集中的强干扰噪声的情况，其功率谱强度远大于有用信号。图（d）表示在接收端通过解扩处理，使有用信号能量重新集中起来，形成最大输出的情况；此时（c）图中的强干扰噪声能量却被分散到很宽的频带（$2R_{pn}$）内，并且其功率谱强度已大大低于有用信号的功率谱密度。最后，经过与原始已调信号带宽相同的窄带滤波器滤波就得到图（e）所示信号。图中有用信号频谱能量>>干扰噪声能量，如果用带宽比近似估算系统的处理增益，则

$$G_p = \frac{S_o/N_o}{S_i/N_i} \approx \frac{B_{pn}}{B_i} = \frac{R_{pn}}{R_i} \tag{6.45}$$

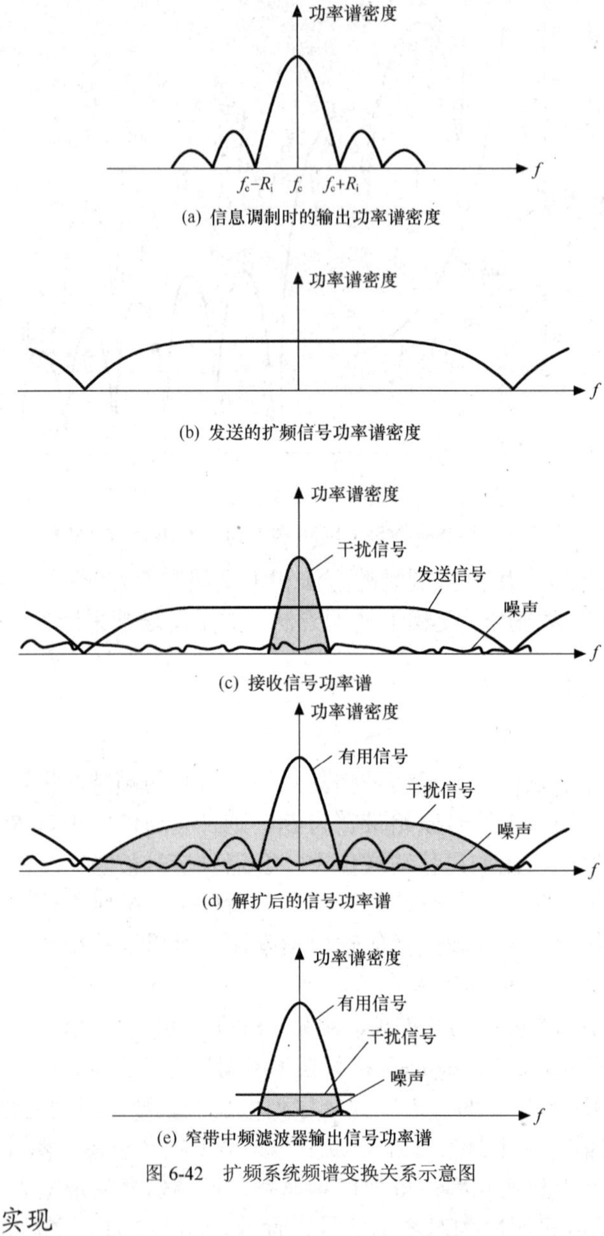

图 6-42　扩频系统频谱变换关系示意图

1. 扩频信号的实现

图 6-43 所示为扩频调制系统的数学模型，首先发送端的低速率单极性二进制信码与高速率的伪随机码作模 2 运算，这一步实现信码频谱的扩展，然后变换为双极性码对载波进行相位调制。

接收端收到的是混入了窄带噪声的相位调制信号，解扩之前可以先利用与发送端相同的本地载波将接收信号解调成高速率的 0、1 数字码流；再与发送端相同的本地伪随机码序列进行模 2 运算，恢复成低速率的二进制信码，此时即还原了信号频谱，使能量重新集中，实现了解扩，同时窄带噪声的频谱被扩散，能量变低；经过与原始信号带宽相同的窄带滤波器就能取出原二进制信码。

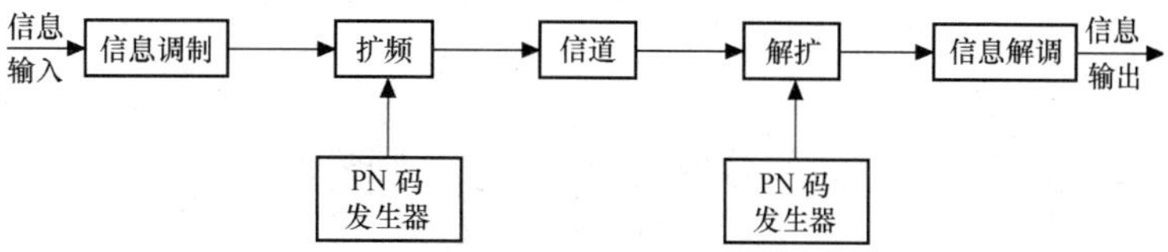

图 6-43　扩频通信系统模型

2. 多载波传输技术

以 OFDM 为例，它将欲传输的高速信息数据经串/并变换，将其分割为 N 路低速数据，再分别调制到 N 个相互正交的载波上，然后叠加一起发送；接收端用同样数量的载波进行相干接收变为低速数据，再经并/串变换为高速原数据。因每个载波上的调制速率很低（原高速数据率的 $1/N$），调制符号的持续间隔远大于信道的时间扩散，从而能够在具有较大失真和突变性脉冲干扰的环境下对传输的数字信号提供有效的保护，同时 OFDM 因加大了码元周期而对多径时延扩散不敏感。

6.5　典型数字频带传输系统

相比于模拟频带传输技术，数字频带传输技术在实际通信系统中得到更加广泛的应用，下面就以与人们日常生活紧密相关的数字电视传输系统和数字移动通信系统为例加以介绍。

6.5.1　数字频带传输技术在数字电视传输系统中的应用

电视系统主要包括三种传输覆盖方式：卫星电视、地面有线电视和地面（无线）开路电视。相应地，数字电视（DTV，Digital TV）由国际标准化组织 DVB（Digital Video Broadcasting，数字视频广播）统一规定了三个标准：数字卫星电视（DVB-S）、数字有线电视（DVB-C）、数字开路电视（DVB-T）。此外，还有手持数字电视标准 DVB-H，它是在地面无线标准 DVB-T 的基础上，增加了对手机、掌上电脑等手持接收设备支持的一个标准。

如图 6-44 所示，DVB 传输系统主要由以下五个环节构成。

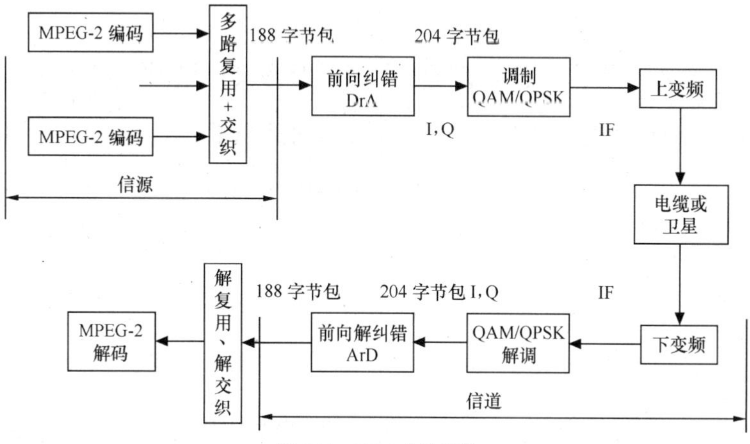

图 6-44　DVB 传输系统

1. 信源编码

信源编码的作用是将模拟电视信号转化成数字编码（即模数转换）后进行压缩。数字电视的信号源分为三种：视频数据流、音频数据流和辅助数据流。辅助数据流包括管理数据、有条件接收数据以及与节目有关的数据。

2. 码流复用

码流复用就是将上述三种数据流合成一路。一个视频数据流、一个音频数据流、一个辅助数据流合成一套节目流。之后，多套节目流再合成为传输流。

3. 信道编码和调制

信道编码的作用主要是误码的检错和纠错，DVB系统一般采用基于RS编码或卷积编码后交织的前向纠错（FEC）技术。调制的作用是把基带数据流搬移到高频载波，从而才能在频分复用的模拟信道中传输。DVB-S采用QPSK作为调制技术，DVB-C以QAM作为调制技术，DVB-T采用COFDM技术。

4. 传输信道

根据DVB三种标准分类，传输信道有光缆-同轴电缆混合网（HFC）、数字干线、卫星、无线等。

5. 接收机

接收机即机顶盒，实现上述四个环节的逆过程，把从信道上接收的数据流还原成原始的模拟电视信号。

目前，我国正在大力推广普及数字有线电视（DVB-C）。通过数字有线电视也能收看卫星电视节目，这是因为各地有线电视台通过卫星接收到数字信号后再通过有线系统传送到用户家中的。因此，下面重点介绍QAM调制技术在DVB-C系统中的应用。

DVB-C系统中的调制方式主要采用64QAM，有时也可以采用16QAM、32QAM或更高的128QAM、256QAM。区别在于对应的业务码率和传输速率不同，抗干扰能力和系统复杂度等也不同。64QAM可支持高清晰度电视和十套左右的标清数字电视。根据本章前述QAM调制技术原理，64QAM就是调制后载波有64种状态，每个状态代表一个符号（一个符号是6位比特组成的码）。64QAM星座图如图6-45所示。图中，*I-Q*平面上的每个点对应一个6bit的二进制数据，在理想的传输条件下，64个星座点的位置是固定不变的。随着噪声和干扰的加重，星座点的位置会发生偏离，甚至会偏移到相邻星座点的位置，从而导致误码。

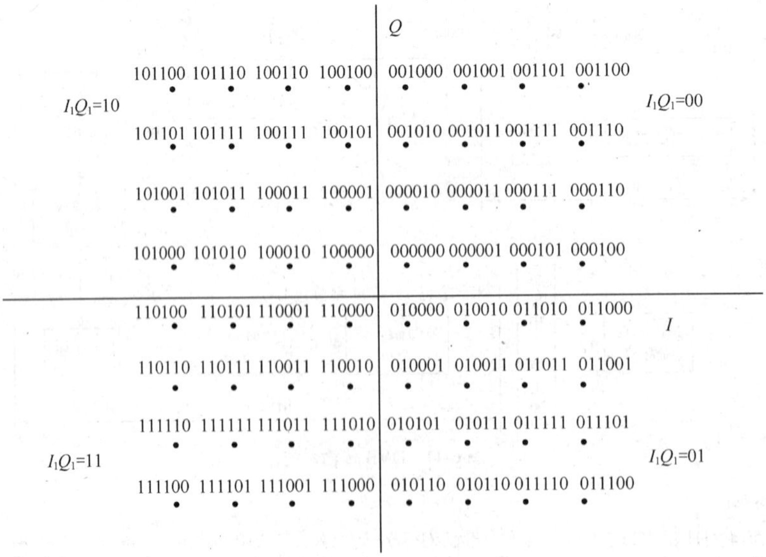

图6-45 64QAM星座图

目前，我国数字电视每个频道采用 8MHz 的带宽。64QAM 对应 8MHz 带宽的电视信号可以达到的信息速率在 40Mbit/s 以上，一般选用 38Mbit/s。按照每频道信号压缩到 4Mbit/s 计算，采用 64QAM 技术可以允许同时传送 9 套电视节目。

数字电视发展的未来是 IPTV，目前，上海、南京等地已经在试用或普及推广 IPTV。IPTV 若沿用原有有线电视的传输线路，其调制技术也会沿用 QAM。在未来实现光纤入户和三网融合后，数字电视采用什么调制技术就未可知了。

6.5.2　数字频带传输系统在 GSM 移动通信系统中的应用

到目前为止，移动通信系统已经经历了三代。除第一代为模拟系统外，其他三代移动通信系统都是数字的。数字频带传输技术在这三代移动通信系统中起到了重要作用。

第二代移动通信系统主要包括 GSM、PDC、IS-136、IS-95 和 PHS 几种标准。我国采用的是 GSM、CDMA IS-95（窄带 CDMA）和 PHS（俗称“小灵通”），以 GSM 为主。GSM 系统采用的频带传输技术是 GMSK，CDMA IS-95 系统从基站到手机的前向链路采用 QPSK 调制，后向链路采用 OQPSK，PHS 采用 π/4-QPSK。下面仅介绍目前仍普遍使用的 GSM 系统中的 GMSK 技术。

图 6-46 所示为 GSM 系统中移动终端的话音处理过程。图中，调制和解调部分采用的技术就是 GMSK，GMSK 是以高斯滤波器作为调制前基带滤波器的一种最小频移键控（MSK）。GSM 系统调制前的 TDMA 数据帧的速率为 270.833kbit/s，而调制后 RF 频率偏移为 67.708kHz（基本 FSK 用 RF 载频加上或者减去 67.708kHz 来表示二进制的 1 或 0），二者是 4 倍的关系。而比特率正好是频率偏移 4 倍的 FSK 调制就是 MSK。

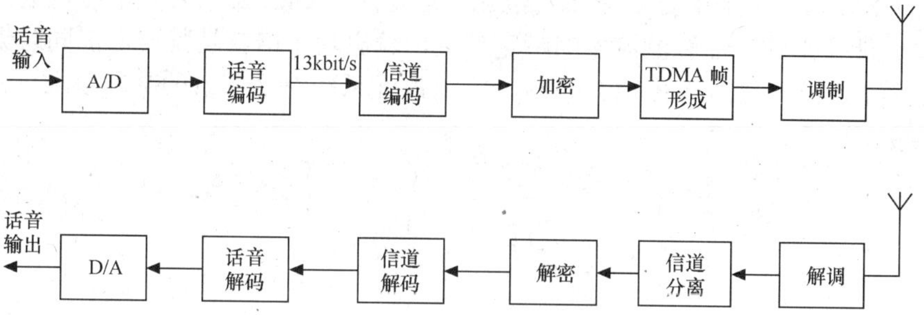

图 6-46　GSM 移动终端话音处理过程

GSM 系统之所以选用 MSK 作为调制技术，是因为与 QPSK 等技术相比，MSK 更适合于在 2G 的窄带信道传输。MSK 与 QPSK 的归一化功率谱如图 6-47 所示。由图可见，MSK 信号的功率谱更加紧凑，功率谱在主瓣以外衰减更快，占用带宽更窄，抗干扰性更强。

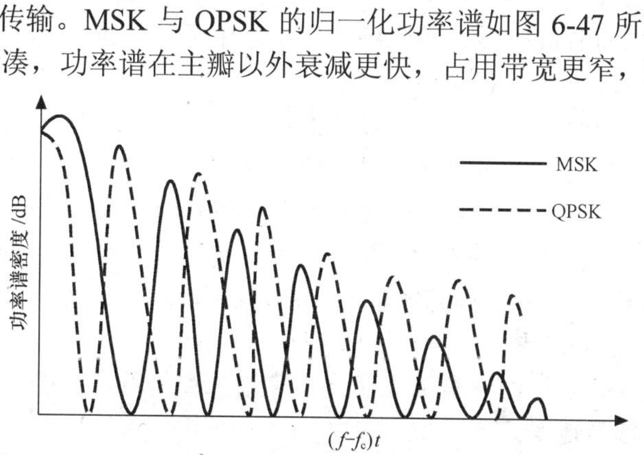

图 6-47　MSK 和 QPSK 的归一化功率谱

尽管如此，单纯采用 MSK 并不能满足 GSM 系统的要求，这是因为在移动通信系统中，对信号带外辐射功率的限制十分严格，一般衰减要求在 70 以上。采用让基带信号先通过高斯滤波器滤波，使基带信号形成高斯脉冲，之后进行 MSK 调制的 GMSK 方法，能够进一步减小调制频带的主瓣宽度，使旁瓣衰落更快，对相邻信道的干扰更小。GMSK 信号的归一化功率谱如图 6-48 所示。图中，横坐标为归一化频率$(f-f_c)T_s$，纵坐标为谱密度，参变量 B_bT_s 为高斯低通滤波器的归一化 3dB 带宽 B_b 与码元长度 T_s 的乘积。从图中看出，随着 B_bT_s 的减小，功率谱衰减明显加快。在 GSM 系统中，要求$(f-f_c)T_s=1.5$ 时功率谱密度低于 60dB，从图上可以看出，$B_bT_s=0.3$ 时 GMSK 的功率谱即可满足 GSM 的要求。事实上，GSM 系统采用的就是 0.3GMSK，其中，0.3 指的是高斯滤波器的归一化 3dB 带宽与码元长度 T_s 的乘积 B_bT_s。

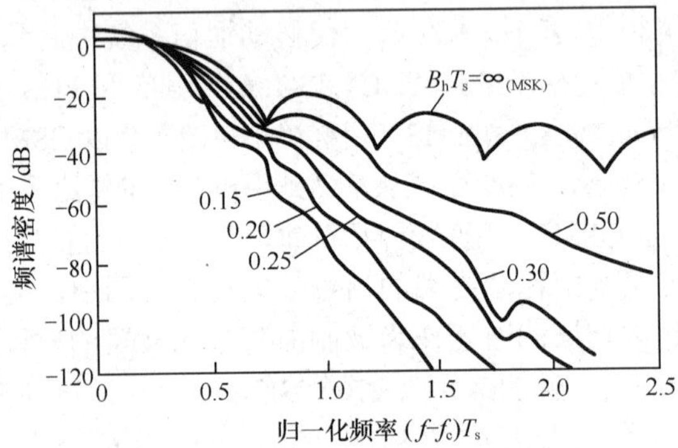

图 6-48　GMSK 的归一化功率谱

为什么 GSM 系统不采用更小的 B_bT_s 值呢？这是因为 GMSK 信号频谱特性的改善是通过降低误码率性能换来的。前置滤波器的带宽越窄，输出功率谱就越紧凑，但同时误码率性能就会变得越差。因此，选用 0.3GMSK 既满足了 GSM 系统对功率谱的基本要求，又保证了误码性能不会更差。

习　题

6-1　已知载波频率为 f_c，基带信号 $s(t)$是重复周期为 T 的方波，若求 $f_c=2/T$，画出 2ASK 信号的波形，并求其带宽。

6-2　求传码率为 200Baud 的八进制 ASK 系统的带宽和传信率。如果采用二进制 ASK 系统，传码率不变，则带宽和传信率又为多少？

6-3　若传码率为 200Baud 的八进制 ASK 系统发生故障，改由二进制 ASK 系统传输，欲保持传信率不变，求 2ASK 系统的带宽和传码率？

6-4　已知八进制 PSK 系统的信息传输速率为 9600bit/s，求码元传输速率和带宽。

6-5　有相位不连续的二进制 FSK 信号，发“1”码时的波形为 $A\cos(2000\pi t+\theta)$，发“0”码时的波形为 $A\cos(4000\pi t+\Phi)$，码元速率为 1000Baud，求此系统的频带宽度并画出与序列 1011001 相应的 2FSK 信号波形。

6-6　设四进制 FSK 系统的频率配置使得功率谱主瓣恰好不重叠，求传码率为 200Baud 时系统的传输带宽和信息速率。

6-7　已知数字基带信号为 1101001，如果码元宽度是载波周期的两倍，试画出绝对码、相对码、二进制 PSK 信号和 DPSK 信号的波形（假定起始参考码元为 1）。

6-8　已知数字信号$\{a_n\}=1011010$，分别以下列两种情况画出二相 PSK、DPSK 及相对码$\{b_n\}$的波形（假定起始参考码元为 1）:

（a）码元速率为 1200Baud，载波频率为 1200Hz;

（b）码元速率为 1200Baud，载波频率为 1800Hz。

6-9　已知传码率为 200Baud，求八进制 PSK 系统的带宽和传信率。

6-10　二进制 ASK 系统，相干解调时的接收机输入信噪比为 9dB，欲保持相同的误码率，包络解调时接收机输入信噪比为多少？

6-11　ASK 系统，发送“1”码时的信号幅度为 5V，信道噪声的平均功率$\sigma_n^2=3\times10^{-12}$W，在相干接收时要求误码率为$10^{-4}$，求信道衰减为多少 dB？（假定此时为最佳门限）。

6-12　已知接收机输入信噪比为$r=10$dB，试求四进制 FSK 相干解调和非相干解调系统的误码率。

6-13　已知接收机输入信噪比为$r=10$dB，试求二进制 PSK 相干解调系统和 DPSK 系统极性比较法和相位比较法解调的误码率。

6-14　已知双比特码元 101100100100，未调载波周期等于码元周期，π/4 移相系统的相位配置如题 6-14 图（a）所示，试画出π/4 移相系统的 4PSK 和 4DPSK 的信号波形。（参考码元波形如题 6-14 图（b）所示）

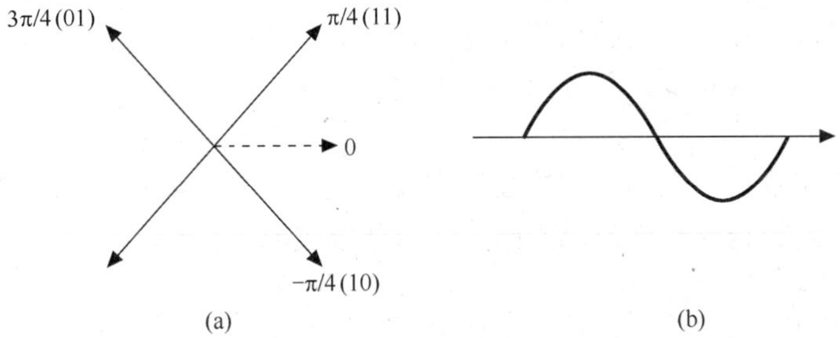

题 6-14 图

第 7 章　通信系统中的同步

在通信系统中，同步具有相当重要的地位。通信系统能否有效、可靠地工作，很大程度上依赖于有无良好的同步系统。

7.1　同步的概念

数字通信系统中的数字信号，不论是二进制还是多进制信号，都是由一串码元构成的序列。这些码元在时间上按一定的顺序排列，代表不同的信息。要使数字信号在通信过程中能保持完整的信息，必须保持这些码元时间位置的准确性，也就是发送端与接收端都要有稳定和准确的定时脉冲，以保证各种电路始终处于定时状态，确保数字信息的可靠传输。为了使整个系统有序、准确、可靠地工作，收、双方必须有一个统一的时间标准。这个时间标准就是靠定时系统完成收、发双方时间的一致性，即同步。

同步的种类很多，按照同步的功用来分，通信系统中的同步可以分为载波同步、位同步（码元同步）、帧同步（群同步）和网同步几大类。

1. 载波同步

当采用同步解调或相干检测时，接收端需要提供一个与发射端调制载波同频同相的相干载波，这个相干载波的获取就称为载波同步（或载波提取）。

2. 位同步

位同步又称为码元同步。不论是基带传输，还是频带传输，都需要位同步。因为在数字同相系统中，信息是一串相继码元的序列，解调时常需要知道每个码元的起止时刻，以便判决。例如用取样判决器对信号进行取样判决时，均应对准每个码元最大值的位置。因此，需要在接收端产生一个“码元定时脉冲序列”，这个脉冲序列的重复频率要与发射端的码元速率相同，相位（位置）要对准最佳取样判决位置（时刻）。这样的一个码元定时脉冲序列就被称为“位同步脉冲”（或“码元同步脉冲”），而把位同步脉冲的取得称为位同步提取。

3. 帧同步

数字通信系统中的信息数字流，总是用若干个码元组成一个“字”，又用若干个“字”组成一“句”。因此，在接收这些数字流时，同样也必须知道这些“字”、“句”的起止时刻。而在接收端产生与“字”、“句”起止时刻相一致的定时脉冲序列，就被称为“字”同步和“句”同步，统称为帧同步（或群同步）。

4. 网同步

现代通信需要在多点之间相互连接构成通信网。在一个通信网中，往往需要把各个方向传来的信息，按不同目的进行分路、合路和交换。为了有效地完成这些功能，必须实现网同步。随着数字通信的发展，特别是计算机通信的发展，多点（多用户）之间的通信和数据交换构成了数字通信网。为了保证数字通信网稳定可靠地进行通信和交换，整个数字通信网内交换必须有一个统一的时间标准，即整个网络必须同步地工作，这就是位同步要解决的问题。

除了按照功用来区分同步外，还可以按照传输同步信息方式的不同，将同步分为外同步法（插入导频法）和自同步法（直接法）两种。外同步法是指发送端发送专门的同步信息，接收端把这个同步信息检测出来作为同步信号的方法；自同步法是指发送端不发送专门的同步信息，而在接收端设法从收到的信号中提取同步信息的方法。

本章将对上述的 4 类同步方式分别进行讨论，讲述各类同步系统的基本原理和性能。

7.2　载 波 同 步

在采用相干解调的系统中，接收端必须提供一个与发送载波同频同相的相干载波，这就是载波同步。相干载波信息通常是从接收到的信号中提取。若已调信号中存在载波分量，可以从接收信号中直接提取载波同步信息；若已调信号中不存在载波分量，就需要采用在发端插入导频的方法，或者在接收端对信号进行适当的波形变换，以取得载波同步信息。前者称为插入导频法，又称外同步法；后者称为自同步法，又称内同步法。

7.2.1　插入导频法

在抑制载波系统中无法从接收信号中直接提取载波。例如：DSB、VSB、SSB 和 2PSK 本身都不含有载波分量，或即使含有一定的载波分量，也很难从已调信号中分离出来。为了获取载波同步信息，可以采取插入导频的方法。插入导频是在已调信号频谱中加入一个低功率的线状谱（其对应的正弦波形即称为导频信号）。在接收端可以利用窄带滤波器较容易地把它提取出来。经过适当的处理形成接收端的相干载波。显然，插入导频的频率应当与原载频有关或者就是载频。插入导频的传输方法有多种，基本原理相似。这里仅介绍在抑制载波的双边带信号中插入导频法。

在 DSB 信号中插入导频时，导频的插入位置应该在信号频谱为零的位置，否则导频与已调信号频谱成分重叠，接收时不易提取。图 7-1 所示为插入导频的一种方法。

插入的导频并不是加入调制器的载波，而是将该载波移相 π/2 的“正交载波”。其发端方框图如图 7-2 所示。

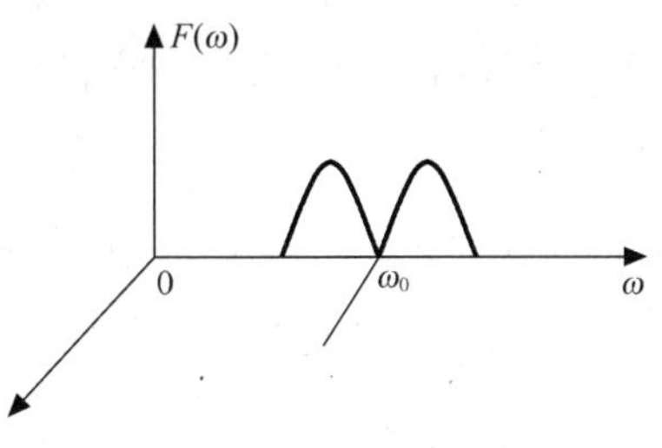

图 7-1　DSB 的导频插入

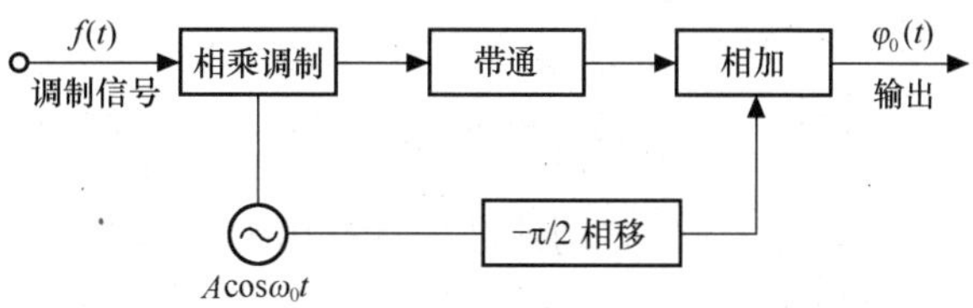

图 7-2　插入导频法的发端方框图

设调制信号为 $f(t)$。$f(t)$ 无直流分量，载波为 $A\cos\omega_0 t$，则发端输出的信号为

$$\varphi_0(t) = A\,f(t)\cos\omega_0 t + a\sin\omega_0 t \tag{7.1}$$

接收端的方框图如图 7-3 所示。

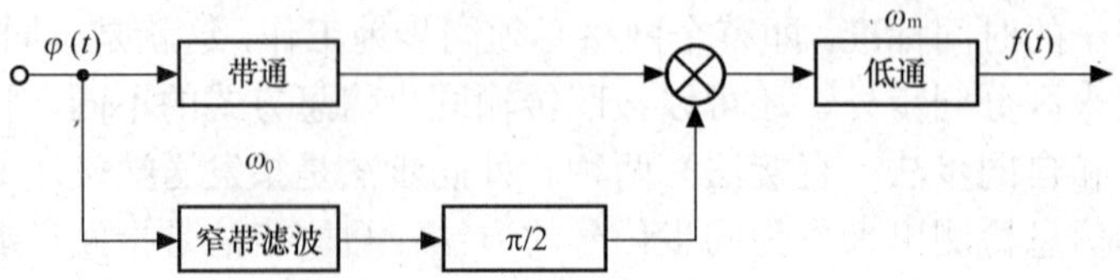

图 7-3　插入导频法收端方框图

如果不考虑信道失真及噪声干扰，并设接收端收到的信号与发端的信号完全相同，则此信号通过中心频率为ω_0的窄带滤波器可取得导频 $a\sin\omega_0 t$，再将其移相 π/2，就可以得到与调制载波同频同相的相干载波 $\cos\omega_0 t$。

接收端的解调过程为

$$\begin{aligned} m(t) &= \varphi(t)\cdot\cos\omega_0 t = [A\,f(t)\cos\omega_0 t + a\sin\omega_0 t]\cdot\cos\omega_0 t \\ &= \frac{A}{2}f(t) + \frac{A}{2}f(t)\cos 2\omega_0 t + \frac{a}{2}\sin 2\omega_0 t \end{aligned} \tag{7.2}$$

上式表示的信号通过截止角频率为ω_m的低通滤波器就可得到基带信号 $\frac{A}{2}f(t)$。

如果在发端导频不是正交插入，而是同相插入，则接收端解调信号为

$$\begin{aligned} &[A\,f(t)\cos\omega_0 t + a\cos\omega_0 t]\cdot\cos\omega_0 t \\ &= \frac{A}{2}f(t) + \frac{A}{2}f(t)\cos 2\omega_0 t + \frac{a}{2} + \frac{a}{2}\cos 2\omega_0 t \end{aligned} \tag{7.3}$$

从上式看出，虽然同样可以解调出 $\frac{A}{2}f(t)$ 项，但却增加了一个直流项。这个直流项通过低通滤波器后将对数字信号产生不良影响。这就是发端导频应采用正交插入的原因。

对于 SSB 和 2PSK 的插入导频方法与 DSB 相同。VSB 的插入导频技术复杂，通常采用双导频法，基本原理与 DSB 类似。

7.2.2　非线性变换——滤波法

有些信号（如 DSB 信号）虽然本身不包含载波分量，只要对接收波形进行适当的非线性变换，然后通过窄带滤波器，就可以从中提取载波的频率和相位信息，即可使接收端恢复相干载波，它是自同步法的一种。

图 7-4 为 DSB 信号采用平方变换法恢复载波的框图。设输入信号 $S_{\mathrm{DSB}}(t) = f(t)\cos(\omega_0 t + \theta_0)$ 经平方律部件后

$$e(t) = f^2(t)\cos^2(\omega_0 t + \theta_0) = \frac{1}{2}f^2(t) + \frac{1}{2}f^2(t)\cos(2\omega_0 t + 2\theta_0) \tag{7.4}$$

经中心频率为 $2\omega_0$ 的带通滤波器后输出为

$$\frac{1}{2}f^2(t)\cos(2\omega_0 t + 2\theta_0) \tag{7.5}$$

尽管假设 $f(t)$不含直流成分，但 $f^2(t)$却含有直流分量，因此式（7.5）实际是一个载波为 $2\omega_0$ 的调幅波。如果滤波器 BPF 的带宽窄，其输出只有 $2\omega_0$ 成分。然后再经二次分频电路可得到所需的载波 $\cos(\omega_0 t + \theta_0)$。应注意，二次分频电路将使载波有 180° 的相位模糊，它是由

分频器引起的。一般的分频器都由触发器构成，由于触发器的初始状态是未知的，分频器末级输出的波形（方波）相位可能随机地取“0”和“π”。它对模拟信号影响不大，而对于 2PSK 信号，由于载波相位的模糊将会造成解调判决的失误。

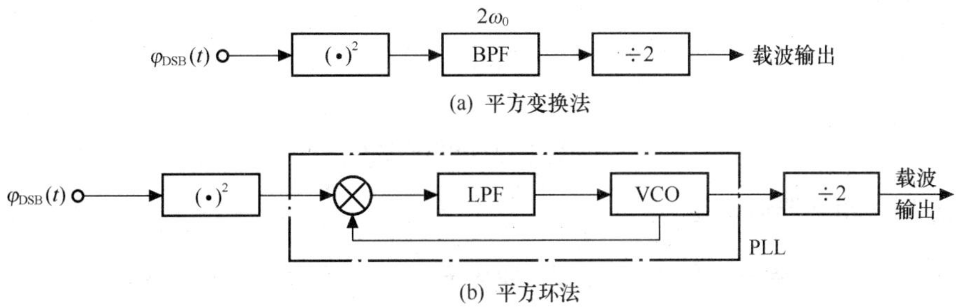

图 7-4　平方变换法提取载波的框图

若图 7-4（a）中的窄带滤波器改用锁相环（PLL），即得到图 7-4（b）所示的平方环法。这将使系统的性能得到改善，因为锁相环不仅具有窄带滤波器的作用，而且在一定范围内还能自动跟踪输入频率的变化，当输入信号中断时，能自动地保持输入信号的频率和相位。

7.2.3　同相正交法（科斯塔斯环）

利用锁相环提取载波的另一种常用的方法是采用同相正交环，也称科斯塔斯环（Castas），其方框图如图 7-5 所示。它包括两个相干解调器，它们的输入信号相同，分别使用二个在相位上正交的本地载波信号，上支路叫做同相相干解调器，下支路叫做正交相干解调器。两个相干解调器的输出同时送入乘法器，并通过低通滤波器形成闭环系统，去控制压控振荡器（VCO），使本地载波自动跟踪发射载波的相位。在同步时，同相支路的输出即为所需的解调信号，这时正交支路的输出为 0。因此，这种方法叫做同相正交法。

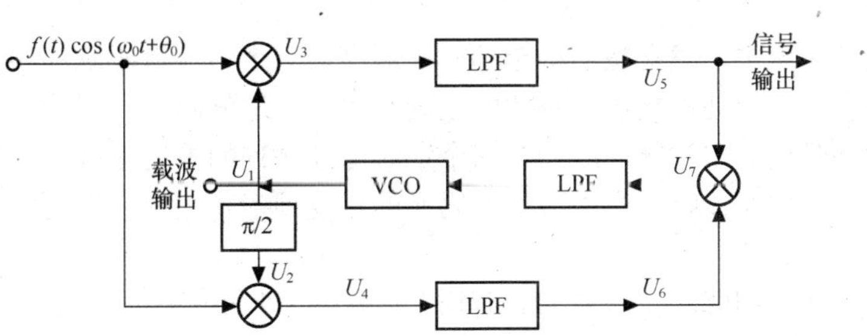

图 7-5　科斯塔斯环法的载波提取

设 VCO 的输出为 $\cos(\omega_0 t+\phi)$，

则

$$U_1=\cos(\omega_0 t+\phi) \tag{7.6}$$

$$U_2=\sin(\omega_0 t+\phi) \tag{7.7}$$

故

$$\begin{aligned} U_3 &= f(t)\cos(\omega_0+\theta_0)\bullet\cos(\omega_0 t+\phi) \\ &= \frac{1}{2}f(t)[\cos(\theta_0-\phi)+\cos(2\omega_0 t+\theta_0+\phi)] \end{aligned} \tag{7.8}$$

$$\begin{aligned} U_4 &= f(t)\cos(\omega t+\theta_0)\cdot\sin(\omega_0 t+\phi) \\ &= \frac{1}{2}f(t)[-\sin(\theta_0-\phi)+\sin(2\omega_0 t+\theta_0+\phi)] \end{aligned} \tag{7.9}$$

经过带宽为 W_m 的 LPF 后得

$$U_5=\frac{1}{2}f(t)\cos(\theta_0-\phi) \tag{7.10}$$

$$U_6=\frac{1}{2}f(t)\sin(\theta_0-\phi) \tag{7.11}$$

将 U_5 和 U_6 加入相乘器后，得

$$U_7=\frac{1}{4}f^2(t)\cos(\theta_0-\phi)\sin(\theta_0-\phi)=-\frac{1}{8}f^2(t)\sin 2(\theta_0-\phi) \tag{7.12}$$

如果$(\theta_0-\phi)$很小，则 $\sin2(\theta_0-\phi)\approx2(\theta_0-\phi)$。因此，乘法器的输出近似为

$$U_7\approx-\frac{1}{4}f^2(t)(\theta_0-\phi) \tag{7.13}$$

如果 U_7 经过一个相对于 W_m 很窄的低通滤波器，此滤波器的作用相当于用时间平均 $\overline{f^2(t)}$ 代替 $f^2(t)$（即滤波器输出直流分量）。最后，由环路误差信号 $-\frac{1}{4}\overline{f^2(t)}(\theta_0-\phi)$ 自动控制振荡器相位，使相位差$(\theta_0-\phi)$趋于 0，在稳定条件下 $\theta_0\approx\phi$。

科斯塔斯环的相位控制作用在调制信号消失时会中止。当再出现调制信号时，必须重新锁定。由于一般入锁过程很短，对语言传输不致引起感觉到的失真。这样 U_1 就是所需提取的载波，U_5 作为解调信号的输出。

7.3 位 同 步

在数字通信系统中，发端按照确定的时间顺序，逐个传输数码脉冲序列中的每个码元，在接收端必须有准确的抽样判决时刻才能正确判决所发送的码元。因此，接收端必须提供一个确定抽样判决时刻的定时脉冲序列。这个定时脉冲序列的重复频率和相位必须与发送的数码脉冲序列一致，把在接收端产生与接收码元的重复频率和相位一致的定时脉冲序列的过程称为码元同步，或称位同步。

实现位同步的方法和载波同步类似，有插入导频法（外同步法）和直接法（自同步法）两类。

7.3.1 插入导频法

为了得到码元同步的定时信号，首先要确定接收到的信息数据流中是否有位定时的频率分量。如果存在此分量，就可以利用滤波器从信息数据流中把位定时时钟直接提取出来。

若基带信号为随机的二进制不归零码序列，这种信号本身不包含位同步信号，为了获得位同步信号需在基带信号中插入位同步的导频信号，或者对基带信号进行某种码型变换以得到位同步信息。

位同步的导频插入方法与载波同步时的插入导频法类似，它也要插在基带信号频谱的零点处，以便提取，如图 7-6（a）所示。如果信号经过相关编码，其频谱的第一个零点在 $f=1/2T$，插入导

频也应在 1/2*T* 处，如图 7-6（b）所示。图 7-7 为插入位定时导频的接收方框图。对于图 7-6（a）所示信号，在接收端，经中心频率为 $f=1/T$ 的窄带滤波器就可从基带信号中提取位同步信号。而图 7.6（b）则需经过 $f=1/2T$ 的窄带滤波器将插入导频取出，再进行二倍频，得到位同步脉冲。

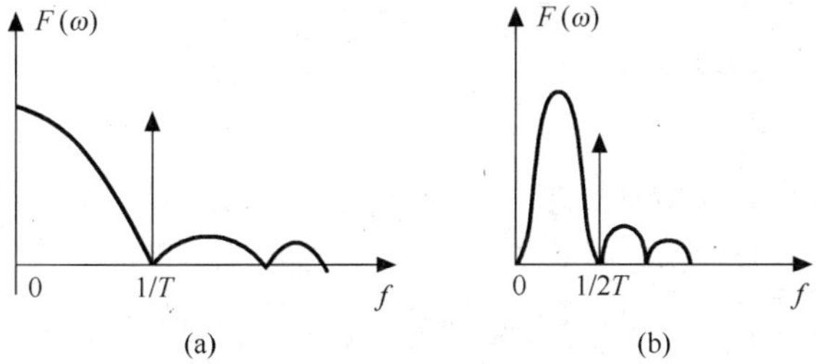

图 7-6　插入导频法频谱图

用插入导频法提取位同步信号要注意消除或减弱定时导频对原基带信号的影响。窄带滤波器从输入的基带信号中提取导频信号后，经过移相，分为两路，其中一路经定时形成电路，形成位同步信号，另一路经倒相后与输入信号相加，经调整使相加器的两个导频幅度相同，相位相反。那么相加器输出的基带信号就消除了导频信号的影响，这样再经抽样判决电路就可恢复出原始的数字信息。图中的移相电路是为了纠正窄带滤波器引起导频相移而设的。

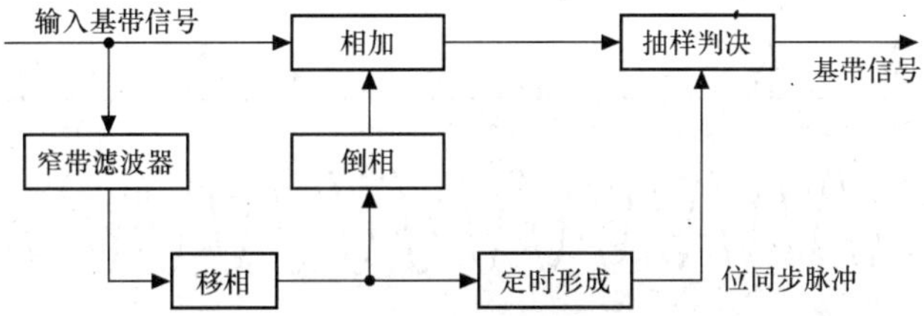

图 7-7　插入位定时导频接收方框图

插入导频法的另一种形式是使某些恒包络的数字信号的包络随位同步信号的某一波形而变化。例如 PSK 信号和 FSK 信号都是包络不变的等幅波。因此，可将导频信号调制在它们的包络上，接收端只要用普通的包络检波器就可恢复导频信号作为位同步信号。且对数字信号本身的恢复不造成影响。

以 PSK 为例，

$$S(t)=\cos[\omega_0 t+\theta(t)] \tag{7.14}$$

若用 $\cos\Omega t$ 进行附加调幅后，得已调信号为

$$(1+\cos\Omega t)\cos[\omega_0 t+\theta(t)] \tag{7.15}$$

其中 $\Omega=\dfrac{2\pi}{T}$，T 为码元宽度。

接收端对它进行包络检波，得包络为 $(1+\cos\Omega t)$，滤除直流成分，即可得到位同步分量 $\cos\Omega t$。

插入导频法的优点是接收端提取位同步的电路简单。但是，发送导频信号必然要占用部分发射功率，降低了传输的信噪比，减弱了抗干扰能力。

7.3.2　自同步法

自同步方法是发端不用专门发送位同步导频信号，而接收端可直接从接收到的数字信号

中提取位同步信号。这是数字通信中经常采用的一种方法。

1. 非线性变换——滤波法

由第 5 章可知，非归零的二进制随机脉冲序列的频谱中没有位同步的频率分量，不能用窄带滤波器直接提取位同步信息。但是通过适当的非线性变换就会出现离散的位同步分量，然后用窄带滤波器或用锁相环进行提取，便可得到所需的位同步信号。

（1）微分整流法。

图 7-8（a）为微分整流滤波法提取位同步信息的电原理框图。图 7-8（b）为该电路各点的波形图。

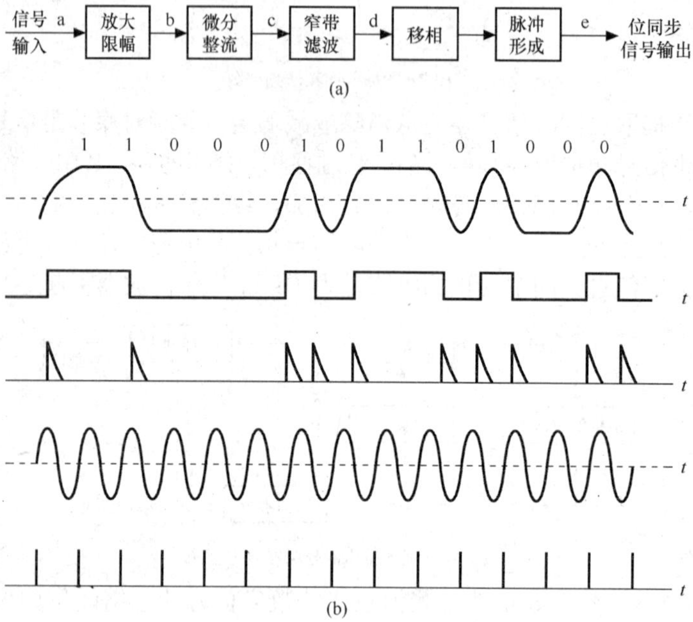

图 7-8 微分整流提取位同步信号

当非归零的脉冲序列通过微分和全波整流后，就可得到尖顶脉冲的归零码序列，它含有离散的位同步分量。然后用窄带滤波器（或锁相环）滤除连续波和噪声干扰，取出纯净稳定的位同步频率分量，经脉冲形成电路产生位同步脉冲。

（2）包络检波法。

图 7-9 所示为其原理框图及波形图。由于信道的频带宽度总是有限的，对于 PSK 信号，其包络是不变的等幅波，它具有极宽的频带宽度。因此，经过频带有限的信道传输后，会使 PSK 信号在码元取值变化的时刻产生幅度“平滑陷落”。这对传输的 PSK 信号是一种失真，但它正发生在码元取值变化或 PSK 信号相位变化的时刻，所以，它必然包含有位同步的信息。在解调 PSK 信号的同时，用包络检波器检出具有幅度平滑陷落的 PSK 信号的包络，去掉其中的直流分量后，即可得到归零的脉冲序列（图 7-9（b）中的波形 c）。其中含有位同步信息，再通过窄带滤波器（或锁相环），然后经脉冲整形，就可得到位同步信号。

（3）延迟相干法。

图 7-10 为延迟相干法的原理框图和波形图。其工作过程与 DPSK 信号差分相干解调完全相同，只是延迟电路的延迟时间$\tau<T_b$。PSK 信号一路经过移相器与另一路经延迟τ后的信号相乘，取出基带信号，得到脉冲宽度为τ的基带脉冲序列。因为$\tau<T_b$，是归零脉冲，它含有

位同步频率分量，通过窄带滤波器即可获得同步信号。

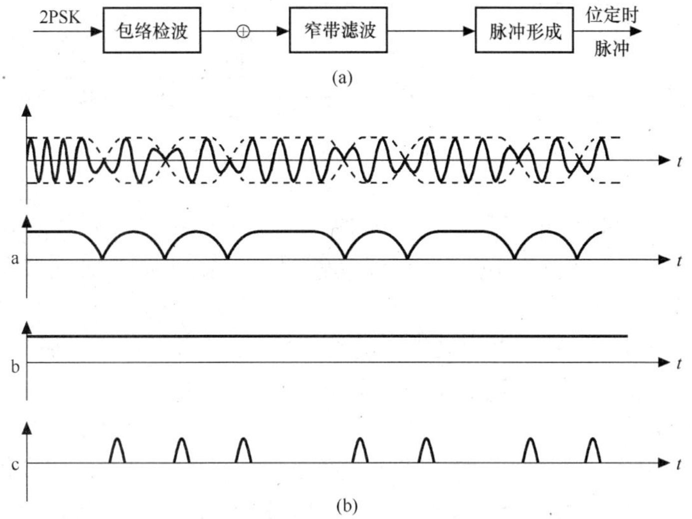

图 7-9　包络检波脉冲法提取位同步

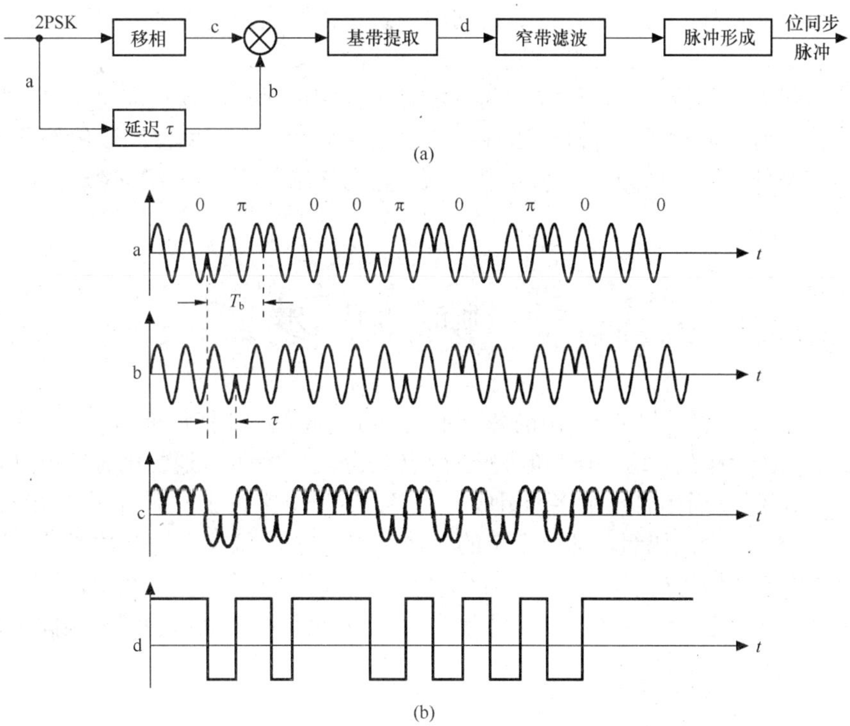

图 7-10　延迟相干法提取位同步

2. 数字锁相法

数字锁相法是采用高稳定频率的振荡器（信号钟）。从鉴相器获得的与同步误差成比例的误差电压，不用于直接调整振荡器，而是通过控制器在信号钟输出的脉冲序列中附加或扣除一个或几个脉冲，调整加到鉴相器上的位同步脉冲序列的相位达到同步的目的。这种电路采用的是数字锁相环路。数字锁相环原理如图 7-11 所示。

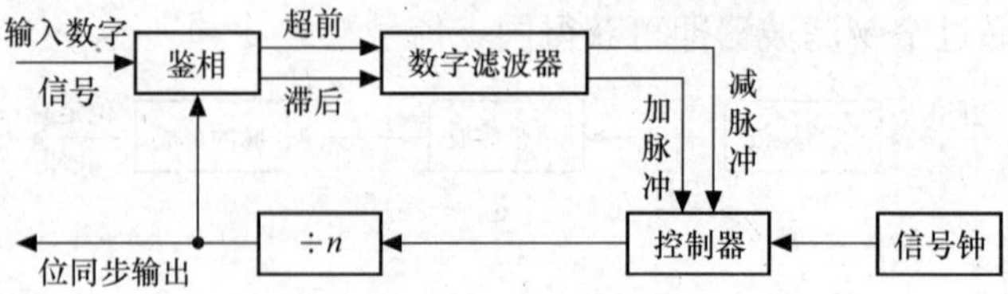

图 7-11　数字锁相环原理框图

（1）信号钟。它包括一个高稳定的振荡器（晶振）和整形电路，若输入信号码元速率 $B=1/T$，那么振荡器频率设计在 $f_0=n/T=nB$ 经整形电路之后，输出为周期性序列，其周期 $T_0=1/f_0=T/n_0$。

（2）控制器与分频器。控制器根据数字滤波器输出的控制脉冲（“加脉冲”或“减脉冲”）对信号钟输出的序列实施加（或减）脉冲。分频器是一个计数器，每当控制器输出 n 个脉冲时，它就输出一个脉冲。控制器与分频器共同作用的结果，就调整了加至鉴相器的位同步信号的相位。若准确同步，滤波器无加或减脉冲输出，加至鉴相器的位同步信号的相位保持不变；若位同步信号滞后，滤波器输出加脉冲控制信号，控制器在信号钟输出序列中加一个脉冲，经分频后的位同步信号相位就前移；若位同步信号超前，滤波器输出减脉冲控制信号，位同步信号相位就后移。这种相位前后移动的调整量都取决于信号钟的周期。每次的时间阶跃量为 T_0。相应的相位最小调整单位则为$\Delta\phi=2\pi T_0/T=2\pi/n$。

（3）鉴相器。它将输入信号码与位同步信号进行相位比较，判别位同步信号究竟是超前还是滞后，若超前就输出超前脉冲，若滞后就输出滞后脉冲。判别位同步信号是超前还是滞后的鉴相器有两种型式：微分型和积分型。关于它们详细分析这里不再讨论，可参考有关数字锁相环的书籍。

7.4　帧　同　步

位同步的目的是确定数字通信中的各个码元的抽样时刻，即把每个码元加以区分，使接收端得到一连串的码元序列，这一连串的码元序列代表一定的信息。通常由若干个码元代表一个字母（符号、数字），而由若干个字母组成一个字，若干个字组成一个句。在传输数据时则把若干个码元组成一个个的码组，即一个个的“字”或“句”，通常称之为群或帧。群同步又称帧同步。帧同步的任务是把字、句和码组区分出来。在时分多路传输系统中，信号是以帧的方式传送的。每一帧中包括许多路。接收端为了把各路信号区分开来，也需要帧同步系统。

7.4.1　对帧同步系统的要求

帧同步系统通常应满足下列要求。

（1）帧同步的引入时间要短，设备开机后应能很快地进入同步。一旦系统失步，也能很快地恢复同步。

（2）同步系统的工作要稳定可靠，具有较强的抗干扰能力，即同步系统应具有识别假失步和避免伪同步的能力。

（3）在一定的同步引入时间要求下，同步码组的长度应最短。

同步系统的工作稳定可靠对于通信设备是十分重要的，但是数字信号在传输过程中总会出现误码而影响同步，一种是由信道噪声等引起的随机误码，此类误码造成帧同步码的丢失往往是一种假失步现象，在满足一定误码率条件下，此种假失步系统能自动地迅速恢复正常，同步系统此时并不动作；另一种是突发干扰造成的误码，当出现突发干扰或传输信道性能劣化时，往往会造成码元大量丢失，使同步系统因连续检不出帧同步码而处于真失步状态。此时，同步系统必须重新捕捉，从恢复的码流中捕捉真同步码，重新建立同步。为了使帧同步系统具有识别假失步的能力，特别引入了前方保护时间的概念，它指从第一个同步码丢失起到同步系统进入捕捉状态为止的一段时间。

当同步系统处于捕捉状态后，要从码流中重新检出同步码以完成帧同步。但是，无论选择何种同步码型，信息码流中都有可能出现与同步码图案相同的码组，而造成同步动作，这种码组称为伪同步码。若帧同步系统不能识别伪同步码，将导致系统进入误同步状态，使整个通信系统不稳定。为了避免进入伪同步而引入了后方保护时间的概念，它是指从同步系统捕捉到第一个真同步码到进入同步状态的一段时间。前方保护时间和后方保护时间的长短与同步码的插入方式有关。

帧同步信号的频率可很容易由位同步信号经分频得到，但是每帧的开头和结尾时刻无法由分频器的输出决定。为了解决帧同步中开头和结尾的时刻，即为了确定帧定时脉冲的相位，通常有两类方法：一类是在数字信息流中插入一些特殊码组作为每帧的头尾的标记，接收端根据这些特殊码组的位置就可以实现帧同步。另一类方法不需要外加特殊码组，用类似于载波同步和位同步中的自同步法，利用码组本身之间彼此不同的特性来实现自同步。这里主要讨论插入特殊码组实现帧同步。插入特殊码组实现帧同步的方法有两种：集中插入方式和分散插入方式。下面分别予以介绍。在此之前，首先简单介绍一种在电传机中广泛使用的起止式帧同步法。

7.4.2　起止式同步法

起止式同步法广泛应用于电传机中，如图 7-12 所示。电传报的一个字由 7.5 个码元组成，每个字的开始先发一个码元宽度的起脉冲（负值），中间五个码元是消息，字的末尾是 1.5 个码元宽度的止脉冲（正值）。收端根据 1.5 个码元宽度的正电平转到一个码元宽度的负电平这一特殊规律，就可以确定一个字的起始位置。于是可实现帧同步。由于这种同步方式中的止脉冲宽度与码元宽度不一致，会给同步数字传输带来不便。另外，在这种同步方式中，7.5 个码元中只有 5 个码元用来传输消息，因此效率较低。

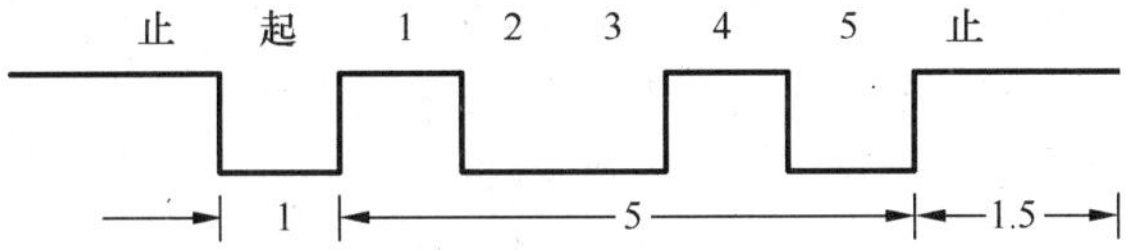

图 7-12　起止式同步法传输的字符格式

7.4.3　集中插入同步法

集中插入方式插入的帧同步码，要求在接收端进行同步识别时出现伪同步的可能性尽量小，并要求此码组具有尖锐的自相关函数，以便识别；另外，识别器也要尽量简单。目前用得最广泛的是性能良好的“巴克”（Barker）码。

1. 巴克码

巴克码是一种具有特殊规律的二进制码组。其特殊规律是：它是一个非周期序列，一个 n 位的巴克码$\{x_1, x_2, x_3, \cdots, x_n\}$，每个码元只可能取值 +1 或−1，它的局部自相关函数为

$$R(j)=\sum_{j=1}^{n-j} x_i x_{i+j}=\begin{cases} n & \text{当 } j=0 \\ 0,+1,-1 & \text{当 } 0<j<n \\ 0 & \text{当 } j \geqslant n \end{cases} \tag{7.16}$$

目前已找到的所有巴克码组如表 7.1 所示。

表 7.1　　巴克码组

n	巴克码组
2	++
3	++ −
4	+++ − ， ++ − +
5	+++ − +
7	+++ −− + −
11	+++ −−− + −− + −
13	+++++ − − ++ − + − +

表中“+”表示 x_i 取值为 +1，“−”表示 x_i 取为−1。以 7 位巴克码组{+ + + − − + −}为例，求出它的自相关函数如下：

当 $j=0$ 时
$$R(j)=\sum_{i=1}^{7} x_i^2=1+1+1+1+1+1+1=7 \tag{7.17}$$

当 $j=1$ 时
$$R(j)=\sum_{i=1}^{6} x_i\, x_{i+1}=1+1-1+1-1-1=0 \tag{7.18}$$

同样可以求出 $j=2, 3, 4, 5, 6, 7$ 时 $R(j)$的值分别为−1，0，−1，0，−1，0。另外，再求出 j 为负值的自相关函数值，两者合在一起所画出的 7 位巴克码的 $R(j)$与 j 的关系曲线如图 7-13 所示。由图可见，自相关函数在 $j=0$ 时具有尖锐的单峰特性。

产生巴克码的方法常用移位寄存器。7 位巴克码产生器如图 7-14 所示。

图 7-14（a）是串行式产生器，移位寄存器的长度等于巴克码组的长度。7 位巴克码由 7 级移位寄存器单元组成。各寄存器的单元的初始状态由预置线预置成巴克码组相应的数字。7 位巴克码的二进制数为 1110010。移位寄存器的输出端反馈至输入端的第一级。因此，7 位巴克码输出后，寄存器各单元均保持原预置状态。这种方式的移位寄存器的级数等于巴克码的位数，看起来有些浪费。另一种是采用反馈式产生器，它只是由 3 级移位寄存器单元和一个模 2 加法器组成，同样也可产生 7 位巴克码，这种方法也叫逻辑综合法，此结构节省部件。

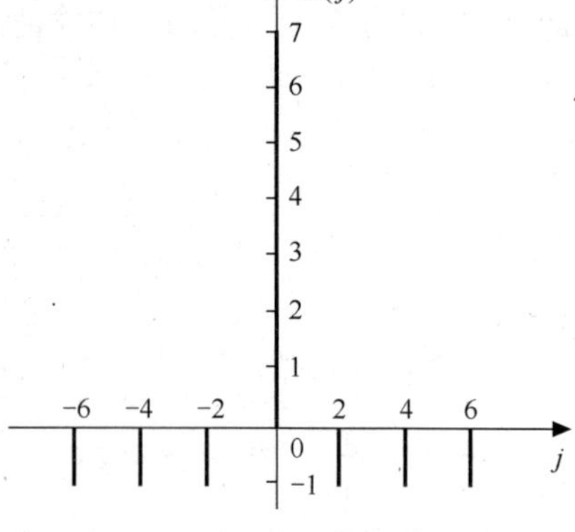

图 7-13　七位巴克码的自相关函数

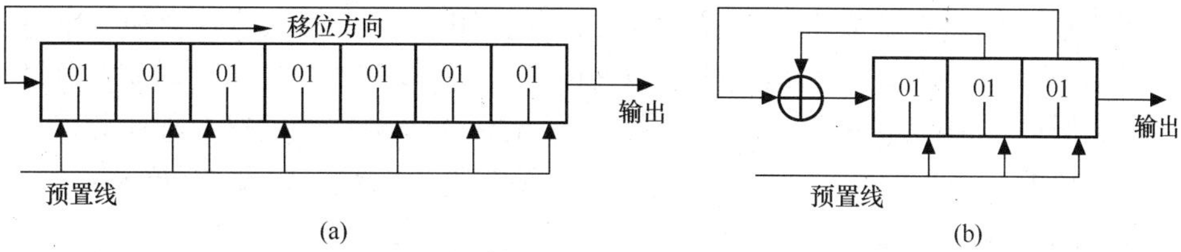

图 7-14　7 位巴克码的产生器

巴克码的识别仍以 7 位巴克码为例，用 7 级移位寄存器、相加器和判决器就可以组成一个巴克码识别器，如图 7-15 所示。各移位寄存器输出端的接法和巴克码的规律一致，即与巴克码产生器的预置状态相同。当输入数据的“1”进入移位寄存器时，“1”端的输出电平为 +1，而“0”的输出电平为−1；反之，输入数据“0”时，“0”端的输出电平为 +1，“1”端的电平为−1。识别器实际是对输入的巴克码进行相关运算。

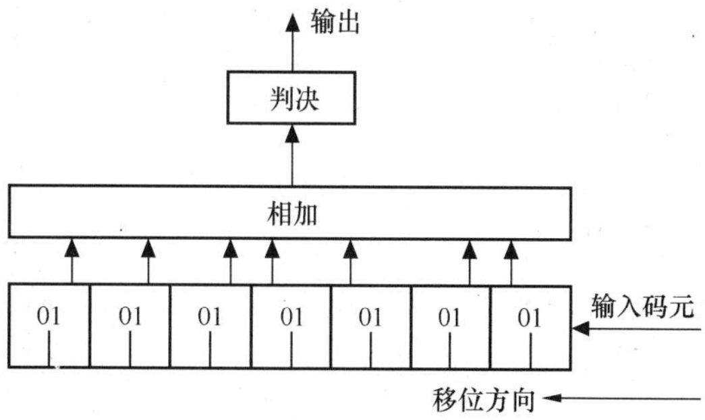

图 7-15　7 位巴克码识别器

当 7 位巴克码在图 7-16（a）中的 t_1 时刻已全部进入了 7 级移位寄存器时，7 个移位寄存器输出端都输出 +1，相加后得最大输出 +7。若判决器的判决门限电平定为 +6，那么，就在 7 位巴克码的最后一位“0”进入识别器后，识别器输出一个帧同步脉冲，表示一帧数字信号的开头，如图 7-16（b）所示。

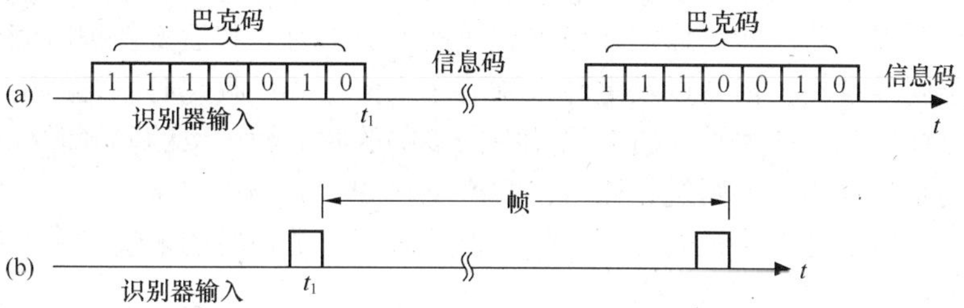

图 7-16　识别器的输出波形

2. PCM30/32 路的帧结构和基群设备定时脉冲及参数

PCM30/32 路数字传输时的帧同步通常采用集中插入方法。本书以 PCM30/32 路数字传输为例讨论另一种形式的集中插入帧同步方法。

图 7-17 示出了 PCM30/32 路时分多路时隙的分配图。在两个相邻抽样值间隔中，分成 32 个时隙，其中 30 个时隙用来传送 30 路电话，一个时隙用来传送帧同步码，另一个时隙用来传送各话路的标志信号码。第 1 到第 15 话路的码组依次安排在时隙 TS_1～TS_{15} 中传送，而第 16 到第 30 话路的码组依次在时隙 TS_{17}～TS_{31} 中传送。TS_0 时隙传送帧同步码，TS_{16} 时隙传送标志信号码。

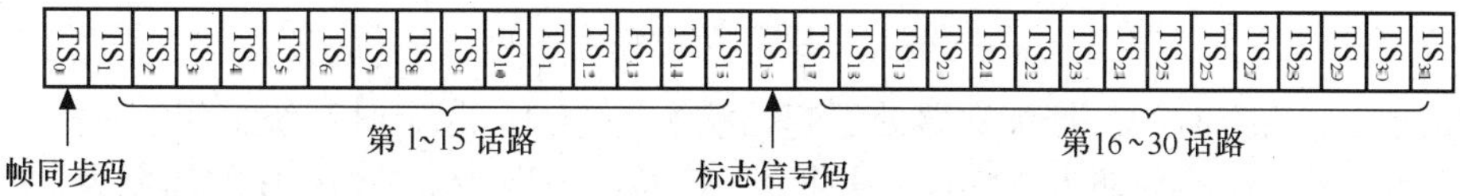

图 7-17　PCM30/32 基群的帧结构

集中插入同步码通常是采用一个字长 r 比特的码组，集中插入一帧中的一个时隙内。PCM30/32 路设备中，采用 $r=7$ 比特的同步码组，集中插入到偶帧的 TS_0 时隙。这种插入方式要占用信息时隙，但却缩短了同步引入时间，有利于开发数据传输等多种业务。

CCITT（现为 ITU-T）对 PCM30/32 路设备的帧时隙分配建议如表 7.2 所示。

为了使帧同步能较好地识别假失步和避免伪同步，帧同步码选为 0011011。此系统选择这种码型的理论依据不在此叙述，请读者参考有关书籍。表 7.2 列出了帧同步码的分配情况。

表 7.2　　帧同步码的分配情况

<table>
<tr><td rowspan="2"></td><td colspan="8">比特编号</td></tr>
<tr><td>1</td><td>2</td><td>3</td><td>4</td><td>5</td><td>6</td><td>7</td><td>8</td></tr>
<tr><td rowspan="2">包含帧定位信号的时隙“0”</td><td rowspan="2">保留给国际使用（目前固定为 1）</td><td>0</td><td>0</td><td>1</td><td>1</td><td>0</td><td>1</td><td>1</td></tr>
<tr><td colspan="7">帧定位信号</td></tr>
<tr><td>不包含帧定位信号的时隙“0”</td><td>保留给国际使用（目前固定为 1）</td><td>1</td><td>0/1
（告警）</td><td colspan="5">保留给国内使用（目前固定为 1）</td></tr>
</table>

从表 7.2 看出，帧同步码占有第 2～8 码位，插入在偶帧 TS_0 时隙。第 1 位码目前保留未用。

奇帧 TS_0 时隙插入码的分配是：第 1 位保留给国际用，暂定为 1。第 2 位作监视码，用以检验帧定位码。第 3 位用作对告码，同步时为 0，一旦出现失步，即变为 1。并告诉对方，出现对告指示。第 4 位到第 8 位目前固定为 1，留给国内今后开发使用。

3. 集中插入同步法

PCM30/32 路的帧同步码采用集中插入方式。因此通常采用集中插入同步码的滑动法来恢复帧同步信号，如图 7-18 所示。其工作原理：此电路是由 5 部分组成，即移位寄存器和识别门组成同步码检出电路；前后保护计数器完成前方保护时间和后方保护时间计数，并通过 R-S 触发器发出同步及失步指令以及定时系统的起止信号 S；收定时系统产生收端运用的各类定时脉冲。时标发生器产生与 PCM 码元中同步码的时间相一致的偶帧时标信号，作为比较脉冲在识别门和收到的同步码进行比较；并产生与 PCM 码流中奇帧监视码时间关系一致的奇帧时标信号，用来检出监视码；还产生供保护时间计数使用的触发时钟。奇帧监视码检出电路用来检出奇帧 TS_0 中的第二位。

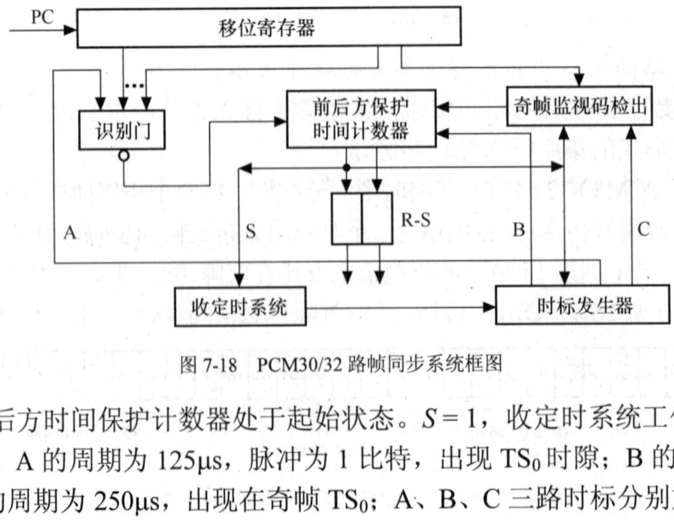

图 7-18　PCM30/32 路帧同步系统框图

同步时，前后方时间保护计数器处于起始状态。$S=1$，收定时系统工作，时标发生器产生三种时标信号：A 的周期为 125μs，脉冲为 1 比特，出现 TS_0 时隙；B 的周期为 250μs，出现偶帧 TS_0；C 的周期为 250μs，出现在奇帧 TS_0；A、B、C 三路时标分别加到识别门、保护时间计数器和监视码检出电路。PCM 码进入移位寄存器，当出现同步码组时，由于处于同步状态，收定时系统产生的各种定时脉冲与接收到的码流中的时序规律相同。同步码检出电路由 8 级移位寄存器和识别门组成。只有当 0011011 码组进入移位寄存器，且帧结构的时序状态保持对准关系，A 时标出现“1”的时刻才有同步码检出。检出的同步码是周期为 250μs，脉宽为 1bit 的负脉冲。

当出现同步码错误时，识别门无同步码检出，其输出为高电平。在时标 B 的作用下，开始前方保护时间计数。如果连续丢失 3（或 4）个帧同步码，计数器计满，输出指令 $S=0$，将收定时系统强迫置位到一个固定状态，系统进入同步捕捉状态。此时，收定时停止动作，使时标发生器输出的时标信号 A 为高电平状态，以便捕捉同步码。

当 PCM 码恢复正常后，同步系统从输入码流中捕捉到 0011011 码组。相当于第 N 帧有同步码，识别门输出一个检出脉冲用于帧同步。此时，后方保护时间计数开始，$S=1$，收定时系统启动并使时标发生器产生各类时标 A、B、C。时标 C 加到奇监视码检出电路，如果 $N+1$ 帧的检出电路检出的是高电平“1”，表示 $N+1$ 帧满足无同步码条件，应在 $N+2$ 帧由识别门再一次检出同步码，后方保护时间计数器动作，系统进入同步状态。

当 $N+1$ 帧出现的第二位码不是“1”而是“0”时，则表示 $N+1$ 帧无同步码的要求不成立，奇帧监视码检出电路输出一个负脉冲，将计数器强制置位到起始状态。同步系统重新进入捕捉状态。

如果 N 帧和 $N+1$ 帧均符合规定，$N+2$ 帧无同步检出，后方保护时间计数器所计的数无效，系统也必须重新进行捕捉。

7.4.4　分散插入同步法

另一种帧同步方法是将帧同步码分散地插入到信息码元中，即每隔一定数量的信息码元插入一个帧同步码元。这时为了便于提取，帧同步码不宜太复杂。PCM24 路数字电话系统的帧同步码就是采用的分散插入方式，下面以此为例进行讨论。

1. PCM24 路的帧结构

图 7-19 所示为 PCM24 路时分多路时隙的分配图。图中 b 为振铃码的位数，n 为 PCM 编码位数，F 为帧同步码的位数，K 为监视码的位数，N 为路数。其中 $n=7$，$b=1$，$F=1$，$N=24$，$K=0$。

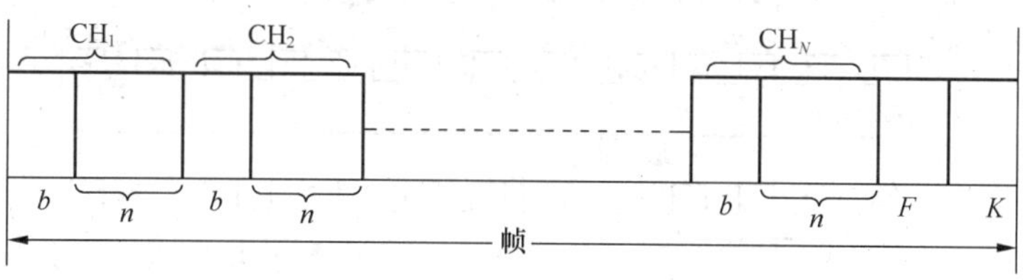

图 7-19　PCM24 路时分多路时隙的分配图

PCM24 路基群设备以及一些简单的ΔM 同步通信系统通常采用等间隔分散插入方式。如图 7-20 所示。

同步码采用 1，0 交替型，等距离地插入在每一帧的最后一个码位之后，即 PCM24 路设备是第 193 码位。这种插入方式的最大特点是同步码不占用信息时隙，同步系统结构较为简单，但是同步引入时间长。

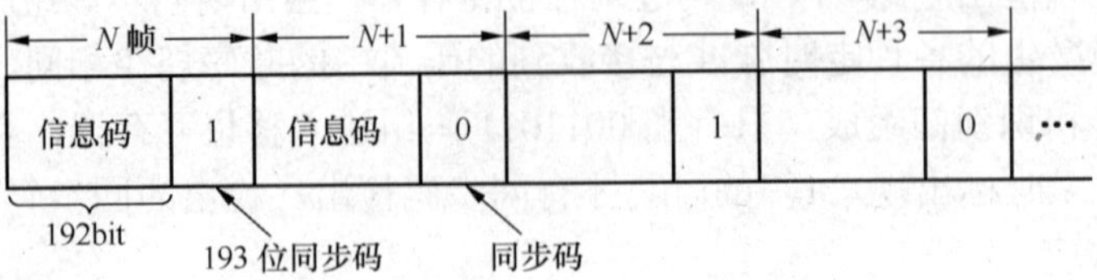

图 7-20　PCM24 路基群的同步码的分散插入方式

2. 1 比特移位方式

对于采用分散插入方式的 PCM24 路的帧同步信号的提取通常采用 1 比特移位方式，如图 7-21 所示。工作原理是：接收端通过本地码发生器产生和发送端相同的帧同步码。将接收到的 PCM 码与本地帧同步码同时加到“不一致门”上。不一致门由“模 2 加”电路组成，其逻辑功能为 $A\oplus A=0$，$A\oplus \bar{A}=1$。

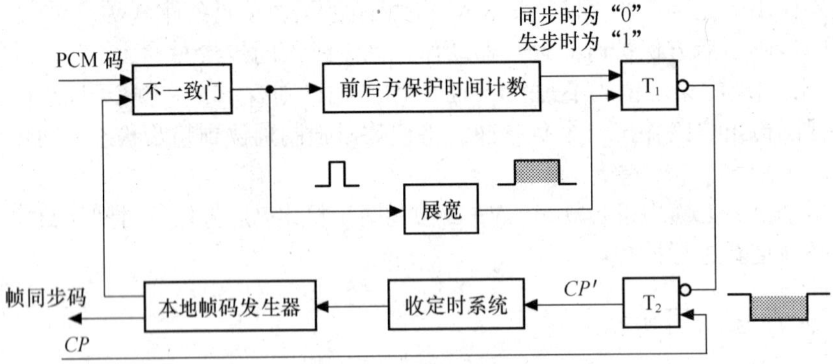

图 7-21　1 比特移位方式框图

当本地帧和收到码流中的帧对准时，不一致门无信号输出。当本地帧和收到码流中的帧对不上时，则不一致门有错误脉冲输出。一方面输出的错误脉冲经展宽，延时后作为控制定时系统的移位脉冲。另一方面输出的错误脉冲经前后方保护时间计数时，计数电路输出高电平“1”。

此时移位脉冲经 T_1 门变为负脉冲，并通过 T_2 门将时钟脉冲扣除 1bit，如图 7-22 所示。

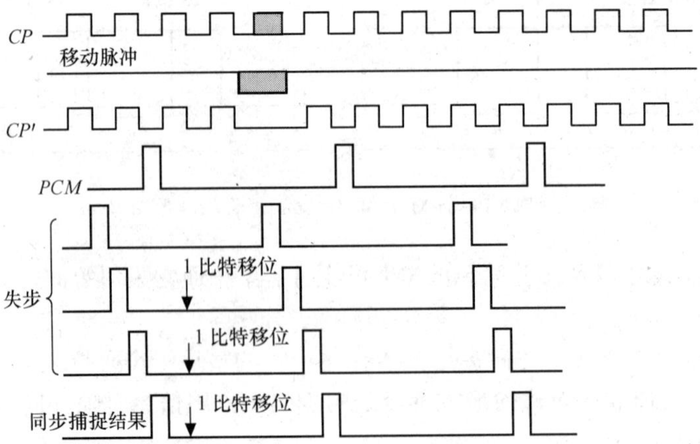

图 7-22　1 比特移位原理

CP 为时钟脉冲，它被扣除一个脉冲变为 *CP′*，使收定时电路停止动作一拍，相当于本地帧码时间后移 1bit。如果后移一拍后的本地帧码和 PCM 码中帧同步还未对准，又输出一个错误脉冲，再将 *CP* 扣除一个脉冲，使产生的帧码又后移 1bit。如此下去，直到对准为止。此时，同步系统进入后方保护时间计数。当在后方保护时间内，本地帧码和 PCM 中的帧一直保持对准状态，则表明系统可以进入同步。保护电路的输出状态回复到“0”，同步系统处于正常工作状态。

7.5 网　同　步

当通信是在点对点之间进行时，完成了载波同步、位同步和帧同步之后，就可以进行可靠的通信了。但现代通信往往需要在许多通信点之间实现相互连接，而构成通信网。显然，为了保证通信网各点之间可靠地进行数字通信，必须在网内建立一个统一的时间标准，称为网同步。

图 7-23 为一复接系统。图中 *A*、*B*、*C* 等是各站送来的速率较低的数据流（*A*，*B*，*C* 本身又可以是多路复用信号），它们各自的时钟频率不一定相同。在总站的合群器里，*A*、*B*、*C* 等合并为路数更多的复用信号，当然这时数据流的速率更高了。高速数据流经信道传输到接收端，由收站分路器按需要将数据分配给 *A′*、*B′*、*C′*等各分站。如果只是 *A* 站与 *A′*站的点对点之间的通信那么它们间通信就是前几节介绍的方法。但在通信网中是多点通信，*A* 站的用户也要与 *B′*站和 *C′*站通信，若它们之间没有相同的时钟频率是不能进行通信的。保证通信网中各个站都有共同的时钟信号，是网同步的任务。

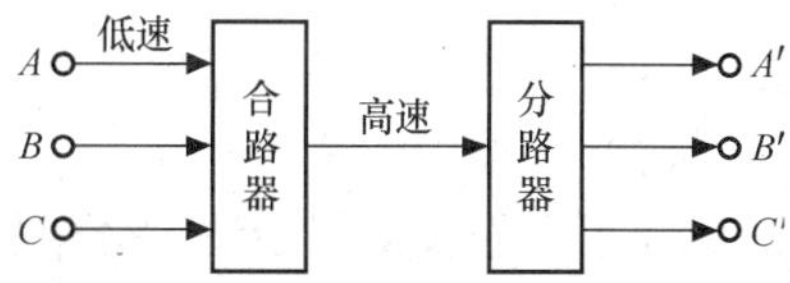

图 7-23　复接系统

实现网同步的方法主要有两大类：一类是全网同步系统。即在通信网中使各站的时钟彼此同步，各站的时钟频率和相位都保持一致。建立这种网同步的主要方法有主从同步法和相互同步法。另一类是准同步系统，也称独立时钟法，即在各站均采用高稳定性的时钟，相互独立，允许其速率偏差在一定的范围之内，在转接时设法把各处输入的数码速率变换成本站的数码率，再传送出去。在变换过程中要采取一定措施使信息不致丢失。实现这种方式的方法有两种：码速调整法和水库法。

1. 全网同步系统

全网同步方式采用频率控制系统去控制各交换站的时钟，使它们都达到同步，即使得它们的频率和相位均保持一致，没有滑动。采用这种方法可用稳定度低而价廉的时钟，在经济上是有利的。

（1）主从同步法。

在通信网内设立一个主站，它备有一个高稳定的主时钟源，再将主时钟源产生的时钟逐站传输至网内的各个站去，如图 7-24 所示。这样各站的时钟频率（即定时脉冲频率）都直接或间接来自主时钟源，所以网内各站的时钟频率相同。各从站的时钟频率通过各自的锁相环来保持和主站的时钟频率一致。由于主时钟到各站的传输线路长度不等，会使各站引入不同的时延。因此，各站都需设置时延调整电路，以补偿不同的时延，使各站的时钟不仅频率相同，而且相位也一致。

这种主从同步方式比较容易实现，它依赖单一的时钟，设备比较简单。此法的主要缺点是：若主时钟源发生故障，会使全网各站都因失去同步而不能工作；当某一中间站发生故障时不仅该站不能工作，其后的各站都因失步而不能工作。

图 7-25 示出另一种主从同步控制方式，称为等级主从同步方式。它所不同的是全网所有的交换站都按等级分类，其时钟都按照其所处的地位水平，分配一个等级。在主时钟发生故障的情况下，就主动选择具有最高等级的时钟作新的主时钟，即主时钟发生故障时，则由副时钟源替代，通过图中虚线所示通路供给时钟。

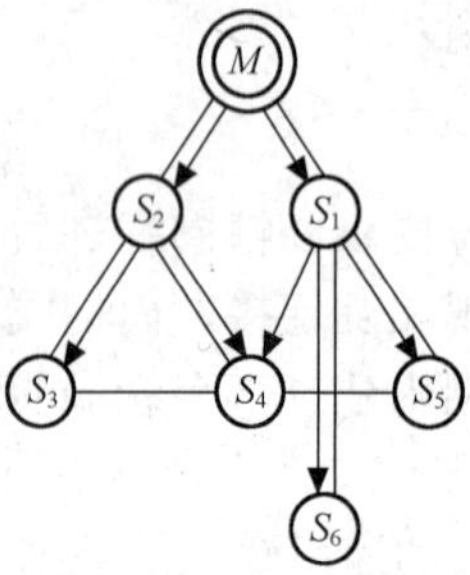

图 7-24　主从控制方式

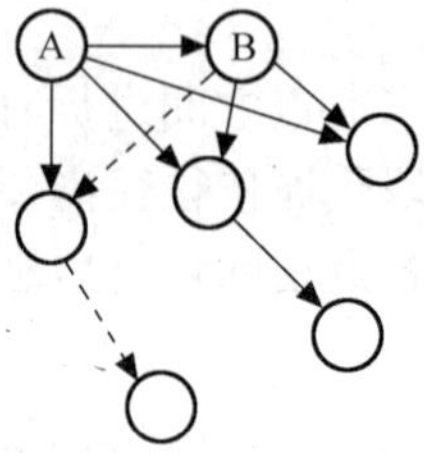

图 7-25　等级主从同步方式

这种方式改善了可靠性，但较复杂。

（2）互控同步法。

为了克服主从同步法过分依赖主时钟源的缺点，让网内各站都有自己的时钟，并将数字网高度互联实现同步，从而消除了仅有一个时钟可靠性差的缺点。各站的时钟频率都锁定在各站固有频率的平均值上，这个平均值称为网频频率，从而实现网同步，这是一个相互控制的过程。当网中某一站发生故障时，网频频率将平滑地过渡到一个新的值。这样，除发生故障的站外，其余各站仍能正常工作，因此提高了通信网工作的可靠性。这种方法的缺点是每一站的设备都比较复杂。

2. 准同步系统

（1）码速调整法。

准同步系统各站各自采用高稳定时钟，不受其他站的控制，它们之间的钟频允许有一定的容差。这样各站送来的信码流首先进行码速调整，使之变成相互同步的数码流，即对本来是异步的各种数码进行码速调整。

（2）水库法。

这种方法是依靠在各交换站设置极高稳定度的时钟源和容量大的缓冲存储器，使得在很长的时间间隔内存储器不发生“取空”或“溢出”的现象。容量足够大的存储器就像水库一样，很难将水抽干，也很难将水库灌满。因而可用作水流量的自然调节，故称为水库法。

现在来计算存储器发生一次“取空”或“溢出”现象的时间间隔 T。设存储器的位数为 $2n$，起始为半满状态，存储器写入和读出的速率之差为 $\pm\Delta f$，则显然有

$$T=\frac{n}{\Delta f} \tag{7.19}$$

设数字码流的速率为 f，相对频率稳定度为 S 并令

$$S = |\pm \frac{\Delta f}{f}| \tag{7.20}$$

则由式（7.19）得

$$f\,T = \frac{n}{S} \tag{7.21}$$

式（7.21）是水库法进行计算的基本公式。设 f = 512kbit/s，并设

$$S = |\pm \frac{\Delta f}{f}| = 10^{-9} \tag{7.22}$$

需要使 T 不小于 24 小时。则利用式（7.21），可求出 n，即

$$n = SfT = 10^{-9} \times 51200 \times 24 \times 3600 \approx 45$$

显然，这样的设备不难实现，若采用更高稳定度的振荡器，例如铯原子振荡器，其频率稳定度可达 5×10^{-11}。因此，可在更高速率的数字通信网中采用水库法作网同步。但水库法每隔一个相当时间总会发生“取空”或“溢出”现象，所以每隔一定时间 T 要对同步系统校准一次。

上面我们简要介绍了数字通信网的网同步的几种主要方式。但是，网同步方式目前世界各国仍在继续研究，究竟采用哪一种方式，有待探索。而且，它与许多因素有关，如通信网的构成形式，信道的种类，转接的要求，自动化的程度，同步码型和各种信道的码率的选择等都有关系。前面所介绍的方式，各有其优缺点。目前数字通信正在迅速发展，随着市场的需要和研究工作的进展，可以预期今后一定会有更加完善、性能良好的网同步方法面市。

7.6　同步技术应用举例

当通信在点对点之间完成了载波同步、位同步和帧同步之后，就可以进行可靠的通信了。下面通过一个具体的实例来说明三种同步在数字通信系统中的位置。图 7-26 所示给出了两路数字电话通信系统框图，图 7-26（a）所示为发送部分，图 7-26（b）所示为接收部分。

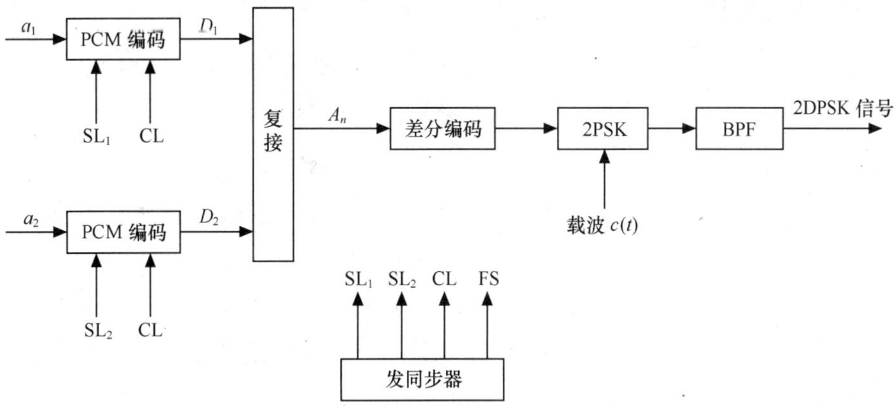

（a）发送部分

图 7-26　两路数字电话系统

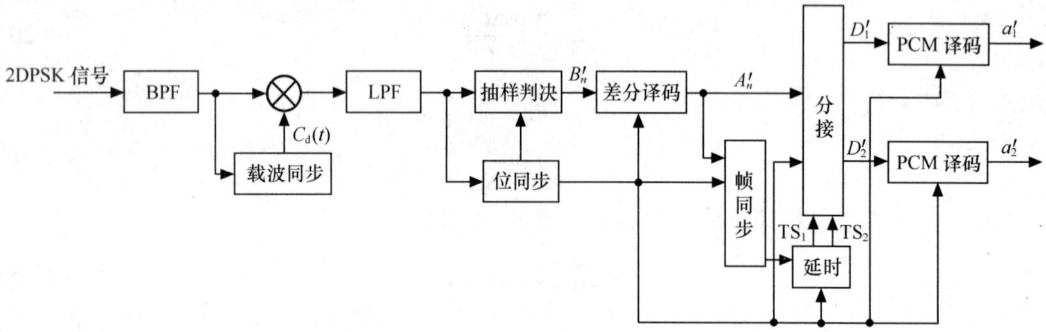

（b）接收部分

图 7-26　两路数字电话系统（续）

在发送部分，假设时钟为 192kHz，两路抽样（图中的 SL_1，SL_2）频率均为 8kHz，每个抽样信号编码为 8bit/s（D_1，D_2）各占一个时隙（TS_1，TS_2）。为了保证帧同步，采用集中插入同步法在时隙 TS_0 处插入帧同步码（FS）：χ1110010。经过复接后的 A_n 为一个时分复用基带 PCM 信号，码元速率为 192kHz,，帧长为 125us，此序列经差分编码、2PSK 调制，就可以得到 2DPSK 信号，由 BPF 进入传输信道。

在接收部分，来自信道的 2DPSK 信号先经过 BPF，然后进入载波同步器产生恢复的相干载波，并进行相干解调。经 LPF 输出一个基带信号，还需经抽样判决器整形。抽样判决用的位定时信号来自位同步器。抽样判决器输出的是相对码 B'_n，还需要进行差分译码来恢复成绝对码 A'_n。B'_n 与 A'_n 信号都是时分复用 PCM 信号，经分接器分为两路，这个过程需要帧同步。帧同步器从输入码流 A'_n 中识别，并输出帧同步脉冲。帧同步脉冲经延迟后产生两个时隙 TS_1 和 TS_2，并选通 A'_n 中的 D'_1 和 D'_2，实现了分接。最后再经 PCM 译码恢复成原来的模拟话音信号 a'_1 和 a'_2。由图中可见，接收部分的三个同步出现的次序为：载波同步、位同步、帧同步。

不论采取哪种同步的方式，对正常的信息传输来说，都是非常必要的，因为只有收发之间同步才能开始传输信息。因此，在通信系统中，通常都是要求同步信息传输的可靠性高于信号传输的可靠性。

习　题

7-1　已知单边带信号 $S_{\mathrm{SSB}}(t)=f(t)\cos\omega_0 t+\hat{f}(t)\sin\omega_0 t$，试证明它不能用平方变换滤波法提取载波。

7-2　已知单边带信号 $S_{\mathrm{SSB}}(t)=f(t)\cos\omega_0 t+\hat{f}(t)\sin\omega_0 t$，若采用与 DSB 导频插入相同的方法，试证明接收端可正确解调，若发端插入的导频是调制载波，试证明解调输出中也含有直流分量。

7-3　设某基带信号如题 7-3 图所示，它经过一带限滤波器后变为带限信号，试画出从带限基带信号中提取位同步信号的原理方框图和各点波形。

7-4　有两个相互正交的双边带信号 $A_1\cos\Omega_1 t\cos\omega_0 t$ 和 $A_2\cos\Omega_2 t\sin\omega_0 t$ 送入如题 7-4 图所

示的电路解调。当 $A_1=2A_2$ 时要求二路间的干扰和信号电压之比不超过 2%时，试确定$\Delta\varphi$的最大值。

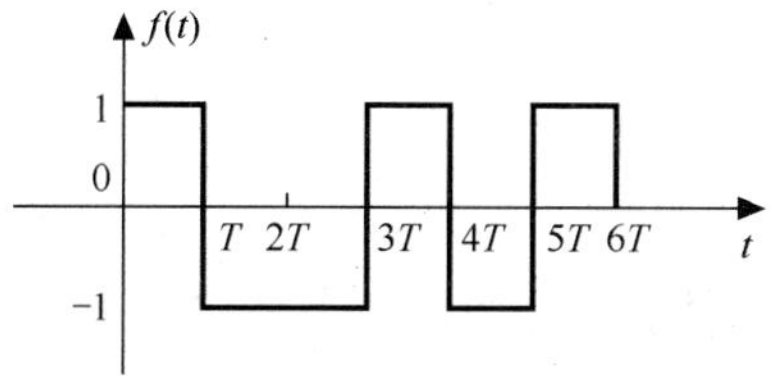

题 7-3 图

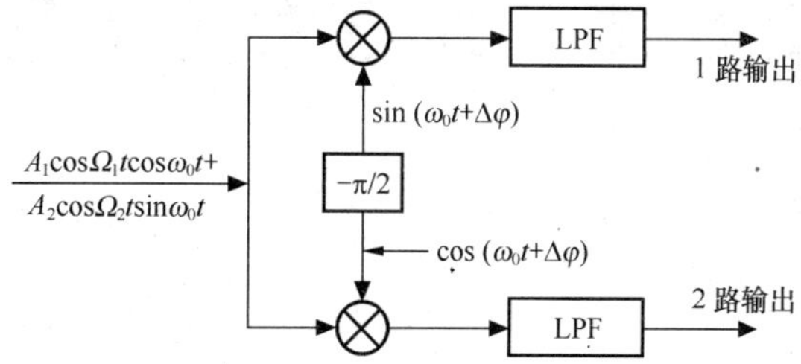

题 7-4 图

7-5　若 7 位巴克码组的前后全为“1”序列加入图 7-15 所示的 7 位巴克码识别器的输入端，且各移位寄存器的初始状态均为零，试画出识别器中加法器和判决器的输出波形。

7-6　若 7 位巴克码组的前后全为“0”序列，将它加入图 7-15 所示的 7 位巴克码识别器的输入端，且各移位寄存器的初始状态均为零，试画出识别器中加法器和判决器的输出波形。

7-7　设数字通信网采用水库法进行码速调整，已知数据速率为 16kbit/s，寄存器容量为 16 位，起始为半满状态。当时钟的相对频率稳定度为 $|\pm\Delta f/f|=10^{-6}$ 时，试计算需要调整的时间间隔。

第 8 章　通信系统中的差错控制编码技术

8.1　纠错编码原理和方法

在数字通信中，数字信息交换和传输过程中所遇到的主要问题就是可靠性问题，也就是数字信号在交换和传输过程中出现差错的问题。出现差错的主要原因是信号在传输过程中由于信道特性不理想以及加性噪声和人为干扰的影响，使接收端产生错误判决。不同的系统在信号传输的过程中会受到不同的干扰，产生不同的差错率，进而使传输的可靠性不同。随着传输速率的提高，可靠性问题更加突出。不同的通信系统对误码率的要求也不相同，例如，传输雷达数据时允许的误码率约为10^{-5}；数字话音传输系统允许的误码率为$10^{-3} \sim 10^{-4}$；而在计算机网络之间传输数据时要求的误码率应小于10^{-9}。

为了提高系统传输的可靠性，降低误码率，常用的方法有两种：一种是降低数字信道本身引起的误码，可采用的方法有选择高质量的传输线路、改善信道的传输特性、增加信号的发送能量、选择有较强抗干扰能力的调制解调方案等；另一种方法就是采用差错控制编码，即信道编码。它的基本思想是通过对信息序列作某种变换，使原来彼此独立、相关性极小的信息码元产生某种相关性，在接收端可以利用这种规律性来检查并纠正信息码元在信息传输中所造成的差错。在许多情况下，信道的改善是不可能的或者是不经济的，这时只能采用差错控制编码方法。

从差错控制角度看，按加性干扰引起的错码分布规律的不同，信道可以分为三类，即随机信道、突发信道和混合信道。在随机信道中，错码的出现是随机的，且错码之间是统计独立的。例如，由信道中的高斯白噪声引起的错码就具有这种性质，因此称这种信道为随机信道。在突发信道中，错码是成串集中出现的，也就是说，在一些短促的时间区间内会出现大量错码，而在这些短促的时间区间之间却又存在较长的无错码区间，这种成串出现的错码称为突发错码。产生突发错码的主要原因是脉冲干扰和信道中的衰落现象。因此称这种信道为突发信道。把既存在随机错码又存在突发错码的信道称为混合信道，对于不同的信道应采用不同的差错控制技术。

8.1.1　差错控制系统

常用的差错控制方法有以下几种。

1．检错重发法（ARQ）

检错重发方式的发送端发出有一定检错能力的码。接收端译码器根据编码规则，判断这些码在传输中是否有错误产生，如果有错，就通过反馈信道告诉发送端，发送端将接收端认为错误的信息再次重新发送，直到接收端认为正确为止。

该方式的优点是只需要少量的多余码就能获得较低的误码率。由于检错码和纠错码的能力与信道的干扰情况基本无关，因此整个差错控制系统的适应性较强，特别适合于短波、有线等干扰情况非常复杂而又要求误码率较低的场合。主要缺点是必须有反馈信道，不能进行同播。

当信道干扰较大时，整个系统可能处于重发循环之中，因此信息传输的连贯性和实时性较差。

2. 前向纠错法（FEC）

前向纠错方式是发送端发送有纠错能力的码，接收端的纠错译码器收到这些码之后，按预先规定的规则，自动地纠正传输中的错误。

该方式的优点是不需要反馈信道，能够进行一个用户对多个用户的广播式通信。此外，这种通信方式译码的实时性好，控制电路简单，特别适用于移动通信。缺点是译码设备比较复杂，所选用的纠错码必须与信道干扰情况相匹配，因而对信道变化的适应性差。为了获得较低的误码率，必须以最坏的信道条件来设计纠错码。

3. 混合差错控制（HEC）

混合差错控制方式是检错重发方式和前向纠错方式的结合。发送端发送的码不仅能够检测错误，而且还具有一定的纠错能力。接收端译码器收到信码后，如果检查出的错误是在码的纠错能力以内，则接收端自动进行纠错，如果错误很多，超过了码的纠错能力但尚能检测时，接收端则通过反馈信道告知发送端必须重发这组码的信息。

该方法不仅克服了前向纠错方式冗余度较大，需要复杂的译码电路的缺点，同时还增强了检错重发方式的连贯性，在卫星通信中得到了广泛的应用。

图 8-1 是上述三种差错控制方法的系统框图。

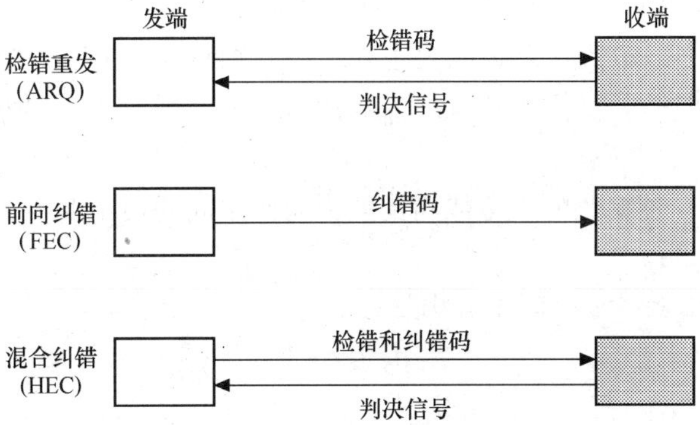

图 8-1　三种差错控制方法框图

8.1.2　差错控制编码的基本概念

1. 编码效率

设编码后的码组长度、码组中所含信息码元以及监督码元的个数分别为 n、k 和 r，三者间满足 $n=k+r$，编码效率 $R=k/n=1-r/n$。R 越大，说明信息位所占的比重越大，码组传输信息的有效性越高。所以，R 说明了分组码传输信息的有效性。

2. 编码分类

（1）根据已编码组中信息码元与监督码元之间的函数关系，可分为线性码和非线性码。若信息码元与监督码元之间的关系呈线性，即满足一组线性方程式，则称为线性码。

（2）根据信息码元与监督码元之间的约束方式不同，可分为分组码和卷积码。分组码的监督码元仅与本码组的信息码元有关，卷积码的监督码元不仅与本码组的信息码元有关，而且与前面码组的信息码元有约束关系。

（3）根据编码后信息码元是否保持原来的形式，可分为系统码和非系统码。在系统码中，编码后的信息码元保持原样，而非系统码中的信息码元则改变了原来的信号形式。

（4）根据编码的不同功能，可分为检错码和纠错码。

（5）根据纠、检错误类型的不同，可分为纠、检随机性错误码和纠、检突发性错误码。

（6）根据码元取值的不同、可分为二进制码和多进制码。

本章只介绍二进制纠、检错编码。

3. 编码增益

由于编码系统具有纠错能力，因此在达到同样误码率要求时，编码系统会使所要求的输入信噪比低于非编码系统，为此引入了编码增益的概念。其定义为，在给定误码率下，非编码系统与编码系统之间所需信噪比 S_0/N_0 之差（用 dB 表示）。采用不同的编码会得到不同的编码增益，但编码增益的提高要以增加系统带宽或复杂度来换取。

4. 码重和码距

对于二进制码组，码组中“1”码元的个数称为码组的重量，简称码重，用 W 表示。例如码组 10001，它的码重 $W=2$。

两个等长码组之间对应位不同的个数称为这两个码组的汉明距离，简称码距 d。例如码组 10001 和 01101，有三个位置的码元不同，所以码距 $d=3$。码组集合中各码组之间距离的最小值称为码组的最小距离，用 d_0 表示。最小码距 d_0 是信道编码的一个重要参数，它体现了该码组的纠、检错能力。d_0 越大，说明码字间最小差别越大，抗干扰能力越强。但 d_0 与所加的监督位数有关，所加的监督位数越多，d_0 就越大，这又引起了编码效率 R 的降低，所以编码效率 R 与码距 d_0 是一对矛盾。

根据编码理论，一种编码的检错或纠错能力与码字间的最小距离有关。在一般情况下，对于分组码有以下结论：

（1）为检测 e 个错误，最小码距应满足

$$d_0 \geqslant e+1 \tag{8.1}$$

（2）为纠正 t 个错误，最小码距应满足

$$d_0 \geqslant 2t+1 \tag{8.2}$$

（3）为纠正 t 个错误，同时又能够检测 e 个错误，最小码距应满足

$$d_0 \geqslant e+t+1 \qquad (e>t) \tag{8.3}$$

8.2 常用的简单编码

在讨论较为复杂的纠错编码之前，我们先介绍几种简单的编码。这些编码属于分组编码，且编码电路简单，易于实现，有较强的检错能力，有些编码还具有一定的纠错能力，因此在实际中得到了比较广泛的应用。

8.2.1 奇偶监督码

奇偶监督码可分为奇数监督码和偶数监督码两种，两者的原理相同。在偶数监督码中，无论信息位有多少，监督位只有一位，它使码组中“1”的数目为偶数，即满足下式条件

$$a_{n-1} \oplus a_{n-2} \oplus \cdots \oplus a_1 \oplus a_0 = 0 \tag{8.4}$$

式中 a_0 为监督位，$a_{n-1}, a_{n-2}, \cdots, a_2, a_1$ 为信息位，“$\oplus$”表示模 2 加。这种码只能发现奇数个错误，不能发现偶数个错误。在接收端，译码器按照式（8.4）将码组中各码元进行模 2 加，若相加的结果为“1”，说明码组存在差错，若为“0”则认为无错。

奇监督码与偶监督码相类似，只不过其码组中“1”的个数为奇数，即满足下式

$$a_{n-1} \oplus a_{n-2} \oplus \cdots \oplus a_1 \oplus a_0 = 1 \tag{8.5}$$

且检错能力与偶监督码一样。

尽管奇偶监督码的检错能力有限，但是在信道干扰不太严重，码长不长的情况下仍很有用，因此广泛地应用于计算机内部的数据传送及输入、输出设备中。

8.2.2　二维奇偶监督码

二维奇偶监督码又称方阵码或行列监督码。它是把上述奇偶监督码的若干码组排列成矩阵，每一码组写成一行，然后再按列的方向增加第二维监督位，如图 8-2 所示。图中 $a_0^1 a_0^2 \cdots a_0^m$ 为 m 行奇偶监督码中的 m 个监督位；$c_{n-1} c_{n-2} \cdots c_0$ 为按列进行第二次编码所增加的监督位，它们构成了一监督位行。

$$\begin{array}{cccc:c}
a_{n-1}^1 & a_{n-2}^1 & \cdots & a_1^1 & a_0^1 \\
a_{n-1}^2 & a_{n-2}^2 & \cdots & a_1^2 & a_0^2 \\
 & & \cdots & & \\
a_{n-1}^m & a_{n-2}^m & \cdots & a_1^m & a_0^m \\
\hdashline
c_{n-1} & c_{n-2} & \cdots & c_1 & c_0
\end{array}$$

图 8-2　二维奇偶监督码

这种二维奇偶监督码适用于检测突发错码。因为这种突发错码常常成串出现，随后有较长一段无错区间，所以在某一行中出现多个奇数或偶数个错码的机会较多，而这种方阵码正适于检测这类错码。

方阵码仅对方阵中同时构成矩形四角的错码无法检测。其检错能力较强，一些实验测量表明，这种码可使误码率降至原误码率的百分之一到万分之一。

二维奇偶监督码不仅可用来检错，还可用来纠正一些错码。例如，当码组中突发错码仅在一行中有奇数个错误时，则能够确定错码的位置，从而纠正它。

8.2.3　恒比码

在恒比码中，每个码组均含有相同数目的“1”和“0”。由于“1”的数目与“0”的数目之比保持恒定，所以称之为恒比码。这种码在接收端检测时，只需计算接收码组中“1”的数目是否正确，就可以知道有无错误。

目前我国电传通信中普遍采用 5 中取 3 恒比码，即每个码组长度为 5，“1”的个数为 3，“0”的个数为 2。该码组共有 $c_5^3 = 10$ 个许用码字，用来传送 10 个阿拉伯数字，如表 8.1 所示。实际使用经验表明，它能使差错减至原来的十分之一左右。

表 8.1　　5 中取 3 恒比码

数字	0	1	2	3	4	5	6	7	8	9
码字	01101	01011	11001	10110	11010	00111	10101	11100	01110	10011

在国际无线电报通信中，广泛采用的是“7 中取 3”恒比码，这种码组中规定“1”的个数恒为 3。因此，共有 $C_7^3 = 35$ 个许用码组，它们可用来表示 26 个英文字母及其他符号。

这种码除了不能检测“1”错成“0”和“0”错成“1”成对出现的差错外，能发现几乎任

何形式的错码，因此恒比码的检错能力较强。恒比码的主要优点是简单，它适于用来传输电传机或其他键盘设备产生的字母和符号。对于信源来的二进制随机数字序列，这种码就不适合使用了。

8.2.4 正反码

正反码是一种简单地能够纠正错码的编码。其中监督位数目与信息位数目相同，监督码元与信息码元是相同（是信息码的重复）或相反（是信息码的反码）由信息码中“1”的个数而定。现以电报通信中常用的 5 单元电码为例来加以说明。

电报通信用的正反码的码长 $n=10$，其中信息位 $k=5$，监督位 $r=5$。其编码规则为：

（1）当信息位中有奇数个“1”时，监督位是信息位的简单重复；

（2）当信息位中有偶数个“1”时，监督位是信息位的反码。

例如，若信息位为 11001，则码组为 1100111001；若信息位为 10001，则码组为 1000101110。

接收端解码的方法为：先将接收码组中信息位和监督位按位模 2 相加，得到一个 5 位的合成码组，然后，由此合成码组产生一校验码组。若接收码组的信息位中有奇数个“1”，则合成码组就是校验码组；若接收码组的信息位中有偶数个“1”，则取合成码组的反码作为校验码组。最后，观察校验码组中“1”的个数，按表 8.2 进行判决及纠正可能发现的错码。

表 8.2　　　　正反码的解码方法

	校验码组的组成	错码情况
1	全为“0”	无错码
2	有 4 个“1”，1 个“0”	信息码中有一位错码，其位置对应校验码组中“0”的位置
3	有 4 个“0”，1 个“1”	监督码中有一位错码，其位置对应校验码组中“1”的位置
4	其他组成	错码多于一个

上述长度为 10 的正反码具有纠正一位错码的能力，并能检测全部两位以下的错码和大部分两位以上的错码。例如，发送码组为 1100111001，若接收码组中无错码，则合成码组应为 $11001\oplus11001=00000$。由于接收码组信息位中有奇数个“1”，所以校验码组就是 00000。按表 8-2 判决，结论是无错码。若传输中产生了差错，使接收码组变成 1000111001，则合成码组为 $10001\oplus11001=01000$。由于接收码组中信息位有偶数个“1”，所以校验码组应取合成码组的反码，即 10111。由于有 4 个“1”，1 个“0”，按表 8-2 判决信息位中左边第二位为错码。若接收码组错成 1100101001，则合成码组变成 $11001\oplus01001=10000$。由于接收码组中信息位有奇数个“1”，故校验码组就是 10000，按表 8-2 判决，监督位中第一位为错码。最后，若接收码组为 1001111001，则合成码组为 $10011\oplus11001=01010$，校验码组为 01010，按表 8-2 判决这时错码多于一个。

8.3 线性分组码

在上一节介绍的简单编码中，介绍了奇偶监督码的编码原理。奇偶监督码的编码原理利用了代数关系式，如式（8.4）所示，我们把这类建立在代数学基础上的编码称为代数码。在代数码中，常见的是线性分组码。线性分组码中的信息位和监督位是由一些线性代数方程联系着的。

8.3.1　监督矩阵 *H* 和生成矩阵 *G*

一个长为 n 的分组码，码字由两部分构成：信息码元（k 位）+监督码元（r 位）。监督码元是根据一定规则由信息码元变换得到的，变换规则不同就构成不同的分组码。如果监督位为信息位的线性组合，就称其为线性分组码。

要从 k 个信息元中求出 r 个监督元，必须有 r 个独立的线性方程。根据不同的线性方程，可得到不同的（n，k）线性分组码。

例如，已知一（7，4）线性分组码，4 个信息元 $a_6a_5a_4a_3$ 和 3 个监督元 $a_2a_1a_0$ 之间符合以下规则：

$$\begin{cases} a_2 = a_6 \oplus a_5 \oplus a_4 \\ a_1 = a_6 \oplus a_5 \oplus a_3 \\ a_0 = a_6 \oplus a_4 \oplus a_3 \end{cases} \tag{8.6}$$

给定信息位后，可直接计算出监督位，得到的 16 个码组列于表 8.3 中。

表 8.3　（7，4）分组码编码表

信息位	监督位	信息位	监督位
$a_6a_5a_4a_3$	$a_2a_1a_0$	$a_6a_5a_4a_3$	$a_2a_1a_0$
0000	000	1000	111
0001	011	1001	100
0010	101	1010	010
0011	110	1011	001
0100	110	1100	001
0101	101	1101	010
0110	011	1110	100
0111	000	1111	111

为了进一步讨论线性分组码的基本原理，我们将式（8.6）的汉明码信息位和监督位的线性关系改写如下

$$\begin{cases} 1\cdot a_6 + 1\cdot a_5 + 1\cdot a_4 + 0\cdot a_3 + 1\cdot a_2 + 0\cdot a_1 + 0\cdot a_0 = 0 \\ 1\cdot a_6 + 1\cdot a_5 + 0\cdot a_4 + 1\cdot a_3 + 0\cdot a_2 + 1\cdot a_1 + 0\cdot a_0 = 0 \\ 1\cdot a_6 + 0\cdot a_5 + 1\cdot a_4 + 1\cdot a_3 + 0\cdot a_2 + 0\cdot a_1 + 1\cdot a_0 = 0 \end{cases} \tag{8.7}$$

为简化起见，我们将 ⊕ 简写成 + 。后面除非特殊声明，这类式中的“ + ”均指模 2 相加。式（8.7）可以表示成矩阵形式

$$\begin{bmatrix} 1110100 \\ 1101010 \\ 1011001 \end{bmatrix} \begin{bmatrix} a_6 \\ a_5 \\ a_4 \\ a_3 \\ a_2 \\ a_1 \\ a_0 \end{bmatrix} = \begin{bmatrix} 0 \\ 0 \\ 0 \end{bmatrix} \tag{8.8}$$

并简记为

$$\boldsymbol{H}\cdot\boldsymbol{A}^{\mathrm{T}}=\boldsymbol{O}^{\mathrm{T}} \quad 或 \quad \boldsymbol{A}\cdot\boldsymbol{H}^{\mathrm{T}}=\boldsymbol{O} \tag{8.9}$$

其中，$\boldsymbol{A}^{\mathrm{T}}$ 是 $\boldsymbol{A}=[a_6a_5a_4a_3a_2a_1a_0]$ 的转置，$\boldsymbol{O}^{\mathrm{T}}$ 、$\boldsymbol{H}^{\mathrm{T}}$ 分别是 $\boldsymbol{O}$ 和 $\boldsymbol{H}$ 的转置。

$$\boldsymbol{H}=\begin{bmatrix}1&1&1&0&1&0&0\\1&1&0&1&0&1&0\\1&0&1&1&0&0&1\end{bmatrix} \tag{8.10}$$

称 $\boldsymbol{H}$ 为监督矩阵，它由 r 个线性独立方程组的系数组成，其每一行都代表了监督位和信息位间的互相监督关系。上式中的 $\boldsymbol{H}$ 矩阵可分为两部分，即

$$\boldsymbol{H}=\left[\begin{array}{cccc:ccc}1&1&1&0&1&0&0\\1&1&0&1&0&1&0\\1&0&1&1&0&0&1\end{array}\right]=[\boldsymbol{PI}_r] \tag{8.11}$$

其中 $\boldsymbol{P}$ 是 $r\times k$ 阶矩阵，$\boldsymbol{I}_r$ 为 $r\times r$ 阶单位方阵。我们将具有 $[\boldsymbol{PI}_r]$ 形式的监督矩阵 H 称为典型监督矩阵。由代数理论可知，$[\boldsymbol{I}_r]$ 的各行是线性无关的，故 $\boldsymbol{H}=[\boldsymbol{PI}_r]$ 的各行也是线性无关的，因此可以得到 r 个线性无关的监督关系式，从而得到 r 个独立的监督位。

同样，可以将式（8.6）的编码方程写成如下形式

$$\begin{cases}a_2=1\cdot a_6+1\cdot a_5+1\cdot a_4+0\cdot a_3\\a_1=1\cdot a_6+1\cdot a_5+0\cdot a_4+1\cdot a_3\\a_0=1\cdot a_6+0\cdot a_5+1\cdot a_4+1\cdot a_3\end{cases} \tag{8.12}$$

用矩阵表示为

$$\begin{bmatrix}a_2\\a_1\\a_0\end{bmatrix}=\begin{bmatrix}1&1&1&0\\1&1&0&1\\1&0&1&1\end{bmatrix}\begin{bmatrix}a_6\\a_5\\a_4\\a_3\end{bmatrix} \tag{8.13}$$

经转置有

$$[a_2a_1a_0]=[a_6a_5a_4a_3]\begin{bmatrix}1&1&1\\1&1&0\\1&0&1\\0&1&1\end{bmatrix}=[a_6a_5a_4a_3]\boldsymbol{Q} \tag{8.14}$$

式中 $\boldsymbol{Q}$ 为 $k\times r$ 阶矩阵，它为 $\boldsymbol{P}$ 的转置，即

$$\boldsymbol{Q}=\boldsymbol{P}^{\mathrm{T}} \tag{8.15}$$

式（8.14）表明，在给定信息位之后，用信息位的行矩阵乘以矩阵 $\boldsymbol{Q}$ ，就可产生监督位，完成编码。

为此，我们引入生成矩阵 $\boldsymbol{G}$，$\boldsymbol{G}$ 的功能是通过给定信息位产生整个的编码码组，即有

$$[a_6a_5a_4a_3a_2a_1a_0]=[a_6a_5a_4a_3]\boldsymbol{G} \tag{8.16}$$

或者

$$\boldsymbol{A}=[a_6a_5a_4a_3]\boldsymbol{G} \tag{8.17}$$

如果找到了生成矩阵，我们就完全确定了编码方法。

根据式（8.14）由信息位确定监督位的方法和式（8.16）对生成矩阵的要求，我们很容

易得到生成矩阵 $\boldsymbol{G}$

$$\boldsymbol{G}=[\boldsymbol{I}_k\boldsymbol{Q}]=\left[\begin{array}{cccc:ccc}1&0&0&0&1&1&1\\0&1&0&0&1&1&0\\0&0&1&0&1&0&1\\0&0&0&1&0&1&1\end{array}\right] \tag{8.18}$$

式中 $\boldsymbol{I}_k$ 为 $k\times k$ 阶单位方阵。具有 $[\boldsymbol{I}_k\boldsymbol{Q}]$ 形式的生成矩阵称为典型生成矩阵。

比较式（8.10）的典型监督矩阵和式（8.18）的典型生成矩阵，可以看到，典型监督矩阵和典型生成矩阵存在以下关系

$$\boldsymbol{H}=[\boldsymbol{P}\cdot\boldsymbol{I}_r]=[\boldsymbol{Q}^{\mathrm{T}}\cdot\boldsymbol{I}_r] \tag{8.19}$$

$$\boldsymbol{G}=[\boldsymbol{I}_k\cdot\boldsymbol{Q}]=[\boldsymbol{I}_k\cdot\boldsymbol{P}^{\mathrm{T}}] \tag{8.20}$$

8.3.2　错误图样 E 和校正子 S

发送码组 $\boldsymbol{A}=[a_{n-1}\quad a_{n-2}\quad\cdots\quad a_0]$ 在传输过程中可能发生误码。设接收到的码组为 $\boldsymbol{B}=[b_{n-1}\quad b_{n-2}\quad\cdots\quad b_0]$，则收、发码组之差为

$$\boldsymbol{B}-\boldsymbol{A}=\boldsymbol{E}$$

或写成

$$\boldsymbol{B}=\boldsymbol{A}+\boldsymbol{E} \tag{8.21}$$

式中 $\boldsymbol{E}=[e_{n-1}\quad e_{n-2}\quad\cdots\quad e_0]$ 为错误图样。

令

$$\boldsymbol{S}=\boldsymbol{B}\boldsymbol{H}^{\mathrm{T}} \tag{8.22}$$

为分组码的校正子（亦称伴随式）。

利用式（8.22），可以得到

$$\boldsymbol{S}=(\boldsymbol{A}+\boldsymbol{E})\boldsymbol{H}^{\mathrm{T}}=\boldsymbol{A}\boldsymbol{H}^{\mathrm{T}}+\boldsymbol{E}\boldsymbol{P}^{\mathrm{T}}=\boldsymbol{E}\boldsymbol{H}^{\mathrm{T}} \tag{8.23}$$

这样就把校正子 $\boldsymbol{S}$ 与接收码组 $\boldsymbol{B}$ 的关系转换成了校正子 $\boldsymbol{S}$ 与错误图样 $\boldsymbol{E}$ 的关系。由此可知，若接收正确（$\boldsymbol{E}-0$），则 $\boldsymbol{S}-0$；若接收不正确（$\boldsymbol{E}\neq 0$），则 $\boldsymbol{S}\neq 0$。

下面来讨论如何利用校正子 $\boldsymbol{S}$ 进行纠错。

前述（7，4）线性分组码的监督矩阵为

$$\boldsymbol{H}=\begin{bmatrix}1&1&1&0&1&0&0\\1&1&0&1&0&1&0\\1&0&1&1&0&0&1\end{bmatrix}$$

设接收码组的最高位有错，错误图样 $\boldsymbol{E}=[1\ 0\ 0\ 0\ 0\ 0\ 0]$，则

$$\boldsymbol{S}=\boldsymbol{E}\boldsymbol{H}^{\mathrm{T}}=[1\ 0\ 0\ 0\ 0\ 0\ 0]\begin{bmatrix}1&1&1\\1&1&0\\1&0&1\\0&1&1\\1&0&0\\0&1&0\\0&0&1\end{bmatrix}=[1\quad 1\quad 1]$$

它的转置 $S^{\mathrm{T}}=\begin{bmatrix}1\\1\\1\end{bmatrix}$ 恰好是典型形式 $\boldsymbol{H}$ 矩阵的第一列。

如果是接收码组 $\boldsymbol{B}$ 次高位有错，$\boldsymbol{E}=[0\ 1\ 0\ 0\ 0\ 0\ 0]$，那么算出的 $\boldsymbol{S}=[1\ \ 1\ \ 0]$，其转置 $\boldsymbol{S}^{\mathrm{T}}$ 恰好是典型形式 $\boldsymbol{H}$ 阵的第二列。

例 8.1 已知前述（7，4）线性分组码某码组，在传输过程中发生一位误码，设接收码组为 $\boldsymbol{B}=[0\ 0\ 0\ 0\ 1\ 0\ 1]$，试将其恢复为正确码组。

解：已知前述（7，4）线性分组码的典型监督矩阵

$$\boldsymbol{H}=\begin{bmatrix}1&1&1&0&1&0&0\\1&1&0&1&0&1&0\\1&0&1&1&0&0&1\end{bmatrix}$$

利用矩阵性质计算校正子的转置

$$\boldsymbol{S}^{\mathrm{T}}=\boldsymbol{H}\boldsymbol{B}^{\mathrm{T}}=\begin{bmatrix}1&1&1&0&1&0&0\\1&1&0&1&0&1&0\\1&0&1&1&0&0&1\end{bmatrix}\begin{bmatrix}0\\0\\0\\0\\1\\0\\1\end{bmatrix}=\begin{bmatrix}1\\0\\1\end{bmatrix}$$

因为 $\boldsymbol{S}^{\mathrm{T}}$ 与 $\boldsymbol{H}$ 矩阵中的第三列相同，相当于得到错误图样 $\boldsymbol{E}=[0\ 0\ 1\ 0\ 0\ 0\ 0]$，所以正确码组为

$$\boldsymbol{A}=\boldsymbol{B}+\boldsymbol{E}=[0\ 0\ 0\ 0\ 1\ 0\ 1]+[0\ 0\ 1\ 0\ 0\ 0\ 0]=[0\ 0\ 1\ 0\ 1\ 0\ 1]$$

8.3.3 汉明码

汉明码是一种可以纠正单个随机错误的线性分组码。它的最小码距 $d_0=3$，监督元位数 $r=n-k$（r 是一个≥2 的正整数），码长 $n=2^r-1$，信息元位数 $k=2^r-1-r$，编码效率 $R=k/n=(2^r-1-r)/(2^r-1)=1-r/n$。当 n 很大时，这种码的编码效率接近 1，所以是一种高效码。

线性码有一种重要的性质，就是它的封闭性。所谓封闭性，是指一种线性码中的任意两个码组之和仍为这种码中的一个码组。这就是说，若 $\boldsymbol{A}_1$ 和 $\boldsymbol{A}_2$ 是一种线性码中的两个许用码组，则（$\boldsymbol{A}_1+\boldsymbol{A}_2$）仍为其中的一个码组。这一性质的证明很简单，若 $\boldsymbol{A}_1$、$\boldsymbol{A}_2$ 为码组，则按式（8.9）有

$$\boldsymbol{A}_1\cdot\boldsymbol{H}^{\mathrm{T}}=0,\ \ \boldsymbol{A}_2\cdot\boldsymbol{H}^{\mathrm{T}}=0$$

将上两式相加，可得

$$\boldsymbol{A}_1\cdot\boldsymbol{H}^{\mathrm{T}}+\boldsymbol{A}_2\cdot\boldsymbol{H}^{\mathrm{T}}=(\boldsymbol{A}_1+\boldsymbol{A}_2)\cdot\boldsymbol{H}^{\mathrm{T}}=0 \tag{8.24}$$

所以（$\boldsymbol{A}_1+\boldsymbol{A}_2$）也是一码组。既然线性码具有封闭性，因而两个码组之间的距离必是另一码组的重量，故码的最小距离即是码的最小重量（除全 0 码组外）。

8.4 循　环　码

循环码是一类重要的线性分组码。它是在严密的代数理论基础上建立起来的，因而有助于按照所要求的纠错能力系统地构造这类码，从而可以简化译码方法，使得循环码的编译码电路比较简单，因而得到了广泛的应用。

8.4.1 循环码的概念

循环码除具有线性分组码的一般性质外，还具有循环性。所谓循环性是指循环码中任一许用码组经过循环移位之后，所得到的码组仍为一许用码组。表 8.4 给出了（7，3）循环码的全部码组。从表中可以直观地看出这种码的循环性。例如，表中的第 3 码组向右移一位即得到第 6 码组；第 5 码组向右移一位即得到第 3 码组。即若 $(a_{n-1},a_{n-2},\dots a_1,a_0)$ 是循环码的一个许用码组，则 $(a_{n-2},a_{n-3},\dots,a_0,a_{n-1})$ 、$(a_{n-3},a_{n-4},\dots a_0,a_{n-1},a_{n-2})$ 也是许用码组。图 8-3 是（7，3）循环码的循环特性。

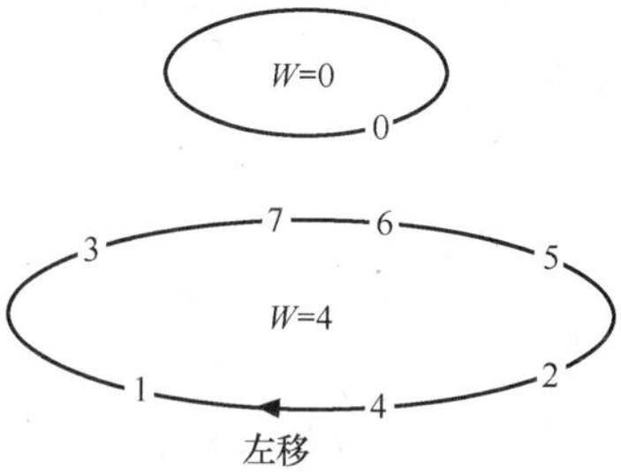

图 8-3 （7，3）循环码的循环圈

表 8.4　　**（7，3）循环码码组**

码组编号	1	2	3	4	5	6	7	8
码组	0000000	0011101	0100111	0111010	1001110	1010011	1101001	1110100

8.4.2 码多项式及按模运算

在代数编码理论中，为了便于计算，把码组中的各码元当作是一个多项式的系数，即把一个长为 n 的码组表示成

$$T(x)=a_{n-1}x^{n-1}+a_{n-2}x^{n-2}+\cdots+a_1x+a_0 \tag{8.25}$$

在此多项式中，x 只是码元位置的标记，因此不考虑它的取值。码元 $a_i(i=0,\ 1,\ \cdots,\ n-1)$ 只取“1”或“0”。例如，表 8-4 中的任一码组可以表示为

$$T(x)=a_6x^6+a_5x^5+a_4x^4+a_3x^3+a_2x^2+a_1x+a_0 \tag{8.26}$$

其中第三码组可以表示为

$$T(x)=0\bullet x^6+1\bullet x^5+0\bullet x^4+0\bullet x^3+1\bullet x^2+1\bullet x+1 \tag{8.27}$$

这种多项式有时称为码多项式。码多项式可以进行代数运算。为了分析方便，下面我们先来介绍多项式按模运算的概念，然后再从码多项式入手，找出循环码的规律。

在整数运算中，有模 n 运算。例如，在模 2 运算中，有 $1+1=2\equiv 0(模2)$，$1+2=3\equiv 1(模2)$，$2\times 3=6\equiv 0(模2)$ 等。一般来说，若一个整数 m 可以表示为

$$\frac{m}{n}=Q+\frac{p}{n},\ \ p<n \tag{8.28}$$

式中 Q 为整数。则在按模 n 运算下有

$$m \equiv p \quad (模n) \tag{8.29}$$

也就是说，在模 n 运算下，一整数 m 等于其被 n 除得的余数。

对于多项式，也有按模多项式的运算。若一任意多项式 $F(x)$ 被一 n 次多项式 $N(x)$ 除，得到商式 $Q(x)$ 和一个次数小于 n 的余式 $R(x)$，即

$$F(x) = N(x)Q(x) + R(x) \tag{8.30}$$

则记为

$$F(x) \equiv R(x) \quad (模N(x)) \tag{8.31}$$

对于码多项式，由于其系数是二进制数，因此其系数仍按模 2 运算，即取“0”和“1”两个值，同时按模运算的加法代替了减法。例如，$x^4 + x^2 + 1 \equiv x^2 + x + 1 \ (模x^3 + 1)$，因为

$$\begin{array}{r} x \\ x^3+1 \overline{\big) x^4 + x^2 + 1} \\ \underline{x^4 + x} \\ x^2 + x + 1 \end{array}$$

在循环码中，若 $T(x)$ 是一个码长为 n 的许用码组，则可以证明 $x^i \bullet T(x)$ 在模 x^n+1 运算下也是一个许用码组，即若

$$x^i \bullet T(x) \equiv T'(x) \quad (模x^n + 1) \tag{8.32}$$

则 $T'(x)$ 也是一个许用码组。因为若

$$T(x) = a_{n-1}x^{n-1} + a_{n-2}x^{n-2} + \ldots + a_1 x + a_0 \tag{8.33}$$

则

$$\begin{aligned} x^i \bullet T(x) &= a_{n-1}x^{n-1+i} + a_{n-2}x^{n-2+i} + \ldots + a_{n-1-i}x^{n-1} + \ldots + \\ &\quad a_1 x^{1+i} + a_0 x^i \\ &\equiv a_{n-1-i}x^{n-1} + a_{n-2-i}x^{n-2} + \ldots + \\ &\quad a_0 x^i + a_{n-1}x^{i-1} + \ldots + a_{n-i} \quad (模x^n + 1) \end{aligned} \tag{8.34}$$

所以

$$T'(x) = a_{n-1-i}x^{n-1} + a_{n-2-i}x^{n-2} + \ldots + a_0 x^i + a_{n-1}x^{i-1} + \ldots + a_{n-i} \tag{8.35}$$

式中 $T'(x)$ 正是式（8.33）所代表的码组向左移位 i 次的结果。因为已假设 $T(x)$ 为一循环码，所以 $T'(x)$ 也必为该码组中的一个码组。下面举例说明。

例 8.2 由式（8.27），（7，3）循环码中第三码组的码多项式为

$$T(x) = x^5 + x^2 + x^1 + 1$$

其码长为 $n = 7$，若取 $i = 3$，则

$$\begin{aligned} x^i \bullet T(x) &= x^3 \bullet (x^5 + x^2 + x^1 + 1) \\ &= x^8 + x^5 + x^4 + x^3 \\ &\equiv x^5 + x^4 + x^3 + x \quad (模x^7 + 1) \end{aligned}$$

其对应的码组为 0111010，它是表 8-4 所列循环码中的第 4 码组。

8.4.3　码的生成多项式和生成矩阵

我们已经知道，对于 (n,k) 线性分组码，有了生成矩阵 $\boldsymbol{G}$，就可以由 k 个信息码元得到全部码组。而且经过前面的分析已经知道，生成矩阵的每一行都是一个码组，因此若能找到 k 个线性无关的码组，就能构成生成矩阵 $\boldsymbol{G}$。

在循环码中，一个 (n,k) 分组码有 2^k 个不同的码组，若用 $g(x)$ 表示其中前 $k-1$ 位皆为“0”的码组，则 $g(x)$，$xg(x)$，$x^2g(x)$，…，$x^{k-1}g(x)$ 都是码组，而且这 k 个码组都是线性无关的。因此可以用它们来构造生成矩阵 $\boldsymbol{G}$。

需要说明的是在循环码中除全“0”码组外，再没有连续 k 位均为“0”的码组，即连“0”的长度最多只能有（$k-1$）位。否则，在经过若干次循环移位后将得到一个信息位全为“0”，而监督位不全为“0”的码组，这在线性码中显然是不可能的。因此 $g(x)$ 必须是一个常数项不为“0”的（$n-k$）次多项式，而且这个 $g(x)$ 还是这种（n,k）循环码中次数为（$n-k$）的唯一的一个多项式。因为如果有两个，则由码的封闭性可知，把这两个码组相加构成的新码组其多项式的系数将小于（$n-k$），即连“0”的个数多于（$k-1$）个。显然这与前面的结论相矛盾，所以是不可能的。我们称这唯一的（$n-k$）次多项式 $g(x)$ 为码的生成多项式。一旦确定了 $g(x)$，则整个（n,k）循环码就被确定了。

因此，循环码的生成矩阵 $\boldsymbol{G}$ 以写成

$$G(x)=\begin{bmatrix} x^{k-1}g(x) \\ x^{k-2}g(x) \\ \vdots \\ xg(x) \\ g(x) \end{bmatrix} \tag{8.36}$$

例 8.3　表 8-4 所给出的循环码中，$n=7$，$k=3$，$n-k=4$。因此，唯一一个 $(n-k)=4$ 次码多项式代表的码组是第 2 码组，相对应的码多项式（即生成多项式）为

$$g(x)=x^4+x^3+x^2+1$$

将此式代入式（8.36）可以得到

$$G(x)=\begin{bmatrix} x^2g(x) \\ xg(x) \\ g(x) \end{bmatrix} \tag{8.37}$$

或写成

$$\boldsymbol{G}=\begin{bmatrix} 1 & 0 & 1 & 1 & 1 & 0 & 0 \\ 0 & 1 & 0 & 1 & 1 & 1 & 0 \\ 0 & 0 & 1 & 0 & 1 & 1 & 1 \end{bmatrix} \tag{8.38}$$

由于上式不符合 $\boldsymbol{G}=[\boldsymbol{I}_k\boldsymbol{Q}]$ 的形式，所以此生成矩阵不是典型阵。不过，将此矩阵作线性变换可以得到典型矩阵。我们知道，对 k 个码元进行编码，就是把它们与生成矩阵 $\boldsymbol{G}$ 相乘。由此我们写出此循环码组，即

$$T(x)=\left[a_6a_5a_4\right]G(x)=\left[a_6a_5a_4\right]\begin{bmatrix}x^2g(x)\\xg(x)\\g(x)\end{bmatrix}$$

$$=a_6x^2g(x)+a_5xg(x)+a_4g(x) \tag{8.39}$$

$$=(a_6x^2+a_5x+a_4)g(x)$$

上式表明，所有码多项式 $T(x)$ 都可被 $g(x)$ 整除，而且任一次数不大于（$k-1$）的多项式乘 $g(x)$ 都是码多项式。

由于循环码的全部码字由生成多项式 $g(x)$ 决定，因此如何寻找一个（n,k）循环码的多项式，就成了循环码编码的关键。由式（8.32）可知，任一循环码多项式 $T(x)$ 都是 $g(x)$ 的倍式，故可以写成

$$T(x)=h(x)\cdot g(x) \tag{8.40}$$

而生成多项式 $g(x)$ 本身也是一个码组，即有

$$T'(x)=g(x) \tag{8.41}$$

由于码组 $T'(x)$ 为一（$n-k$）次多项式，故 $x^kT'(x)$ 为一 n 次多项式。由式（8.32）可知，$x^kT'(x)$ 在模 x^n+1 运算下亦为一码组，故可以写成

$$\frac{x^kT'(x)}{x^n+1}=Q(x)+\frac{T(x)}{x^n+1} \tag{8.42}$$

上式左端分子和分母都是 n 次多项式，故商式 $Q(x)=1$，因此，上式可化成

$$x^kT'(x)=(x^n+1)+T(x) \tag{8.43}$$

将式（8.40）和式（8.41）代入上式，并化简后可得

$$x^n+1=g(x)[x^k+h(x)] \tag{8.44}$$

上式表明，生成多项式 $g(x)$ 应该是（x^n+1）的一个因式。这一结论为我们寻找生成多项式指出了一条道路，即循环码的生成多项式应该是（x^n+1）的一个（$n-k$）次因式。例如，（x^7+1）可以分解为

$$x^7+1=(x+1)(x^3+x^2+1)(x^3+x+1) \tag{8.45}$$

为了求（7，3）循环码的生成多项式 $g(x)$，要从上式中找出一个 $(n-k)=4$ 次的因子。不难看出，这样的因子有两个，即

$$(x+1)(x^3+x^2+1)=x^4+x^2+x+1 \tag{8.46}$$

$$\text{或}\ (x+1)(x^3+x+1)=x^4+x^3+x^2+1 \tag{8.47}$$

以上两式都可作为生成多项式用。不过，选用的生成多项式不同，产生出的循环码码组也不同。用式（8.47）作为生成多项式产生的循环码即为表 8-4 所列。

8.4.4 循环码的编码

由式（8.39）可知，若已知输入的信息码元 $M=(m_{k-1},m_{k-2},\dots,m_1,m_0)$ 和生成多项式 $g(x)$，就可以构成循环码，对应的码多项式为

$$T(x)=(m_{k-1}x^{k-1}+m_{k-2}x^{k-2}+\cdots+m_1x+m_0)\cdot g(x)=m(x)\cdot g(x) \tag{8.48}$$

式中，$m(x)$ 称为信息码多项式。但是用这种相乘方法得到的循环码不是系统码，信息位和监督位不容易区分。在系统码中，码组最左端的 k 位为信息位，后面的 $n-k$ 位是监督位，这时码多项式可以写为

$$\begin{aligned}T(x)&=m(x)x^{n-k}+r(x)\\&=m_{k-1}x^{n-1}+\ldots+m_0x^{n-k}+r_{n-k-1}x^{n-k-1}+\ldots+r_0\end{aligned}\tag{8.49}$$

其中

$$r(x)=r_{n-k-1}x^{n-k-1}+\ldots+r_0\tag{8.50}$$

称为监督码多项式，它的次数小于（$n-k$），其监督码元为 $(r_{n-k-1},\ldots,r_0)$。

由式（8.40）和式（8.49）可以得到

$$T(x)=m(x)x^{n-k}+r(x)=h(x)\cdot g(x)\tag{8.51}$$

用 $g(x)$ 除等式两边，得到

$$\frac{x^{n-k}m(x)}{g(x)}=h(x)+\frac{r(x)}{g(x)}\tag{8.52}$$

也就是

$$m(x)x^{n-k}\equiv r(x)\ \ (\text{模}g(x))\tag{8.53}$$

上式表明，构造系统循环码时，只需用信息码多项式乘以 x^{n-k}，也就是将 $m(x)$ 移位 $(n-k)$ 次，然后用 $g(x)$ 去除，所得的余式 $r(x)$ 即为监督码多项式。因此系统循环码的编码过程就变成用除法求余的过程。

例 8.4　在（7，3）循环码中，若选定 $g(x)=x^4+x^3+x^2+1$，设信息码元为 101，对应的信息码多项式为 $m(x)=x^2+1$，可以求得

$$m(x)x^{n-k}=x^4(x^2+1)=x^6+x^4=(x^2+x+1)(x^4+x^3+x^2+1)+(x+1)$$

所以，$r(x)=x+1$，因而码多项式为

$$T(x)=m(x)x^{n-k}+r(x)=x^6+x^4+x+1$$

对应的码组为 1010011，为一个系统码。

上述编码过程在用硬件实现时，可以使用除法电路。除法电路的主体由一些移位寄存器和模 2 加法器组成。选定 $g(x)=x^4+x^3+x^2+1$ 时，（7，3）循环码的编码器如图 8-4 所示。图中，移位寄存器的个数等于 $g(x)$ 中最高项的次数，即 $D_0D_1D_2D_3$ 是四级移位寄存器，反馈线的连接与 $g(x)$ 的非 0 系数相对应。

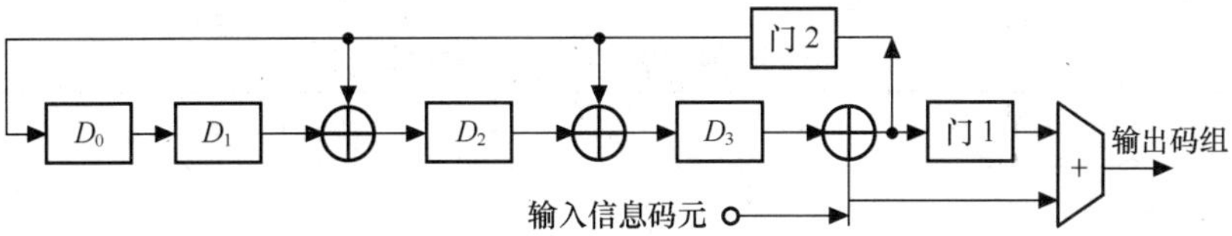

图 8-4　（7，3）循环码编码器

首先，四级移位寄存器清零，三位信息码元到来时，门 1 断开，门 2 接通，直接输出信息元。第 3 次移位脉冲来时将除法电路运算所得的余数存入四级移位寄存器，第 4～7 次移位时，门 2 断开，门 1 接通，输出监督码元（即余数）。当一个码字输出完毕后就将移位寄存器清零，等待下一组信息码元输入后重新编码。设输入的信息码元为 110，图 8-4 中各器件及

端点状态变化情况如表8.5所示。

表8.5　（7，3）循环码的编码过程

移位次序	输入	移位寄存器 D_0 D_1 D_2 D_3	输出
0	/	0 0 0 0	/
1	1	1 0 1 1	1
2	1	0 1 0 1	1
3	0	1 0 0 1	0
4	0	0 1 0 0	1
5	0	0 0 1 0	0
6	0	0 0 0 1	0
7	0	0 0 0 0	1

8.4.5　循环码的解码

接收端解码的目的有两个：检错和纠错。达到检错目的的解码原理非常简单。由于任一码组多项式 $T(x)$ 都能被 $g(x)$ 整除。所以，在接收端可以利用接收到的码组 $R(x)$ 去除以原生成多项式 $g(x)$ 来进行检错。当传输中没有发生错误时，接收码组和发送码组相同，能被 $g(x)$ 整除。若码组在传输中发生错误，则 $R(x)=T(x)+E(x)\neq T(x)$，$R(x)$ 被 $g(x)$ 除时可能除不尽而有余项，即有

$$\frac{R(x)}{g(x)}=Q'(x)+\frac{r'(x)}{g(x)} \tag{8.54}$$

因此，我们就以余项是否为零来判别码组中有无错码。这样就达到了检错的目的。如果用于纠错，要求每个可纠正的错误图样必须与一个特定余式 $r'(x)$ 有一一对应关系。这里错误图样是指式（8.48）中错误矩阵 $\boldsymbol{E}$ 的各种具体取值的图样。因为只有存在上述一一对应的关系时，才可能从上述余式唯一地决定错误图样，从而纠正错码。因此，原则上纠错可按下述步骤进行：

（1）用生成多项式 $g(x)$ 除接收码组 $R(x)$，得出余式 $r'(x)$；

（2）按余式 $r'(x)$ 用查表的方法或通过某种运算得到错误图样 $E(x)$；

（3）从 $R(x)$ 中减去 $E(x)$，便得到已纠正错误的原发送码组 $T(x)$。

从表8.4可以看出，（7，3）循环码的码距为4，所以它有纠正一个错误的能力。利用上述计算方法可以求得（7，3）循环码单个错误的错误图样 $E(x)$ 与余式 $r'(x)$ 的关系如表8.6所示。

表8.6　（7，3）循环码 $E(x)$、$r'(x)$ 对照表

$E(x)$	$r'(x)$(模 $x^4+x^3+x^2+1$)
1	1
x	x
x^2	x^2
x^3	x^3
x^4	x^3+x^2+1
x^5	x^2+x+1
x^6	x^3+x^2+x

需要说明的是，有些错误码组也可能被 $g(x)$ 整除，这时的错误就无法检出，这种错误称为不可检错误。不可检错误中的错码数一定超过了这种编码的检错能力。

下面给出一种由硬件实现的（7，3）循环码的纠错译码器原理框图，如图 8-5 所示。接收码组 R（高次项在前，低次项在后）一方面送入 7 级缓冲移位寄存器暂存，另一方面送入 $g(x)$ 除法电路。假设接收码组 $R=(1^*,0,1,1,1,0,1)$，其中右上角打“*”者为错码。当此码进入除法电路之后，移位寄存器各级的状态变化过程如表 8-7 所示。第 7 次移位时，7 个码元全部进入缓冲移位寄存器。R 中最高位输出，4 级移位寄存器 $D_0D_1D_2D_3$ 的状态分别为 0111，经与门输出“1”（纠错信号），即可纠正最高位的错误，该纠错信号同时也送到除法电路去完成清零工作。此纠错译码过程如表 8.7 所示。其他位上的错误读者可自行计算画出表格。

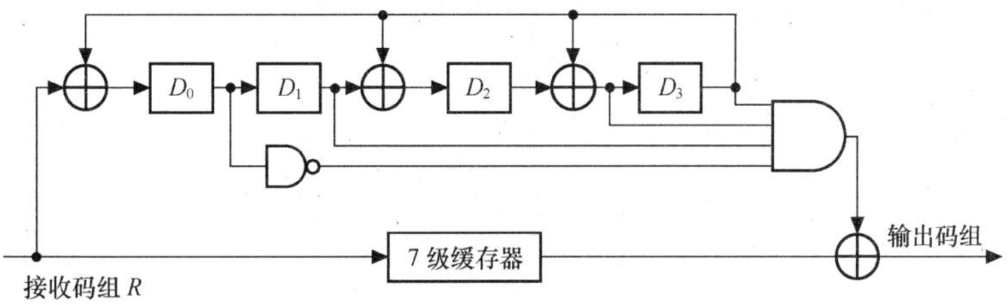

图 8-5 （7，3）循环码译码器

表 8.7 （7，3）循环码的译码过程

移位次序	输入	移位寄存器 $D_0D_1D_2D_3$	与门输出	缓存输出	译码输出
0	/	0 0 0 0	0		
1	1	1 0 0 0	0		
2	0	0 1 0 0	0		
3	1	1 0 1 0	0		
4	1	1 1 0 1	0		
5	1	0 1 0 1	0		
6	0	1 0 0 1	0		
7	1	0 1 1 1	1	1	0
8		0 0 0 0	0	0	0
9		0 0 0 0	0	1	1
10		0 0 0 0	0	1	1
11		0 0 0 0	0	1	1
9		0 0 0 0	0	0	0
13		0 0 0 0	0	1	1

在实际使用中，码字不是孤立传输的，而是一组组连续地传输。从上面译码的过程可以看到，除法电路在一个码组时间内运算出余式后，尚需在下一个码组时间内进行纠错。因此实际的译码器需要两套除法电路配合一个缓冲存储器进行工作，这两套除法电路由开关控制交替的接收码组。

利用计算机编程，完成纠、检错工作的总流程图如图 8-6 所示。

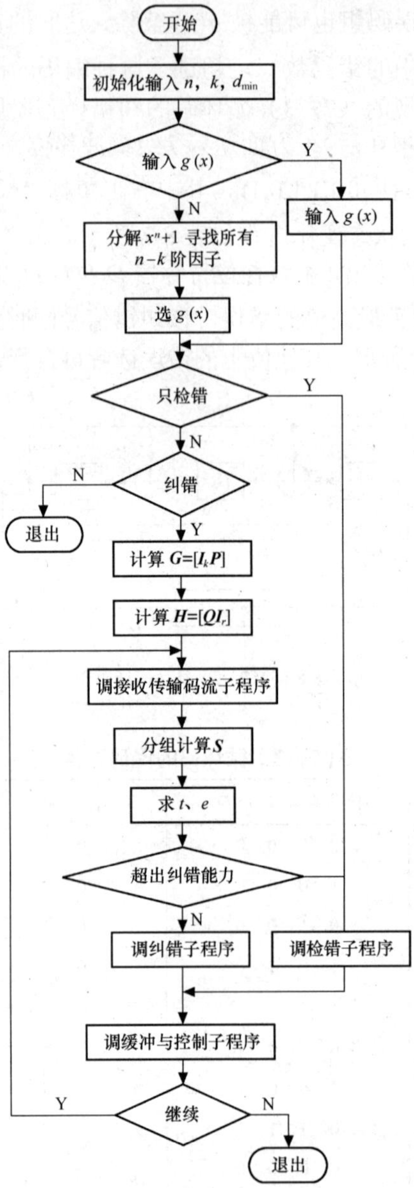

图 8-6　循环码译码流程图

8.5　卷　积　码

卷积码是 1955 年由麻省理工学院的伊莱亚斯（Elias）提出的一种非分组码。分组码编码是将输入的信息序列分成长度为 k 的分组，然后按照一定的编码规则，将长度为 k 的信息元附加上长度为 r 的监督元，生成长为 $n=k+r$ 的码组。在一个码组中，r 个监督元仅与本组的 k 个信息元有关，而与其他各码组均无关。分组译码时，也仅从本码组的码元内提取有关译码信息，而与其他码组无关。卷积码则不同，它先将信息序列分成长度为 k 的子组，然后编成长为 n 的子码，其中长为 $n-k$ 的监督码元不仅与本子码的 k 个信息码元有关，而且还

与前面 m 个子码的的信息元密切相关。换句话说，各子码内的监督元不仅对本子码有监督作用，而且对前面 m 个子码内的信息元也有监督作用。因此常用 (n,k,m) 表示卷积码，其中 m 称为编码记忆，它反映了输入信息元在编码器中需要存储的时间长短；$N=m+1$ 称为卷积码的约束度，单位是组，它是相互约束的子码的个数；$N \bullet n$ 被称为约束长度，单位是位，它是互相约束的二进制码元的个数。

在线性分组码中，单位时间内进入编码器的信息序列一般都比较长，k 可达 8～100。因此，编出的码字 n 也较长。对于卷积码，考虑到编、译码器设备的可实现性，单位时间内进入编码器的信息码元的个数 k 通常比较小，一般不超过 4，往往就取 $k=1$。

8.5.1　卷积码的编码原理

下面通过一个例子来说明卷积码的编码原理和编码方法。图 8-7 为（3，1，2）卷积码编码器的原理框图。它由两级移位寄存器 m_{j-1}、m_{j-2}，两个模二加法器和开关电路组成。编码前，各级移位寄存器清零，信息码元按 $m_1 m_2 \cdots m_j \cdots$ 的顺序送入编码器。每输入一个信息码元 m_j，开关电路依次接到 $x_{1,j}$、$x_{2,j}$、和 $x_{3,j}$ 各端点一次。其中输出码元序列 $x_{1,j}$、$x_{2,j}$、和 $x_{3,j}$ 由下式决定

$$\begin{cases} x_{1,j} = m_j \\ x_{2,j} = m_j + m_{j-2} \\ x_{3,j} = m_j + m_{j-1} + m_{j-2} \end{cases} \tag{8.55}$$

由式（8.55）可以看出，编码器编出的每一个子码 $x_{1,j}$、$x_{2,j}$、和 $x_{3,j}$ 都与前面两个子码的信息元有关，因此 $m=2$，约束度 $N=m+1=3$（组），约束长度 $N \bullet n = 9$（位）。

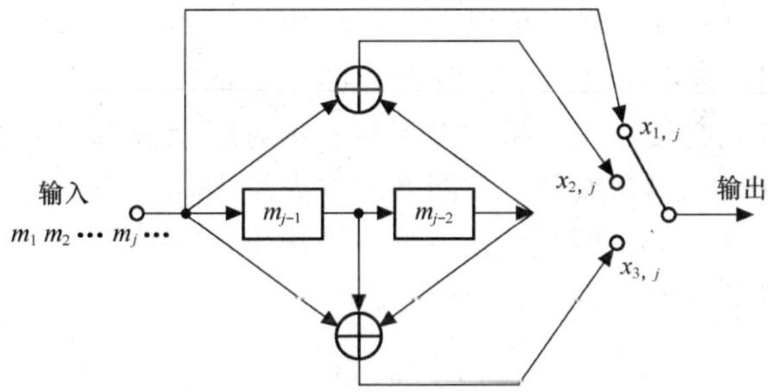

图 8-7 （3，1，2）卷积码编码器

表 8.8 举例示出了此编码器的状态。其中 a，b，c，d 表示 $m_{j-2}m_{j-1}$ 的四种可能状态：00，01，10，11。当第一位信息比特为 1 时，即 $m_1=1$，因移位寄存器的状态 $m_{j-2}m_{j-1}=00$，故输出比特 $x_{1,1}x_{2,1}x_{3,1}=111$；第二位信息比特为 1，这时 $m_2=1$，因 $m_{j-2}m_{j-1}=01$，故 $x_{1,2}x_{2,2}x_{3,1}=110$，依此类推。为保证输入的全部信息位 11010 都能通过移位寄存器，还必须在信息位后加 3 个零。

表 8.8　（3，1，2）编码器状态表

m_j	1	1	0	1	0	0	0	0
$m_{j-2}m_{j-1}$	00	01	11	10	01	10	00	00
$x_{1,j}x_{2,j}x_{3,j}$	111	110	010	100	001	011	000	000
状态	a	b	d	c	b	c	a	a

卷积码编码时，信息码流是连续地通过编码器，不像分组码编码器那样先把信息码流分成许多码组，然后再进行编码。因此，卷积码编码器只需要很少的缓冲和存储硬件。

8.5.2 卷积码的图解表示

1. 树状图

上节所述移位过程可能产生的各种序列可以用图 8-8 所示的树状图来表示。树状图从节点 a 开始，此时移位寄存器状态为 00。当第一个输入信息位 $m_1 = 0$ 时，输出码元 $x_{1,1}x_{1,2}x_{3,1} = 000$；若 $m_2 = 1$，则 $x_{1,1}x_{1,2}x_{3,1} = 111$。因此从 a 出发有两条支路可供选择，$m_1 = 0$ 时取上面一条支路，$m_1 = 1$ 则取下面一条支路。输入第二个信息位时，移位寄存器右移一位后，上支路情况下移位寄存器的状态仍为 00，下支路的状态则为 01，即状态 b。新的一位输入信息位到来时，随着移位寄存器状态和输入信息位的不同，树状图继续分叉成 4 条支路，2 条向上，2 条向下。上支路对应于输入信息位为 0，下支路对应于输入信息位为 1。如此继续，即可得到图 8-8 所示的二叉树图形。树状图中，每条树杈上所标注的码元为输出信息位，每个节点上标注的 a，b，c，d 为移位寄存器的状态。显然，对于第 j 个输入信息位，有 2^j 条支路，但在 $j = N \geqslant 3$ 时，树状图的节点自上而下开始重复出现 4 种状态。

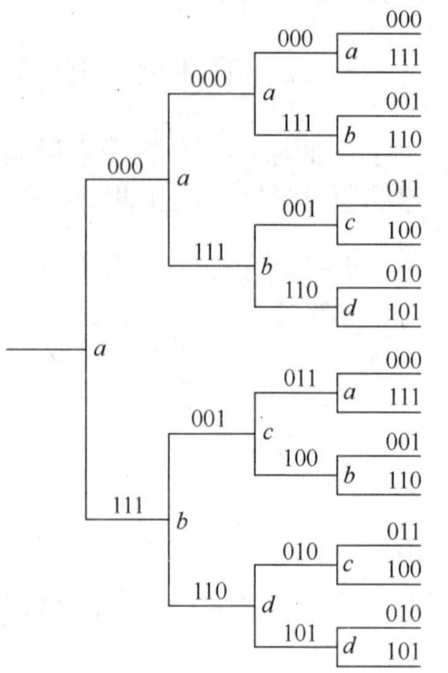

图 8-8 （3，1，2）卷积码的树状图

2. 网格图

观察到树状图中的重复性，我们可以得到一种更为紧凑的图形表示——网格图，如图 8-9 所示。在网格图中，把树状图中具有相同状态的节点合并在一起。上支路表示对应于输入信息位 0，用实线表示；下支路对应于输入信息位 1，用虚线表示。网格图中支路上标注的码元为输出信息位，自上而下 4 行节点分别表示 a，b，c，d 四种状态。一般情况下，网格图中应有 2^{N-1} 种状态，从第 N 个节点开始，网格图图形开始重复而完全相同。

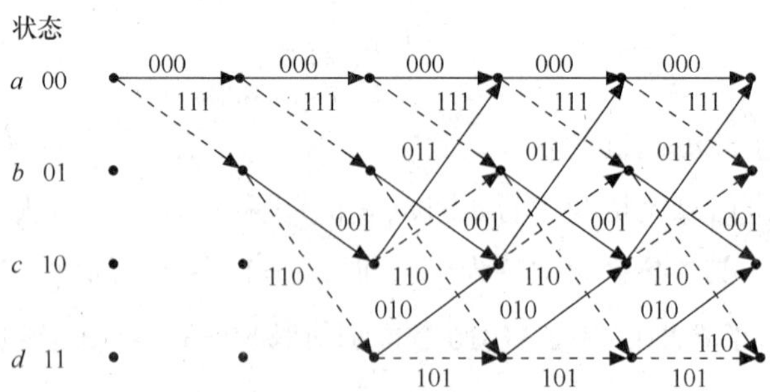

图 8-9 （3，1，2）卷积码的网格图表示

3. 状态图

取出已达到稳定状态的一节网格，便可得到图 8-10（a）所示的状态图。再把当前状态与下一行状态重叠起来，即可得到图 8-10（b）所示的反映状态转移的状态图。图中两个自闭合圆环分别表示 $a-a$ 和 $d-d$ 状态转移。

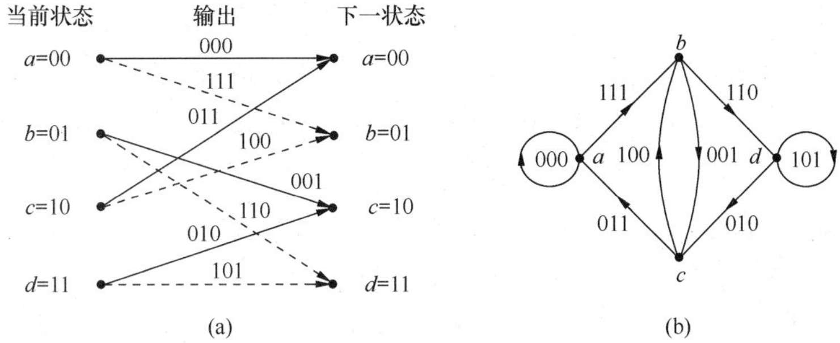

图 8-10 （3，1，2）卷积码的状态图

当给定输入信息序列和起始状态时，可以用上述三种图解表示法的任何一种，找出输出序列和状态变化路径。

8.5.3 卷积码的生成矩阵和监督矩阵

1. 生成矩阵

卷积码是一种线性码。由前述可知，一个线性码完全由一个监督矩阵 $\boldsymbol{H}$ 或生成矩阵 $\boldsymbol{G}$ 所确定。下面以图 8-7 为例寻求卷积码的生成矩阵。

当第一个信息比特输入时，若移位寄存器起始状态为全 0，则三个输出比特为

$$x_{1,1}=m_1,\quad x_{2,1}=m_1,\ x_{3,1}=m_1$$

第二个信息比特输入时，m_1 右移一位，输出为

$$x_{1,2}=m_2,\ x_{2,2}=m_2,\ x_{3,2}=m_2+m_1$$

第三个信息比特输入时，输出为

$$\begin{aligned}x_{1,3}&=m_3\\x_{2,3}&=m_3+m_1\\x_{3,3}&=m_3+m_2+m_1\end{aligned}$$

第 j 个信息比特输入时，输出为

$$\begin{aligned}x_{1,j}&=m_j\\x_{2,j}&=m_j+m_{j-2}\\x_{3,j}&=m_j+m_{j-1}+m_{j-2}\end{aligned}\tag{8.56}$$

上式写成矩阵形式如下

$$\begin{bmatrix}m_{j-2} & m_{j-1} & m_j\end{bmatrix}\boldsymbol{A}=\begin{bmatrix}x_{1,j} & x_{2,j} & x_{3,j}\end{bmatrix}\tag{8.57}$$

其中

$$\boldsymbol{A}=\begin{bmatrix}0&1&1\\0&0&1\\1&1&1\end{bmatrix}$$

当第一、第二个信息比特输入时存在过渡过程

$$\begin{bmatrix}x_{1,1} & x_{2,1} & x_{3,1}\end{bmatrix}=\begin{bmatrix}m_1 & 0 & 0\end{bmatrix}\boldsymbol{T}_1$$

$$\begin{bmatrix}x_{1,2} & x_{2,2} & x_{3,2}\end{bmatrix}=\begin{bmatrix}m_1 & m_2 & 0\end{bmatrix}\boldsymbol{T}_2$$

其中

$$T_1=\begin{bmatrix}1&1&1\\0&0&0\\0&0&0\end{bmatrix}\qquad T_2=\begin{bmatrix}0&0&1\\1&1&1\\0&0&0\end{bmatrix}$$

把上述的编码过程综合起来，我们可以得到它的矩阵表示如下

$$\boldsymbol{X}=\boldsymbol{M}\boldsymbol{G} \tag{8.58}$$

其中

$$\begin{aligned}\boldsymbol{M}&=\begin{bmatrix}m_1 & m_2 & m_3 & \cdots\end{bmatrix}\\ \boldsymbol{X}&=\begin{bmatrix}x_{1,1} & x_{2,1} & x_{3,1} & x_{1,2} & x_{2,2} & x_{3,2} & \cdots\end{bmatrix}\end{aligned} \tag{8.59}$$

$\boldsymbol{G}$ 为生成矩阵，这是一个半无限矩阵

$$\boldsymbol{G}=\begin{bmatrix}\boldsymbol{T}_1 & \boldsymbol{T}_2 & \boldsymbol{A} & & & 0\\ & & & \boldsymbol{A} & & \\ & & & & \boldsymbol{A} & \\ & 0 & & & & \boldsymbol{A}\\ & & & & & & \cdots\end{bmatrix}$$

$$=\begin{bmatrix}111001011 & & & & & \\ & 111001011 & & & 0 & \\ & & 111001011 & & & \\ & & & 11100101\ 1 & & \\ & & & & 11100\ 1 & \\ & 0 & & & 111 & \\ & & & & & \cdots\end{bmatrix} \tag{8.60}$$

以上矩阵的空白区元素均为 0。上式常记作 $\boldsymbol{G}_\infty$。这种表示方法与分组码时相同，然而分组码的生成矩阵是有限矩阵。

生成矩阵与生成多项式之间存在确定关系。已知（3，1，2）卷积码的生成序列为

$$\begin{aligned}g_1&=(100)=(g_1^1\ \ g_1^2\ \ g_1^3)\\ g_2&=(101)=(g_2^1\ \ g_2^2\ \ g_2^3)\\ g_3&=(111)=(g_3^1\ \ g_3^2\ \ g_3^3)\end{aligned} \tag{8.61}$$

把生成序列 g_1，g_2 按如下方法交错排列，即可得生成矩阵

$$\boldsymbol{G}=\begin{bmatrix}g_1^1 & g_2^1 & g_3^1 & g_1^2 & g_2^2 & g_3^2 & g_1^3 & g_2^3 & g_3^3 & & & \\ & & g_1^1 & g_2^1 & g_3^1 & g_1^2 & g_2^2 & g_3^2 & g_1^3 & g_2^3 & g_3^3 & \\ & & & & g_1^1 & g_2^1 & g_3^1 & g_1^2 & g_2^2 & g_3^2 & g_1^3 & g_2^3 & g_3^3\\ & & & & & & & & & & & \cdots & \cdots\end{bmatrix} \tag{8.62}$$

其结果与式（8.60）相同。上式可以表达为

$$G=\begin{bmatrix} G_1 & G_2 & G_3 & & & \\ & G_1 & G_2 & G_3 & & \\ & & G_1 & G_2 & G_3 & \\ & & & & \cdots & \cdots \end{bmatrix} \tag{8.63}$$

其中每个子矩阵 $\boldsymbol{G}_i(i=1,2,3)$ 由一行三列组成

$$\boldsymbol{G}_1=\begin{bmatrix} g_1^1 & g_2^1 & g_3^1 \end{bmatrix},\ \boldsymbol{G}_2=\begin{bmatrix} g_1^2 & g_2^2 & g_3^2 \end{bmatrix},\ \boldsymbol{G}_3=\begin{bmatrix} g_1^3 & g_2^3 & g_3^3 \end{bmatrix}$$

推广到一般情况，对于 (n,k,m) 码，有

$$\begin{aligned} \boldsymbol{M}&=\begin{bmatrix} m_{1,1} & m_{2,1} & m_{3,1} & \cdots & m_{k,1} & m_{1,2} & m_{2,2} & m_{3,2} & \cdots & m_{k,2} & \cdots \end{bmatrix} \\ \boldsymbol{X}&=\begin{bmatrix} x_{1,1} & x_{2,1} & x_{3,1} & \cdots & x_{n,1} & x_{1,2} & x_{2,2} & x_{3,2} & \cdots & x_{n,2} & \cdots \end{bmatrix} \end{aligned} \tag{8.64}$$

已知该码的生成序列一般表达式为

$$\begin{gathered} g_{i,j}=(g_{i,j}^1 \quad g_{i,j}^2 \quad \cdots g_{i,j}^l \cdots g_{i,j}^N) \\ (i=1,2,\cdots,k;j=1,2,\cdots,n;l=1,2,\cdots,N) \end{gathered} \tag{8.65}$$

其中 $g_{i,j}^l$ 表示了每组 k 个输入比特中第 i 个比特经 $l-1$ 组延迟后的输出与每组 n 个输出比特中第 j 个模 2 和的输入端的连接关系，$g_{i,j}^l=1$ 表示有连线，$g_{i,j}^l=0$ 表示无连线。由此，我们可以写出（n,k,m）码的生成矩阵一般形式为

$$\boldsymbol{G}=\begin{bmatrix} \boldsymbol{G}_1 & \boldsymbol{G}_2 & \boldsymbol{G}_3 & \cdots & \boldsymbol{G}_N & & \\ & \boldsymbol{G}_1 & \boldsymbol{G}_2 & \boldsymbol{G}_3 & \cdots & \boldsymbol{G}_N & \\ & & \boldsymbol{G}_1 & \boldsymbol{G}_2 & \boldsymbol{G}_3 & \cdots & \boldsymbol{G}_N \\ & & & & \cdots & \cdots & \cdots \end{bmatrix} \tag{8.66}$$

式中，$N=m+1$ 为约束长度；$G_l(l=1,2,\cdots,N)$ 是 k 行 n 列子矩阵，有

$$\boldsymbol{G}_l=\begin{bmatrix} g_{1,1}^l & g_{1,2}^l & g_{1,3}^l & \cdots & g_{1,n}^l \\ g_{2,1}^l & g_{2,2}^l & g_{2,3}^l & \cdots & g_{2,n}^l \\ \cdots & \cdots & \cdots & \cdots & \cdots \\ g_{k,1}^l & g_{k,2}^l & g_{k,3}^l & \cdots & g_{k,n}^l \end{bmatrix} \tag{8.67}$$

2. 监督矩阵

前面已经讨论过卷积码的生成矩阵 $\boldsymbol{G}$，下面我们讨论它的监督矩阵 $\boldsymbol{H}$，仍以图 8-7 为例来讨论监督矩阵。

设输入码序列为 $M=(m_1 \quad m_2 \quad m_3 \cdots m_j \cdots)$，则该编码器的输出码序列为

$$X=(m_1 \quad x_{2,1} \quad x_{3,1} \quad m_2 \quad x_{2,2} \quad x_{3,2} \quad m_3 \quad x_{2,3} \quad x_{3,3} \cdots m_j \quad x_{2,j} \quad x_{3,j} \cdots)$$

并假定移位寄存器初始状态为全零，于是得到信息元与监督元的关系为

$$\begin{cases} x_{2,1}=m_1, \quad x_{3,1}=m_1 \\ x_{2,2}=m_2, \quad x_{3,2}=m_1+m_2 \\ x_{2,3}=m_3+m_1 \\ x_{3,3}=m_3+m_2+m_1 \\ \cdots \end{cases} \tag{8.68}$$

把上面方程组写成矩阵形式为

$$\begin{bmatrix} 110 \\ 101 \\ 000110 \\ 100101 \\ 100000110 \\ 100100101 \\ 000100000110 \\ 000100100101 \\ \cdots \end{bmatrix} \begin{bmatrix} m_1 \\ x_{2,1} \\ x_{3,1} \\ m_2 \\ x_{2,2} \\ x_{3,2} \\ m_3 \\ x_{2,3} \\ x_{3,3} \\ \vdots \end{bmatrix} = \boldsymbol{O}^{\mathrm{T}} \tag{8.69}$$

把此式同分组码公式 $\boldsymbol{H} \cdot \boldsymbol{A}^{\mathrm{T}} = \boldsymbol{O}^{\mathrm{T}}$ 相比较，可见上式左边的矩阵是卷积码的监督矩阵，即

$$\boldsymbol{H}_{\infty} = \begin{bmatrix} 110 \\ 101 \\ 000110 \\ 100101 \\ 100000110 \\ 100100101 \\ 000100000110 \\ 000100100101 \\ \cdots \end{bmatrix} \tag{8.70}$$

由此看到卷积码的监督矩阵是一个半无限矩阵，因此它的矩阵长记作 $\boldsymbol{H}_{\infty}$。观察此矩阵发现，该矩阵的前三列的结构与后三列的结构相同，而后三列只是比前三列向下移两行。因此从结构上看，只要知道前 6 行结构状况，即可得到 $\boldsymbol{H}_{\infty}$ 的全部信息。为了研究问题的简便，于是引入截短监督矩阵

$$\boldsymbol{H} = \begin{bmatrix} 110 \\ 101 \\ 000110 \\ 100101 \\ 100000110 \\ 100100101 \\ \cdots \end{bmatrix} = \begin{bmatrix} \boldsymbol{P}_1 & \boldsymbol{I}_2 & & & & \\ \boldsymbol{P}_2 & \boldsymbol{O} & \boldsymbol{P}_1 & \boldsymbol{I}_2 & & \\ \boldsymbol{P}_3 & \boldsymbol{O} & \boldsymbol{P}_2 & \boldsymbol{O} & \boldsymbol{P}_1 & \boldsymbol{P}_2 \end{bmatrix} \tag{8.71}$$

式中 $\boldsymbol{P}_i$ 为 2×1 阶矩阵；$\boldsymbol{I}_2$ 为二阶单位方阵；$\boldsymbol{O}$ 为二阶全零矩阵。

推广到一般情况，（n,k,m）卷积码的截短监督矩阵为

$$\boldsymbol{H} = \begin{bmatrix} \boldsymbol{P}_1\boldsymbol{I}_{n-k} & & & \\ \boldsymbol{P}_2\boldsymbol{O} & \boldsymbol{P}_1\boldsymbol{I}_{n-k} & & \\ \vdots & \vdots & \ddots & \\ \boldsymbol{P}_N\boldsymbol{O} & \boldsymbol{P}_{N-1}\boldsymbol{O} & \cdots & \boldsymbol{P}_1\boldsymbol{I}_{n-k} \end{bmatrix} \tag{8.72}$$

式中 $\boldsymbol{I}_{n-k}$ 为（$n-k$）阶单位方阵；$\boldsymbol{P}_i$ 为 $(n-k)\times k$ 阶 $\boldsymbol{P}$ 矩阵；$\boldsymbol{O}$ 为（$n-k$）阶全零矩阵。

人们还称上式最后一行矩阵

$$\boldsymbol{h}=\begin{bmatrix}\boldsymbol{P}_N\boldsymbol{O} & \boldsymbol{P}_{N-1}\boldsymbol{O} & \cdots & \boldsymbol{P}_1\boldsymbol{I}_{n-k}\end{bmatrix} \tag{8.73}$$

为（n,k,m）卷积码的基本监督矩阵。显然由上式看到，一旦 $\boldsymbol{h}$ 给定，则可完全确定截短监督矩阵。

下面讨论卷积码的生成矩阵 $\boldsymbol{G}$ 和监督矩阵 $\boldsymbol{H}$ 之间的关系。比较由上例得到的卷积码的生成矩阵 $\boldsymbol{G}_\infty$（8.61）和监督矩阵 $\boldsymbol{H}$（8.62），可以得到

$$\boldsymbol{G}_\infty=\begin{bmatrix}\boldsymbol{I}_1\boldsymbol{P}_1^{\mathrm{T}} & \boldsymbol{O}\boldsymbol{P}_2^{\mathrm{T}} & \boldsymbol{O}\boldsymbol{P}_3^{\mathrm{T}} & & \\ & \boldsymbol{I}_1\boldsymbol{P}_1^{\mathrm{T}} & \boldsymbol{O}\boldsymbol{P}_2^{\mathrm{T}} & \boldsymbol{O}\boldsymbol{P}_3^{\mathrm{T}} & \\ & & \boldsymbol{I}_1\boldsymbol{P}_1^{\mathrm{T}} & \boldsymbol{O}\boldsymbol{P}_2^{\mathrm{T}} & \boldsymbol{O}\boldsymbol{P}_3^{\mathrm{T}} \\ & & & & \cdots\end{bmatrix} \tag{8.74}$$

式中 $\boldsymbol{I}_1$ 为 1 阶单位方阵；$\boldsymbol{P}_i^{\mathrm{T}}$ 为 $\boldsymbol{P}_i$ 矩阵的转置。

类似于截短监督矩阵的想法，可引入截短生成矩阵 $\boldsymbol{G}$ 为

$$\boldsymbol{G}=\begin{bmatrix}\boldsymbol{I}_1\boldsymbol{P}_1^{\mathrm{T}} & \boldsymbol{O}\boldsymbol{P}_2^{\mathrm{T}} & \boldsymbol{O}\boldsymbol{P}_3^{\mathrm{T}} \\ & \boldsymbol{I}_1\boldsymbol{P}_1^{\mathrm{T}} & \boldsymbol{O}\boldsymbol{P}_2^{\mathrm{T}} \\ & & \boldsymbol{I}_1\boldsymbol{P}_1^{\mathrm{T}}\end{bmatrix} \tag{8.75}$$

推广到一般情况，截短生成矩阵为

$$\boldsymbol{G}=\begin{bmatrix}\boldsymbol{I}_k\boldsymbol{P}_1^{\mathrm{T}} & \boldsymbol{O}\boldsymbol{P}_2^{\mathrm{T}} & \cdots & \boldsymbol{O}\boldsymbol{P}_N^{\mathrm{T}} \\ & \boldsymbol{I}_k\boldsymbol{P}_1^{\mathrm{T}} & \cdots & \boldsymbol{O}\boldsymbol{P}_N^{\mathrm{T}} \\ & & \ddots & \vdots \\ & & & \boldsymbol{I}_k\boldsymbol{P}_1^{\mathrm{T}}\end{bmatrix} \tag{8.76}$$

式中 $\boldsymbol{I}_k$ 为 k 阶单位方阵；$\boldsymbol{O}$ 为 k 阶全零方阵；$\boldsymbol{P}_i^{\mathrm{T}}$ 为该截短监督矩阵 $\boldsymbol{H}$ 中的 $\boldsymbol{P}_i$ 矩阵的转置。

由上式看到，它的第一行矩阵

$$\boldsymbol{g}=\begin{bmatrix}\boldsymbol{I}_k\boldsymbol{P}_1^{\mathrm{T}} & \boldsymbol{O}\boldsymbol{P}_2^{\mathrm{T}} & \cdots & \boldsymbol{O}\boldsymbol{P}_N^{\mathrm{T}}\end{bmatrix} \tag{8.77}$$

完全决定着 $\boldsymbol{G}$ 矩阵，称此 $\boldsymbol{g}$ 矩阵为基本生成矩阵。一旦得到基本生成矩阵，则可以写出该卷积码的截短生成矩阵 $\boldsymbol{G}$。

8.5.4　卷积码译码

卷积码的译码方法有两类：一类是大数逻辑译码，又称门限译码；另一类是概率译码，又分维比特译码和序列译码两种。门限译码方法是以分组码理论为基础的，其译码设备简单，速度快，但其误码性能要比概率译码差。下面先讨论大数逻辑译码。

1. 大数逻辑译码

此译码方法是从线性码的伴随式出发，找到一组特殊的能够检查信息位置是否发生错误的方程组，从而实现纠错译码。下面通过一个例子来说明该译码的工作原理。

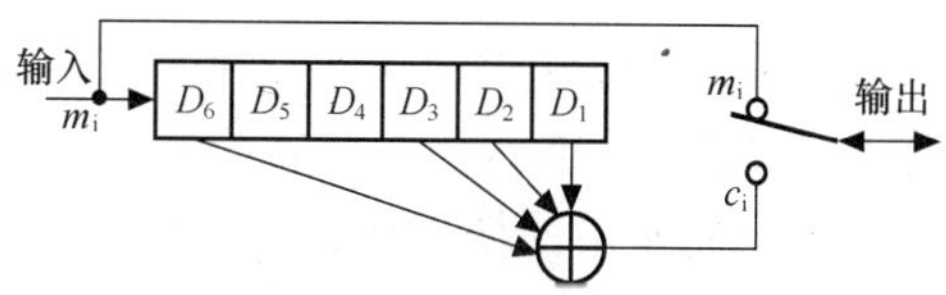

图 8-11　（2，1，5）卷积码的编码器

设有（2，1，5）卷积码的编码器如图 8-11 所示。

它的监督矩阵为

$$
\boldsymbol{H}=\begin{bmatrix}11 \\ 0011 \\ 000011 \\ 10000011 \\ 1010000011 \\ 101010000011\end{bmatrix} \tag{8.78}
$$

根据前面分组码的结论伴随式 $\boldsymbol{S}=\boldsymbol{E}\cdot\boldsymbol{H}^{\mathrm{T}}$，这里 $\boldsymbol{E}=(e_{11}e_{21}e_{12}e_{22}\cdots e_{16}e_{26})$ 是信道传输后所产生的错误图样；伴随式 $\boldsymbol{S}=(s_1\quad s_2\quad s_3\quad s_4\quad s_5\quad s_6)$，式中

$$
\begin{aligned}
s_1&=e_{11}+e_{21}\\
s_2&=e_{12}+e_{22}\\
s_3&=e_{13}+e_{23}\\
s_4&=e_{11}+e_{14}+e_{24}\\
s_5&=e_{11}+e_{12}+e_{15}+e_{25}\\
s_6&=e_{11}+e_{12}+e_{13}+e_{16}+e_{26}
\end{aligned}
$$

由上面一组方程可以得到一组方程为

$$
\begin{cases}
s_1=e_{11}+e_{21}\\
s_4=e_{11}+e_{14}+e_{24}\\
s_5=e_{11}+e_{12}+e_{15}+e_{25}\\
s_2+s_6=e_{11}+e_{22}+e_{13}+e_{16}+e_{26}
\end{cases} \tag{8.79}
$$

该方程组的特点是错误元 e_{11} 在各方程中都出现，其他的错误元在方程中出现总数不超过一次。称具有这种特点的方程组为正交于 e_{11} 错误元的一致校验和式。这样，在相邻的 9 个码元中，若错误图样 $\boldsymbol{E}$ 中的错误个数不多于 2 个，且其中一个发生在 e_{11} 位上，另一个发生在其他位上，那么上述方程组中至少有三个方程为 1，即 $\sum s_i\geqslant 3(i=1,2,4,5,6)$；如果 $\boldsymbol{E}$ 中错误不多于 2 个，且 e_{11} 位上未发生错误，则 $\sum s_i\leqslant 2$。由此可根据 $\sum s_i$ 的多少来进行大数判决，以决定对收到的 e_{11} 的值进行纠正或不纠正。

根据上述思路，画出（2，1，5）卷积码的译码器如图 8-12 所示。该译码器由输入分路开关、两组移位寄存器、四个模二加法器和大数判决门等组成。开关 S 把收到的序列进行信息位和监督位的分路。信息移位寄存器在存入 6 位信息位于“1”模二加法器输出端产生 1 位监督位，该监督位同收到的监督位在“2”模二加法器处相加，从而得到校正子送给“校正子移位寄存器”组。校正子移位寄存器在得到连续的 6 个校正子后，按照式（8.79）输出校正子值，在“大数判决门”处实现门限判决；若 $\sum s_i\geqslant 3$，则输出 1；反之，则输出 0。判决门输出 1，就可通过“4”模二加法器改变 e_{11} 位置上的信息位，纠正了错误；反之，判决器输出 0，则不会改变经检验是正确的第一位信息位。判决门输出 1，则还用来改变有关的已发生差错的校正子，为后续码元的纠错做好准备。这里看到该译码器采用了门限判决的方法，所以又称之为门限判决译码器。可以看到，该译码器能纠正在约束长度内的两位随机错误。如果要纠正多于两位的随机错误或克服突发错误，则需找约束长度更长和性能更好的译码器。

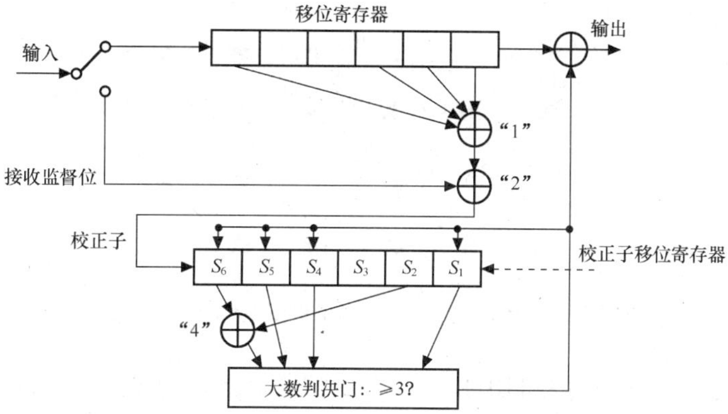

图 8-12 （2，1，5）卷积码门限译码器

2. 维特比译码

维比特译码属于概率译码。它是由 Viterbi 在 1967 年提出的，简称 VB 译码。目前在数字通信的前向纠错系统中用得较多。

概率译码的基本思想是：把已接收序列与所有可能的发送序列做比较，选择其中码距较小的一个序列作为发送序列。如果发送 L 组信息比特，对于 (n,k,m) 卷积码来说，可能发送的序列有 2^{kL} 个，计算机或译码器需存储这些序列并进行比较，以找出码距最小的那个序列。当传信率和信息组数 L 较大时，译码器难以实现。VB 算法则对上述概率译码（又称最大似然译码）做了简化，以至成了一种实用化的概率算法。它并不是在网格图上一次比较所有可能的 2^{kL} 条路径（序列），而是接收一段，计算和比较一段，选择一段有最大似然可能的码段，从而达到整个码序列是一个有最大似然值的序列。

下面以图 8-13 的（2，1，2）卷积码编码器的编码为例，来说明维比特解码的方法和运作过程。为了说明解码过程，给出其状态图如图 8-14 所示。网格图如图 8-15 所示。图中 a,b,c,d 表示 $m_{j-2}m_{j-1}$ 的四种可能状态：00，01，10，11。该图设输入信息数目 $L=5$，所以画有 $L+N=8$ 个时间单位（节点），图中分别标以 0 至 7。设编码器从 a 状态开始，该网格图的每一条路径都对应着不同的输入信息序列。由于所有的可能输入信息序列共有 2^{kL} 个，因而网格图中所有可能路径也有 2^{kL} 条。

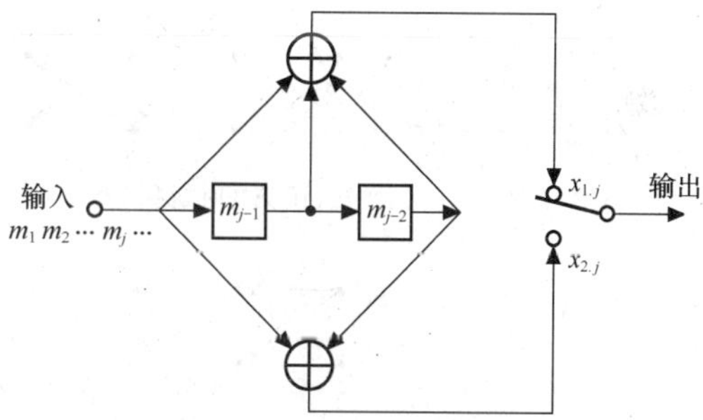

图 8-13 （2，1，2）卷积码编码器

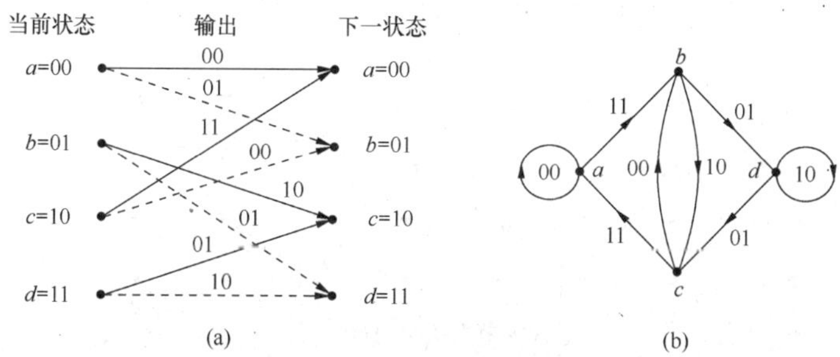

图 8-14 （2，1，2）卷积码状态图

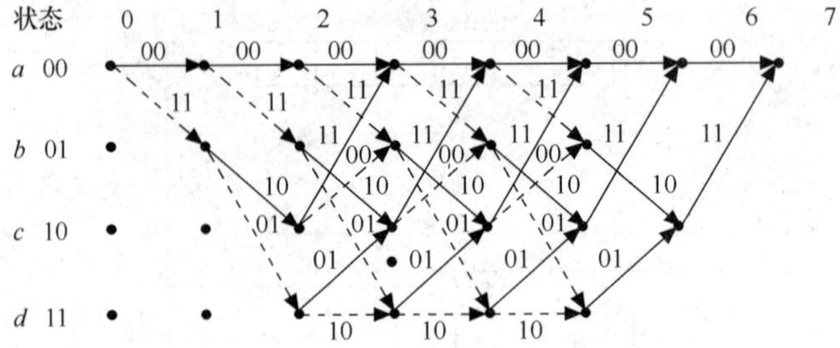

图 8-15 （2，1，2）卷积码网格图

设输入编码器的信息序列为 11011000，则由编码器输出的序列 $X=1101010001011100$，编码器的状态转移路线为 $abdcbdca$。若收到的序列 $R=0101011001011100$，对照网格图来说明维比特译码的方法。

由于该卷积码的约束长度为 6 位，因此先选择接收序列的前 6 位 $R_1=010101$ 同到达第 3 时刻的可能的 8 个码序列（即 8 个路径）进行比较，并计算出码距。该例中到达第 3 时刻 a 点的路径序列为 000000 和 111011，它们与 R_1 的距离分别是 3 和 4；到达第 3 时刻 b 点的路径序列 000011 和 111000，它们与 R_1 的距离分别是 3 和 4；到达第 3 时刻 c 点的路径序列是 001110 和 110101，与 R_1 的距离分别是 4 和 1；到达第 3 时刻 d 点的路径序列 001101 和 110110，与 R_1 的距离分别是 2 和 3。上述每个节点都保留码距较小的路径作为幸存路径，所以幸存路径码序列是 000000、000011、110101 和 001101，如图 8-16（a）所示。用与上面类似的方法可以

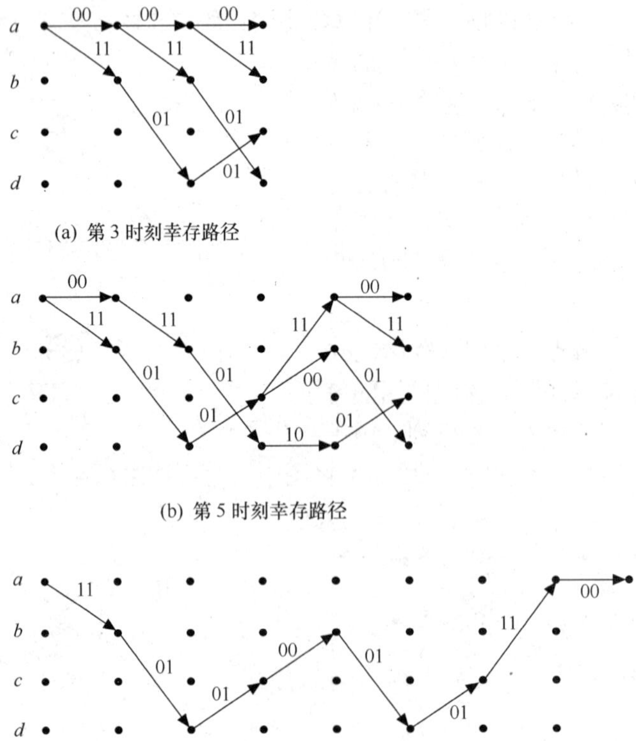

(a) 第 3 时刻幸存路径

(b) 第 5 时刻幸存路径

(c) 第 8 时刻幸存路径

图 8-16 维比特译码图解

得到第 4、5、6、7 时刻的幸存路径。需要指出的是对于某一个节点而言比较两条路径与接收序列的累计码距时，若发生两个码距值相等，则可以任选一路径作为幸存路径，此时不会影响译码的最终结果。图 8-16 给出了第 5 时刻幸存路径。在码的终了时刻 a 状态，得到一根幸存路径，如图 8-16（c）所示。由此看到译码器输出是 $R'=1101010001011100$，即可变换成序列 11011000，恢复了发端原始信息。比较 R' 和 R 序列，可以看到在译码过程中已纠正了在码序列第 1 位和第 7 位上的错误。当然差错出现太频繁，以至超出了卷积码的纠错能力，则会发生误纠。

8.6　交 织 编 码

前面所讨论的纠错编码是用来纠正随机错误的，但是在实际的通信系统中常常会出现突发性错误，例如在移动通信系统中存在多径衰落现象，信号经过这种信道要经过两个或多个不同的路径才能到达接收机，使得信号到达的相位互不相同，总的累加接收信号产生失真，结果使产生的差错是突发的而非随机的。所谓突发性错误是指比特差错成串发生而非单个出现，为了纠正这些成串发生的比特差错及一些突发错误，可以运用交织技术来分散这些误差，使长串的比特差错变成短差错，即将成片出现的误码变为独立分散的误码，然后再用纠正随机独立差错的纠错码来消除误码。

8.6.1　分组交织编码

分组交织器的实现如图 8-17 所示。假设待发送的一串码字为

$$\boldsymbol{X}=(X_1X_2X_3\cdots X_{24}X_{25})$$

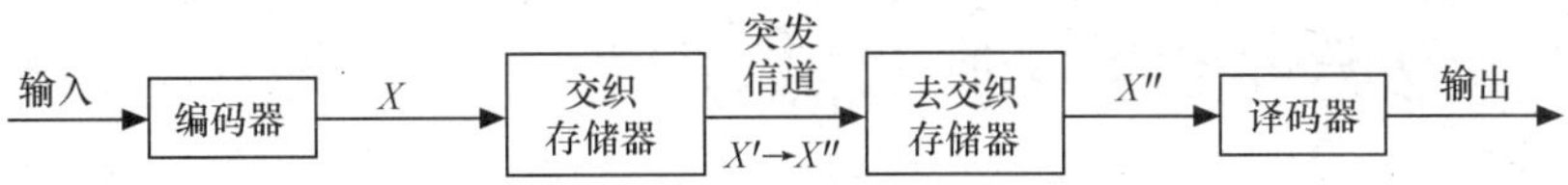

图 8-17　分组交织器实现图

交织存储器为一行列交织矩阵，它按列写入按行读出，即

$$\boldsymbol{A}1=\begin{bmatrix} X_1 & X_6 & X_{11} & X_{16} & X_{21} \\ X_2 & X_7 & X_{12} & X_{17} & X_{22} \\ X_3 & X_8 & X_{13} & X_{18} & X_{23} \\ X_4 & X_9 & X_{14} & X_{19} & X_{24} \\ X_5 & X_{10} & X_{15} & X_{20} & X_{25} \end{bmatrix}$$

则交织存储器输出并送入突发信道的信息为

$$\boldsymbol{X}'=(X_1X_6X_{11}X_{16}X_{21}X_2X_7\cdots X_5X_{10}X_{15}X_{20}X_{25})$$

假设突发信道产生两个突发错误：第一个突发产生于 X_1～X_{21} 连续错 5 位；第二个错误产生于 X_{13}～X_4 连续错 4 位。将经突发信道输出的信息表示为

$$\boldsymbol{X}''=(X_1X_6X_{11}X_{16}X_{21}X_2X_7\cdots X_8X_{13}X_{18}X_{23}X_4X_9\cdots X_{25})$$（阴影部分表示突发错误）

$\boldsymbol{X}''$进入去交织存储器，按行写入，按列读出，即

$$A_1=\begin{bmatrix} \textcircled{X_1} & \textcircled{X_6} & \textcircled{X_{11}} & \textcircled{X_{16}} & \textcircled{X_{21}} \\ X_2 & X_7 & X_{12} & X_{17} & X_{22} \\ X_3 & X_8 & \textcircled{X_{13}} & \textcircled{X_{18}} & \textcircled{X_{23}} \\ \textcircled{X_4} & X_9 & X_{14} & X_{19} & X_{24} \\ X_5 & X_{10} & X_{15} & X_{20} & X_{25} \end{bmatrix}$$

（圆圈内的码为突发错码）

则去交织器的输出为

$$\boldsymbol{X'''}=（X_1X_2X_3\ X_4X_5X_6X_7X_8X_9X_{10}X_{11}X_{12}X_{13}X_{14}X_{15}X_{16}X_{17}X_{18}X_{19}X_{20}X_{21}X_{22}X_{23}X_{24}X_{25}）$$

由此可见，经过交织矩阵与去交织矩阵变换后，原来信道中的两个突发 5 位连续错码和 4 位连续错码，变成了 $\boldsymbol{X'''}$中的随机错码。这样一来，一连串突发错码被分散到不同的码字上，对译码器来说，可以采用一般的纠错码和译码方式就可以纠正错误。

将上述的例子推广到一般情况：分组交织的分组长度为 $\boldsymbol{L}=\boldsymbol{M}\times\boldsymbol{N}$,，即由 $\boldsymbol{M}$ 行 $\boldsymbol{N}$ 列的矩阵构成，其中交织矩阵存储器是按列写入、按行读出，然后送入突发信道，进入去交织矩阵存储器，它则是按行写入、按列读出。利用这种行、列顺序倒换，可将突发信道变换为等效的随机独立信道。

8.6.2 卷积交织编码

卷积交织码是由 Ramsey 和 Forney 提出，图 8-18 是 Ramsey 提出的结构。码元顺序移入到 $\boldsymbol{N}$ 个寄存器中；下一个存储器提供比前一个存储器多 $\boldsymbol{J}$ 个码元的存储空间，第 0 个寄存器无存储空间（码元直接被送入）。每个新的码元到来时，转换器开关转换到一个新的寄存器，新到达的码元移入该寄存器，而寄存器中最早到达码元输出到调制器/解调器。经过（$\boldsymbol{N}$−1）个寄存器后，转换器返回到 0 个寄存器重新开始。解交织器进行相反的操作，交织和解交织操作的输入和输出转换器必须是同步的。

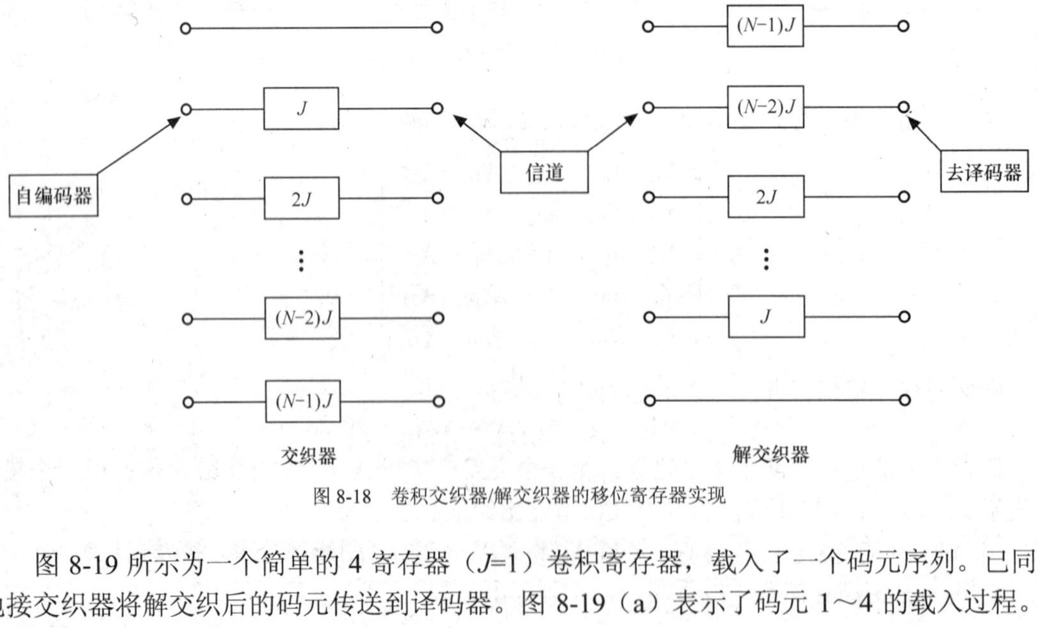

图 8-18 卷积交织器/解交织器的移位寄存器实现

图 8-19 所示为一个简单的 4 寄存器（J=1）卷积寄存器，载入了一个码元序列。已同步地接交织器将解交织后的码元传送到译码器。图 8-19（a）表示了码元 1～4 的载入过程。X

表示未知的状态。图 8-19（b）所示为已移入到寄存器的前 4 个码元以及传送到交织器输入端的 5～8 个码元。图 8-19（c）所示为 9～12 码元送到交织器。此时交织器装满信息码元，但是还没有译码器所需的任何有用信息。最后，图 8-19（d）所示为 13～16 码元送入交织器，并且在解交织器的输出端，1～4 码元送到译码器。这个过程一直持续到整个码字序列以交织前的形式输入到译码器中。

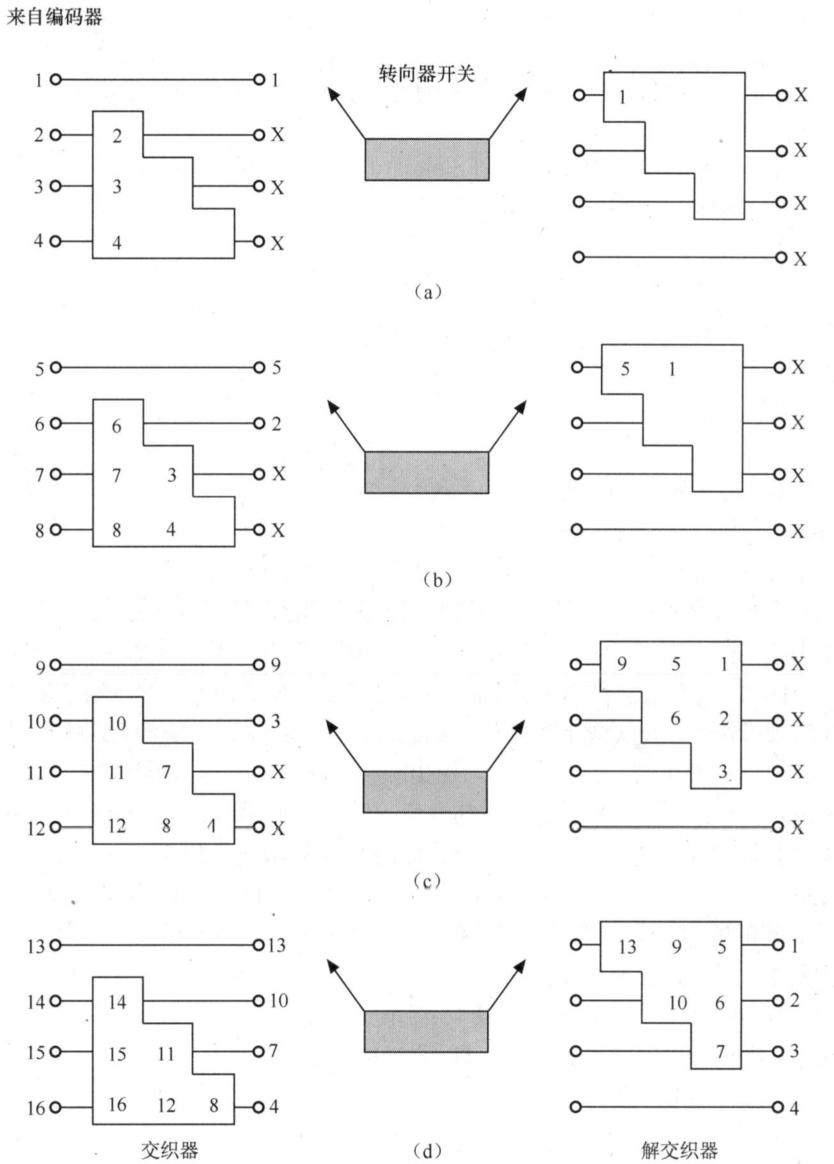

图 8-19　卷积交织器/解交织器

卷积交织器的性能与分组交织器很相似。卷积交织器的一个重要优势在于它的端到端延迟为 M（$N-I$）码元，这里 $M=NJ$，信道两端所需的存储空间为 M（$N-I$）/2。所以，相比于分组交织器，延迟和存储空间减少了一半。

8.7　差错控制编码技术在通信系统中的应用举例

几乎所有的数字通信系统中都采用了差错控制编码技术，尤其是传输数据的数字通信系统。这是因为，相比于话音信号，数据信号对系统的误码率要求更高。例如，在 TD-SCDMA 系统中，话音业务要求误比特率（BER）在 10^{-3} 以下即可，而数据业务要求 BER 必须在 10^{-6} 以下。

8.7.1　ISBN 国际统一图书编号中的差错控制编码技术

ISBN 是国际标准书号（International Standard Book Number）的简称，俗称条形码，是国际通用的图书或独立的出版物（除定期出版的期刊）代码。一个国际标准书号只有一个或一份相应的出版物与之对应。由于 ISBN 中采用了差错控制编码技术，出版社和读者可以通过一本书或者独立出版物上的 ISBN 号识别出它是否为合法出版物。

早期的 ISBN 号由 10 位十进制数字组成，2007 年起全世界的 ISBN 号统一升级为 13 位，简称“ISBN-13”。13 位 ISBN 号的组成结构如图 8-20 所示。由图可见，ISBN 号由 5 个部分组成，各部分之间用连字符“-”分隔：前 3 位数字为第一部分，用来代表出版物的类型，出版物为图书的这三位数字固定为 978，在 978 系列号码用尽后，启用 979 作为新系列号码；中间 9 位数字分为三组，分别表示组号、出版社号和书序号；最后一位数字为第 5 部分，是校验码。第一组组号，又称地区号，为 1～5 个数字，不同国家使用不同的编号和长度。例如：0 代表美国，7 为中国大陆地区，而不丹国使用的是 99936。第二组出版社号，由其隶属的国家或地区的 ISBN 中心分配，允许取值范围为 2～5 位数字。出版社的规模越大，出书越多，其号码就越短。例如：中国高等教育出版社号码为 04，南开大学出版社号码为 310。第三组书序号，由出版社自己给出，各出版社的书序号长度固定，为数字 9 减去组号位数和出版社号码位数后的数值。例如：中国高等教育出版社的书序号为 6 位。

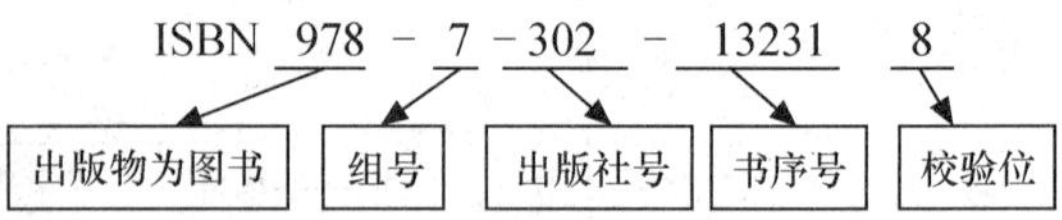

图 8-20　ISBN 编码结构组成

第 5 部分校验位取值范围为 0～9，校验位的具体算法包括以下几步：

（1）将除校验位以外的 12 位数字与对应权值（131313131313）逐位相乘，即这 12 位数字中从左边算起的所有奇数位和“1”相乘，所有偶数位和“3”相乘；

（2）把相乘得到的 12 个乘积相加；

（3）将这个加数对 10 求模（即除以 10 后取余数）；

（4）用 10 减去上一步求得的模值，即得校验位。

也就是说，每个 ISBN 号码的前 12 位与最后一位校验位之间有通过固定算法形成的约束关系。若它们之间不满足这个约束关系，则该 ISBN 号码对应的图书必为非法出版物。

8.7.2　GSM 移动通信系统中的差错控制编码技术

GSM 系统中的差错控制编码分 3 步实现。

1. 外编码（简称外码）

外码采用分组编码，形成“信息＋校验位＋尾比特”的分组编码输出。其中，尾比特为

4 位或 16 位全零值，其作用是使卷积码编码器的状态回到“0”，以方便维特比译码。

外码的码型有两种：奇偶校验码和费尔（Fire）码。奇偶校验码在本章前述内容有所介绍。Fire 码是一种截短的循环码，用于纠正单个突发错误，译码也不太复杂。GSM 采用的 Fire 码的生成多项式为 $(X23+1)\cdot(X17+X3+1)$。这是一个 40 阶的多项式，余数有 40 个系数，从而有 40 位冗余位，能检测并纠正最多 12bit 的错误群。

2. 内编码（内码）

内码采用卷积码。GSM 系统采用的卷积码主要有 4 种：（2，1，4）码、（3，1，4）码、（6，1，4）码和凿孔的（2，1，4）码，分别用于不同的传输信道。

这 4 种卷积码的生成多项式分别为：

$G(0)=1+D3+D4$

$G(1)=1+D+D3+D4$

$G(2)=1+D2+D4$

$G(3)=1+D+D2+D3+D4$

3. 交织

对除随机接入信道 RACH 和共享信道 SCH 以外的各信息分组进行重排和交织，以消除突发错误的影响。重排和交织的主要思想是尽可能把编码后的数据块分散到多个突发序列中，而又不至于引入过大的延时。对于不同的信道类型，交织的深度各不一样。GSM 系统中的交织又分为两次，第一次为内部交织，第二次为块间交织。

总的来看，GSM 通信系统采用外编码与内编码级连的差错控制编码和交织技术，使系统具有很强的纠错能力和很高的工作可靠性。GSM 系统的差错控制技术及流程如图 8-21 所示。

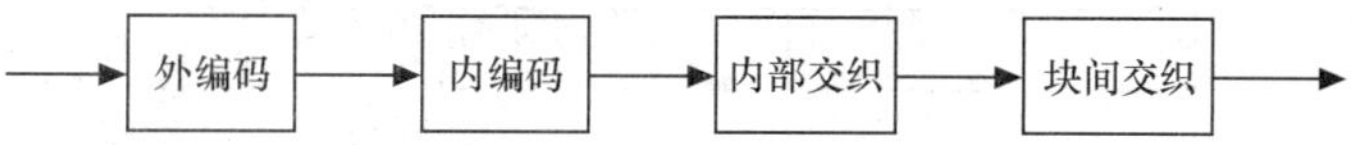

图 8-21　GSM 系统中的差错控制技术及流程

下面仅以 GSM 系统中的全速率话音业务为例，详细介绍其差错控制编码技术。

GSM 系统首先把话音分成若干 20ms 的音段，然后将每个 20ms 的音段通过话音编码器进行数字化和压缩编码，产生一个 260bit 的比特流。这些比特按照重要性的不同被分为以下三种：

（1）50 个最重要比特；

（2）132 个重要比特；

（3）78 个不重要比特。

首先进行外编码：给 50 个最重要比特按照分组编码方式添加上 3 个奇偶检验比特。然后将形成的这 53bit 连同另外的 132 个重要比特与 4 个尾比特一起卷积编码（编码效率为 1∶2），从而得到 378bit。另外 78 个不重要比特不予保护。这样，一共形成 456bit。这两次编码如图 8-22 所示。

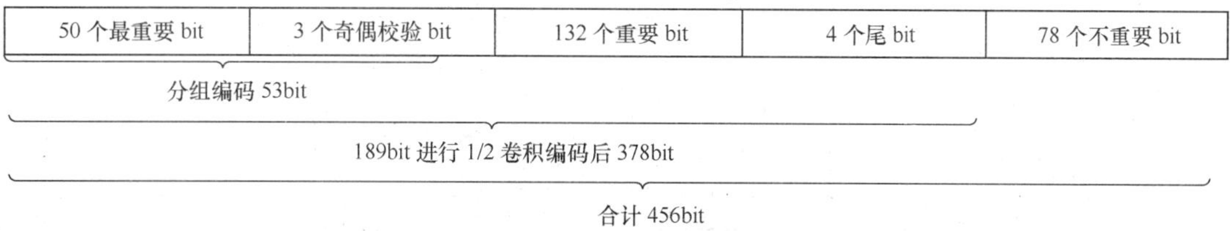

图 8-22　GSM 全速话音业务的信道编码

下面进行交织：上述的每 456bit 作为一个块，每个块的内部又分为 8 组，每组 57bit。这

8 组间完成第一次交织，即块内交织，如图 8-23 所示。

GSM 系统的每个 TDMA 帧的结构如图 8-24 所示，由图可见，每帧包含上述 2 个 57bit 的分组。但是若将同一个 20ms 音段对应的块中的两个分组插入同一TDMA 帧中传输的话，一旦该数据帧整体发生突发错误，就会导致这 20ms 的话音损失 1/4 的比特。因此，还需要进行二次交织，即块间交织，使每个帧中包含的两个分组为不同话音音段对应的分组。如不进行二次交织，每个 456bit 的块需要 4 个帧完成传送，若进行二次交织后则需要 8 个帧完成。进行二次交织后，即使某个帧整体发生突发错误，也只会损失某个 20ms 音段的 1/8 比特，而这能够通过之前的二次编码方法在译码时加以校正。二次交织会增加系统的时延，GSM 系统中，在移动台和中继电路上增加了回波抵消器，以改善由于时延而引起的通话回音。GSM 系统全速话音业务的块间交织示意图如图 8-25 所示。

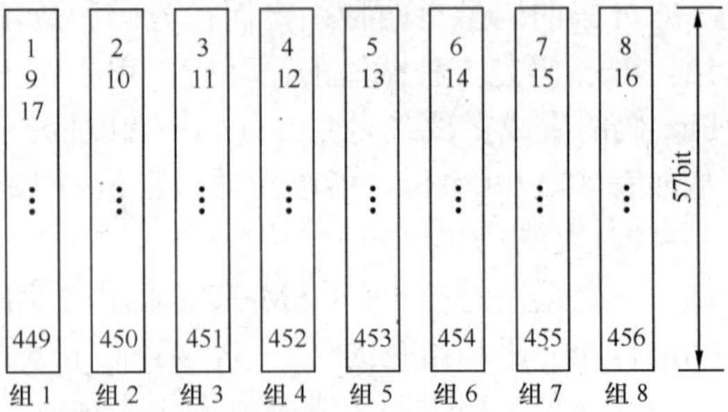

图 8-23 GSM 全速话音业务的块内交织

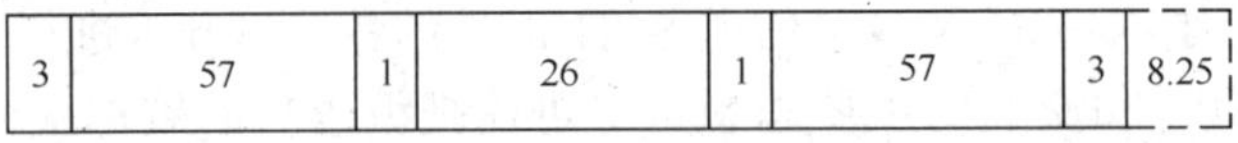

图 8-24 GSM 系统 TDMA 帧结构（单位：bit）

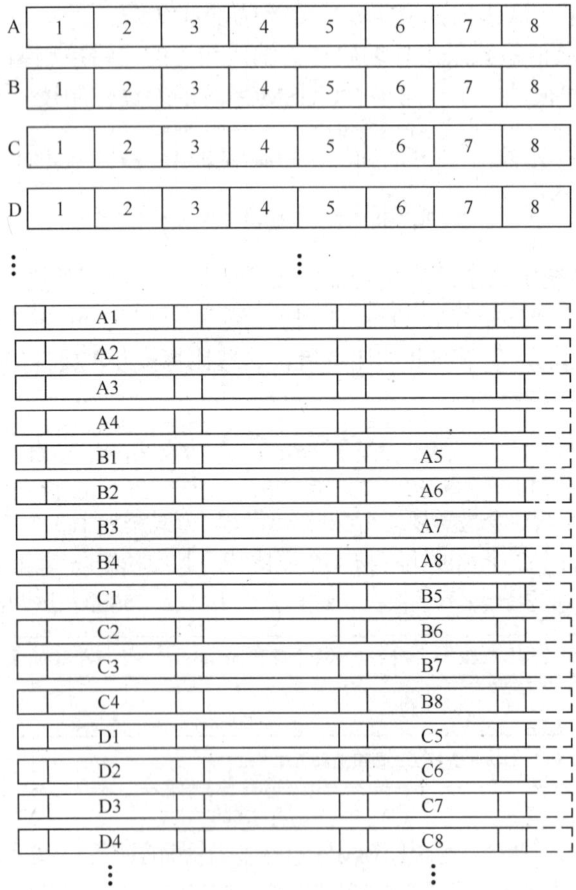

图 8-25 GSM 系统全速话音业务的块间交织

图中，有 A、B、C、D…数据块，每个块的内部分组用数字序号 1、2、…、7、8 标示，将每个块内的各个分组分别插入相邻的不同的 TDMA 帧中，即完成了块间交织。

习　题

8-1　已知 8 个码组为：(000000)，(001110)，(010101)，(011011)，(100011)，(101101)，(110110)，(111000)，

(1) 求以上码组的最小码距 d_0。

(2) 若此 8 个码组用于检错，可检出几位错?

(3) 若用于纠错码，能纠几位?

(4) 若同时用于纠错和检错，纠错、检错性能如何?

8-2　已知两码组（0000）和（1111），若该码组用于检错，能检出几位错码？若用于纠错，能纠正几位错码？若同时用于纠错和检错，问各能纠、检几位错码？

8-3　一码长 $n=15$ 的汉明码，监督位 r 应为多少？编码效率为多少？试写出监督码元与信息码元之间的关系。

8-4　已知某（7，4）线性分组码的监督方程为

$$\boldsymbol{H}=\begin{bmatrix}1110100\\1101010\\1011001\end{bmatrix}$$

试求其生成矩阵，并写出所有许用码组。

8-5　设一线性分组码的一致监督方程为

$$\begin{cases}a_4+a_3+a_2+a_0=0\\a_5+a_4+a_1+a_0=0\\a_5+a_3+a_0=0\end{cases}$$

其中 a_5,a_4,a_3 为信息码。

(1) 试求其生成矩阵和监督矩阵。

(2) 写出所有的码字。

(3) 判断下列接收到的码字是否正确。$B_1=(011101)$，$B_2=(101011)$，$B_3=(110101)$。若非码字如何纠错和检错。

8-6　令 $g(x)=x^3+x+1$ 为（7，4）循环码的生成多项式，

(1) 求出该循环码的生成矩阵和监督矩阵;

(2) 若两个信息码组分别为（1001）和（0110），求出这两个循环码组;

(3) 画出其编码器原理框图。

8-7　设汉明码的一致监督方程组为

$$\begin{cases}a_1+a_2+a_5+a_6=0\\a_1+a_3+a_5=0\\a_2+a_3+a_4+a_5=0\end{cases}$$

试求一致监督矩阵的标准（典型）形式。

8-8　试将以下生成矩阵化为标准形式 $\boldsymbol{G}=[\boldsymbol{I}_k\cdot\boldsymbol{Q}]$

（1）$\boldsymbol{G}_1=\begin{bmatrix}0&0&0&1&1&0&1\\0&0&1&1&0&1&0\\0&1&1&0&1&0&0\\1&1&0&1&0&0&0\end{bmatrix}$　（2）$\boldsymbol{G}_2=\begin{bmatrix}0&0&0&1&0&1&1\\0&0&1&0&1&1&0\\0&1&0&1&1&0&0\\1&0&1&1&0&0&0\end{bmatrix}$

8-9　由（7，3）线性码得到的标准形式生成矩阵为

$$\boldsymbol{G}=\begin{bmatrix}1001011\\0101110\\0010111\end{bmatrix}$$

（1）试写出 8 个许用码组；

（2）若给出其中一个码字为（0111001），并分别给出 1 位错误格式为 E_1=（0010000）及 E_2=（0000100），试分别求出伴随式，看能否纠错。

8-10　下表列出了（7，3）线性分组码及其码多项式

码字	码多项式（模 x^7-1）
0010111	
0101110	
1011100	
0111001	
1100101	
1001011	
0000000	

（1）试写出相应的码多项式，并填在表中，说明该码是否循环码 7 为什么？

（2）写出码生成多项式 $g(x)$，它有何特点？

（3）在给出 $g(x)$ 后，确定其生成矩阵 $\boldsymbol{G}(x)$。

8-11　一个（15，7）循环码的生成多项式为 $g(x)=x^8+x^7+x^6+x^4+1$

（1）写出该循环码的生成矩阵（典型矩阵形式）。

（2）若信息多项式为 $M(x)=x^5+x^3+x+1$，试求其码多项式 $A(x)$。

8-12　约束长度为 2 个分组的（2，1）卷积码的编码器如题 8-12 图所示。

（1）试写出一致监督方程和一致监督矩阵。

（2）求其生成矩阵。

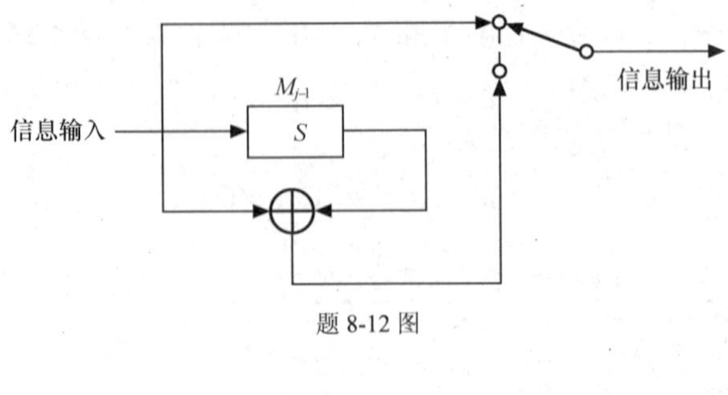

题 8-12 图

8-13　已知 $k=1$，$n=2$，$N=4$ 的卷积码，其基本生成矩阵为 $g=[11010001]$。试求该卷积码的生成矩阵 $\boldsymbol{G}$ 和监督矩阵 $\boldsymbol{H}$。

8-14　已知（2，1，2）卷积码编码器的输出与 m_1，m_2 和 m_3 的关系为

$$c_1 = m_1 \oplus m_2$$
$$c_2 = m_1 \oplus m_2 \oplus m_3$$

当接收码序列为 1000100000 时，试用维比特译码方法求译码序列 M'。

第 9 章　利用 System View 对通信系统进行仿真

9.1　System View 仿真软件简介

System View 是一个用于现代工程与科学系统设计及仿真的动态系统分析平台。从滤波器设计、信号处理、完整通信系统的设计与仿真，直到一般的系统数学模型建立等各个领域，System View 在友好而且功能齐全的窗口环境下，为用户提供了一个精密的嵌入式分析工具。

System View 是美国 ELANIX 公司推出的，基于 Windows 环境下运行的用于系统仿真分析的可视化软件工具，它使用功能模块（Token）描述程序。利用 System View，可以构造各种复杂的模拟、数字、数模混合系统和各种多速率系统，因此，它可用于各种线性或非线性控制系统的设计和仿真。用户在进行系统设计时，只需从 System View 配置的图标库中调出有关图标并进行参数设置，完成图标间的连线，然后运行仿真操作，就能以时域波形、眼图、功率谱等形式给出系统的仿真分析结果。

随着社会节奏的加快，产品的更新速度越来越快，这时候引入 EDA 仿真软件进行前期的仿真已经是不可避免的事情。System View 是强大的系统级 EDA 仿真软件，适合于现代通信系统的设计、仿真和方案论证，尤其适合于无线电话、无绳电话、调制解调器、卫星通信等通信系统，并可进行各种系统时域和频域分析，对各种逻辑电路、射频/模拟电路（混合器、放大器、RLC 电路、运放电路等）进行理论分析和失真分析。System View 允许用户插入自己用 C/C++编写的用户代码库，插入的用户库自动集成到 System View 中，如同系统内建的库一样使用。System View 能自动执行系统连接检查，通知用户连接出错并通过显示指出出错的图符。这个特点对用户系统的诊断是十分有效的。

9.1.1　System View 特点

System View 是一种强有力的基于个人计算机的动态通信系统仿真工具，已达到在不具备先进仪器的条件下也能完成复杂的通信系统设计与仿真的目的，其主要特点如下。

1. 能仿真大量的应用系统

能在 DSP、通信和控制系统应用中构造复杂的模拟、数字、混合和多速率系统。具有大量可选择的库，允许用户有选择地增加通信、逻辑、DSP 和射频/模拟功能模块，特别适合无线电话（GSM，CDMA，FDMA，TDMA，DSSS）、无绳电话和调制解调器以及卫星通信系统（GPS，DVBS，LEOS）等的设计；能够仿真（C3x，C4x 等）DSP 结构；可进行各种系统时域/频域分析和谱分析；对射频/模拟电路（混合器，放大器，RLC 电路和运放电路）进行理论分析和失真分析。

2. 快速方便的动态系统设计与仿真

使用熟悉的 Windows 界面和功能键（单击、双击鼠标的左右键），SystemView 可以快速建立和修改系统，并在对话框内快速访问和调整参数，实时修改，实时显示。只需简单地用鼠标点击图符即可创建连续线性系统、DSP 滤波器，并输入/输出基于真实系统模型的仿真数据；不用写一行代码即可建立用户习惯的子系统库（MetaSystem）。System View 图标库包括几百种信号源、接收端、操作符和功能块，提供从 DSP、通信、信号处理、自动控制，直到构造通用数学模型等的应用。信号源和接收端图标允许在 System View 内部生成和分析信号，并提供可外部处理的各种文件格式和输入/输出数据接口。

3. 在报告中方便地加入 System View 的结论

SystemView 通过 Notes（注解）很容易在屏幕上描述系统；生成的 System View 系统和输出的波形图可以很方便地使用复制（copy）和粘贴（paste）命令插入微软 word 等文字处理器。

4. 提供基于组织结构图方式的设计

通过利用 System View 中的图符和 MetaSystem（子系统）对象的无限制分层结构功能，System View 能很容易地建立复杂的系统。首先可以定义一些简单的功能组，再通过对这些简单功能组的连接进而实现一个大系统。这样，单一的图符就可以代表一个复杂系统。MetaSystem 的连接使用也与系统提供的其他图符同样简单，只要单击一下鼠标，就会出现一个特定的窗口显示出复杂的 MetaSystem。

5. 多速率系统和并行系统

System View 允许合并多种数据采样率输入的系统，以简化 FIR 滤波器的执行。这种特性尤其适合于同时具有低频和高频部分的通信系统的设计与仿真，有利于提高整个系统的仿真速度，而在局部又不会降低仿真的精度，同时还可降低对计算机硬件配置的要求。

6. 完备的滤波器和线性系统设计

System View 包含一个功能强大的、很容易使用的图形模板设计模拟和数字的以及离散和连续时间系统的环境，还包含大量的 FIR/IIR 滤波类型和 FFT 类型，并提供易于用 DSP 实现滤波器或线性系统的参数。

7. 先进的信号分析和数据块处理

System View 提供的分析窗口是一个能够提供系统波形详细检查的交互式可视环境。分析窗口还提供一个能对仿真生成数据进行先进的块处理操作的接收计算器。接收计算器块处理功能十分强大，内容也相当广泛，完全满足通常所需的分析要求。这些功能包括：应用 DSP 窗口、余切、自动关联、平均值、复杂的 FFT、常量窗口、卷积、余弦、交叉关联、习惯显示、十进制、微分、除窗口、眼图模式、功能比例尺、柱状图、积分、对数基底、求模、相位、最大最小值及平均值、乘波形、乘窗口、非、覆盖图、覆盖统计、自相关、功率谱、分布图、正弦余弦、平滑（移动平均）、谱密度、平方、平方根、窗口相减、波形求和、窗口求和、正切、层叠、窗口幂、窗口常数等。System View 还提供了一个真实而灵活的窗口用以检查系统波形。内部数据的图形放大、缩小、滚动、谱分析、标尺以及滤波等，全都是通过敲击鼠标实现的。

8. 可扩展性

System View 允许用户插入自己用 C/C++编写的用户代码库，插入的用户库自动集成到 SystemView 中，如同系统内建的库一样使用。

9. 完善的自我诊断功能

System View 能自动执行系统连接检查，通知用户连接出错并通过显示指出出错的图符。

这个特点对用户系统的诊断十分有效。

9.1.2 System View 系统视窗

进入 System View 后，屏幕上首先出现该软件的系统视窗，如图 9-1 所示。

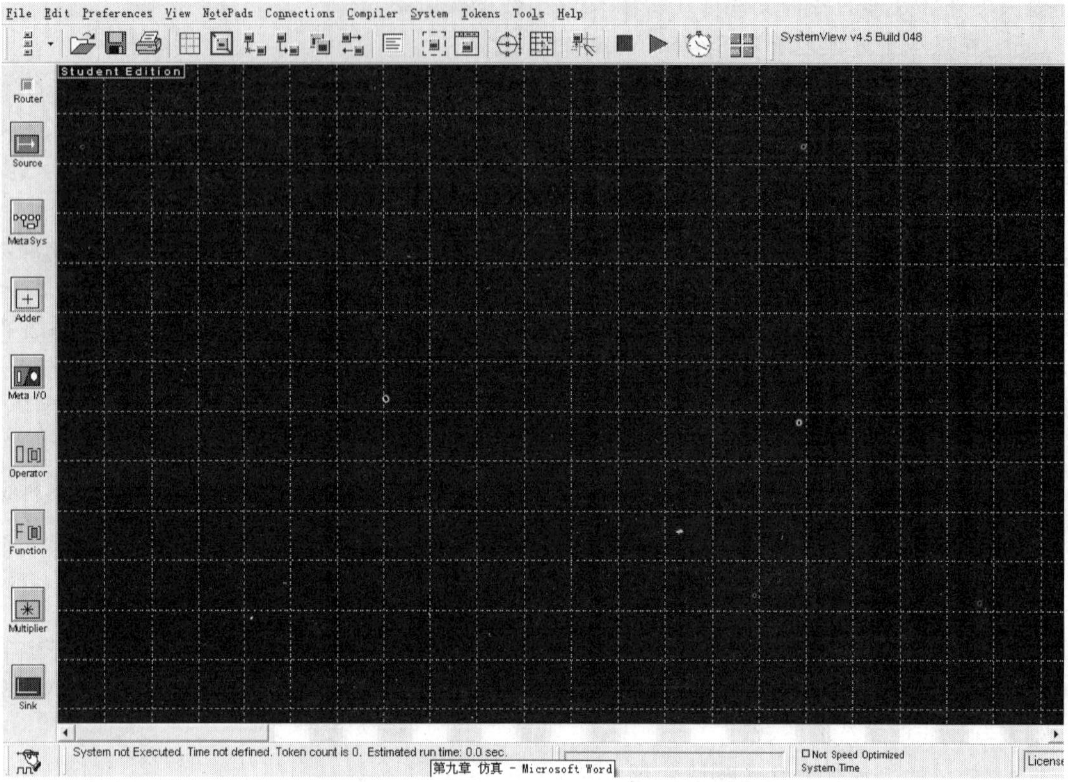

图 9-1 系统视窗

1. 主菜单功能

系统视窗的最上边一行为主菜单栏，包括文件（File）、编辑（Edit）、参数优选（Preferences）、视窗观察（View）、便笺（NotePads）、连接（Connections）、编译器（Compiler）、系统（System）、图符库（Tokens）、工具（Tools）和帮助（Help）共 11 项功能菜单，如图 9-2 所示。执行菜单命令操作简单，例如，用户需要保存文件，可单击“File”菜单，出现一个下拉菜单，单击其中的“Save System”选项即可。

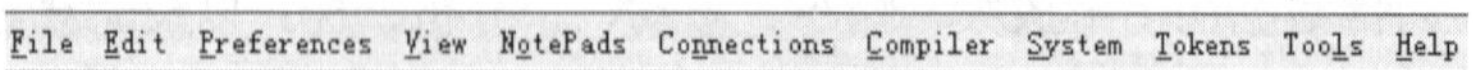

图 9-2 系统视窗主菜单栏

2. 快捷功能按键

在主菜单栏下，System View 为用户提供了 16 个如图 9-3 所示的常用快捷功能按钮。各按钮功能如下。

图 9-3　快捷功能按键

3. 系统图符库

系统视窗左侧竖排为图符库（Token）区。图符库是构建系统的基本单元模块，相当于系统组成框图中的一个子框图，用户在屏幕上看到的仅仅是代表某一数字模型的图形标志（图符块），图符块的传递特性由该图符块所具有的仿真数字模型决定。创建一个仿真系统的基本操作是：按照需要调出相应的图符块，将图符块用带有传输方向的连线连接起来。这样一来，用户进行的系统输入完全是图形操作，不涉及语言问题，使用十分方便。图符块由 8 个基本图符选择按钮组成，见图 9-4。

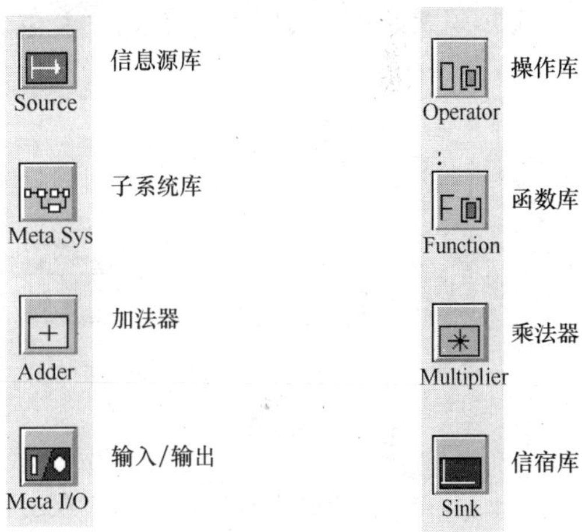

图 9-4　系统图符库按钮

上述 8 个按钮中，除“加法器”和“乘法器”按钮可直接双击使用外，双击其他按钮后会出现相应的对话框，应进一步设置图符库的操作参数。单击图符库选择区最上面的主库开关按钮将出现选择库开关按钮，包括常用库（Custom）、通信库（Comm）、DSP 库（DSP）、逻辑库（Logic）、射频模拟库（RF/Analog）、数字库（Matlab）按钮。

9.2　System View 仿真软件使用

9.2.1　系统窗下各种库的设置及选择操作

System View 的图符库包括 3 种，基本库、专业库及拓展库。基本库与专业库之间由库选择按钮进行切换，而扩展库则要由自定义库通过动态链接库来加载。下面将介绍基本库和专业库的内容及选择的操作方法。

1. 信号源库

（1）信号源库组成。

信号源库中包括各种产生用户系统输入信号的图标，是每个系统中都必不可少的组成部分，分为4组，如图9-5所示。

① 周期性信号（Periodic）：该组中的图标可以产生各种周期性的信号源，如周期性的正弦信号、矩形脉冲、锯齿波信号等；

② 噪声级伪随机信号（Noise/PN）：该组中的图标可以产生各种噪声或伪随机信号源，如高斯噪声、热噪声、伪随机PN序列等；

③ 非周期信号（Aperiodic）：该组中的图标可以产生各种非周期性的信号，如脉冲信号、阶跃信号等，并允许用户自定义某些特性的信号源；

④ 加载外部信号（Import）：通过该组中的图标可以加载存放在外部数据文件中的数据作为系统的信号源。

（2）信号源库选择操作。

创建系统的首要工作就是按照系统设计方案从图符库中调用图符块，作为仿真系统的基本单元模块。可用鼠标左键双击图符库选择区内的选择按钮。现以创建一个PN码信源为例，该图符块的参数为2电平双极性、1V幅度、100Hz码时钟频率，操作步骤如下。

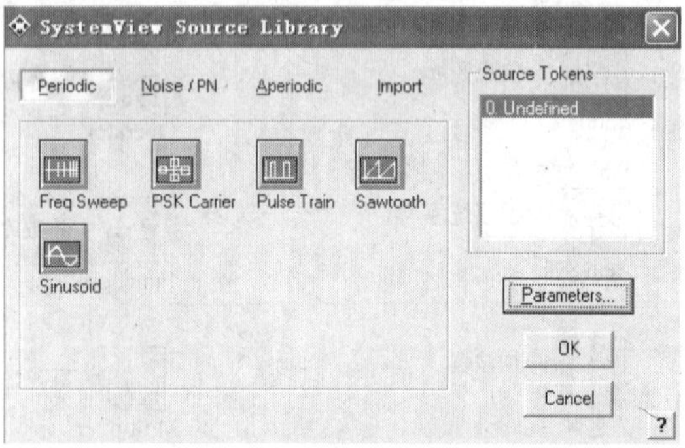

图9-5　信号源库对话框

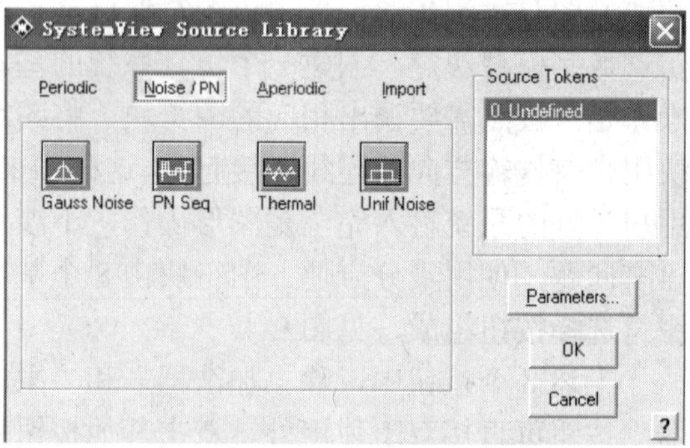

图9-6　信号源选择设置对话框

① 双击“信源库”按钮，并再次双击移出的“信源库图符块”，出现源库（Source Library）选择设置对话框。系统将信源库内各个图符块进行分类，通过“Periodic（周期）”、“Noise/PN（噪声/PN码）”和“Aperiodic（非周期）”等开关按钮进行分类选择和调用。

② 单击开关按钮下边框内的“PN Seq”图符块表示选中，再次单击对话框中的参数按钮Parameters，在出现的参数设置对话框中分别设置：幅度Amplitude=1、直流偏置Offset=0、电平数Level=2。

③ 分别单击参数设置和源库对话框的按钮OK，从而完成该图符块的设置。

2. 子系统库

子系统库代表了一组图标。这些图标在用户仿真中作为一个完整的子系统、函数以及过程使用。用户可以把某些完成特定功能的图标组成一个子系统并保存起来，在另外的系统里可以直接对其调用，子系统可以嵌套调用。

3. 加法器图标

该组中只有一个加法器图标，其功能是完成几个输入信号的加法运算。

4. 子系统I/O图标

该组中包含两个图标，用于设置子系统与系统其他部分连接时的输入/输出端口。

5. 操作库

（1）操作库组成。

操作库中的每一个图标都相当于一个算子，把输入的数据作为运算自变量进行某种运算或变换，分为 6 组，如图 9-7 所示。

① 滤波器/系统（Filter/System）：该组中的图标相当于一个线性/非线性系统，其中最重要的图标就是线性系统/滤波器（linear Sys/Filter）图标；

② 采样/保持器（Sample/Hold）：该组中的图标实现与信号的各种采样器相对应的恢复保持器；

③ 逻辑运算（Logic）：该组中的图标完成常用的逻辑运算；

④ 积分/微分（Integral/Diff）：该组中的图标完成近似的微积分运算；

⑤ 延时器（Delay）：该组中的图标将输入信号按要求进行延时；

⑥ 增益（Gain/Scale）：该组中的图标对输入信号进行放大、取整/小数等运算。

（2）选择设置操作库。

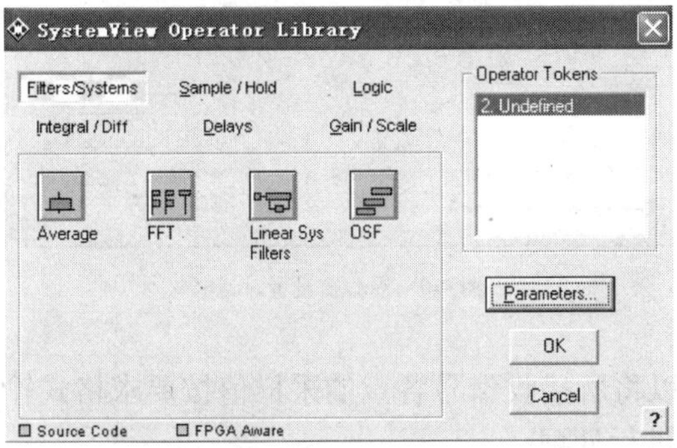

图 9-7 操作库选择对话框

双击图符库选择区内的“操作库”图符块按钮，并再次双击移出的“操作库”图符块，出现操作库（Operator Library）选择对话框。操作库中的各类图符块可通过 6 个分类选择开关选用，如图 9-7 所示。库内常用图符块主要包括：延时块（Delay）、保持块（Hold）、采样块（Sampler）、放大块（Gain）、线性系统块（LinearSys）、采样延时块（SmplDly）、比较块（Compare）和各类门（Xor、And、Nand、Or、Not）块等，设置参数方法同上。

6. 函数库

（1）函数库组成。

该库中的每一个图标都对应一种函数运算，将输入的信号作为自变量，分为 6 组，如图 9-8 所示。

① 非线性函数（Non Linear）：该组中的图标进行各种非线性函数运算，如限幅、量化、整流等相应运算；

② 函数（Functions）：该组中的图标进行各种函数运算，如三角函数、对数函数等；

③ 复数运算函数（Complex）：该组中的图标进行各种复数运算，如复数相加、相乘等以及复数极坐标与非极坐标之间的转换运算；

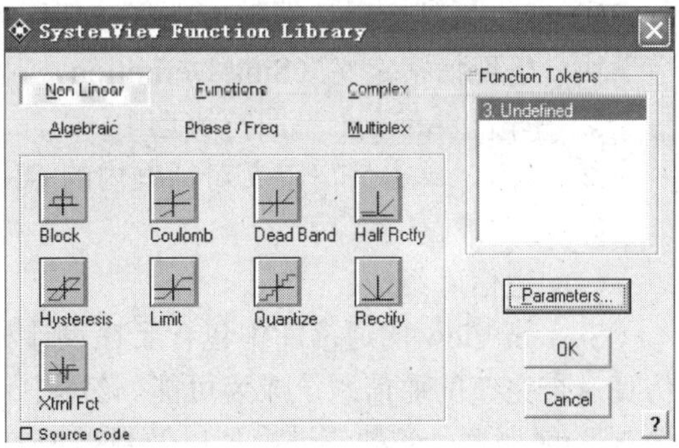

图 9-8 函数库选择对话框

④ 代数函数（Algebraic）：该组中的图标进行各种代数运算，如幂函数、指数函数、多项式函数运算等；

⑤ 相位/频率（Phase/freq）：该组中包括两个图标，完成对输入信号相位或频率的调制；

⑥ 合成/提取（Multiplex）：该组中包括两个图标，分别完成对输入信号的合成或提取运算。

（2）选择设置函数库。

双击图符库选择区内的“函数库”图符块按钮，并再次双击移出的“函数库”图符块，出现函数库（Function Library）选择对话框，设置图符块参数的方法与前述其他图符块参数设置方法类似。

7. 乘法器

该组中只有一个乘法器图标，其功能是完成几个输入信号的乘法运算。

8. 观察窗库

（1）观察窗组成。

观察窗库包括各种信号接收器图标，用来实现信号收集、显示、分析、数据处理以及输出等功能，它是用户观察系统运行结果的窗口，也是每个系统中不可或缺的一部分，分为 4 组，如图 9-9 所示。

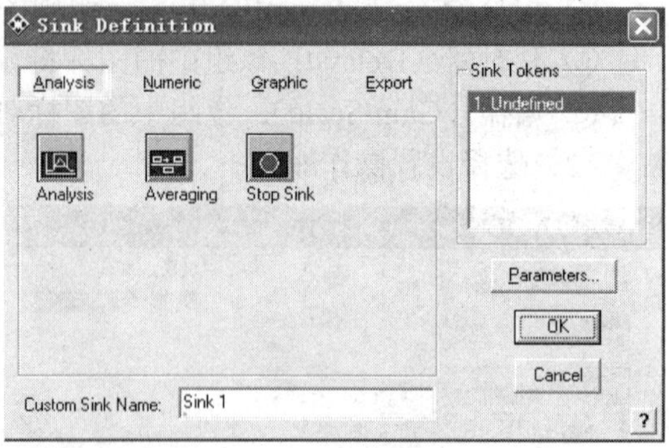

图 9-9　观察窗设置对话框

① 分析（Analysis）：该组中的信号接收器可以对所接收的信号进行观察及简单的分析，如求平均值等；

② 数字（Numeric）：该组中的信号接收器可以在屏幕上直接给出关于所接收的一些数字特征，如数字列表、统计值等；

③ 图形（Graphic）：该组中的信号接收器可以在屏幕上直接绘出所接收信号的波形；

④ 输出（Export）：该组中的信号接收器可以将所接收信号各点的采样值按要求格式输出指定的数据文件，以方便其他系统对运行结果进行处理。

（2）选择设置观察窗库。

当需要对系统中各测试点或某一图符块输出进行观察时，通常应放置一个信宿（Sink）图符块，一般将其设置为“Analysis”属性。Analysis 块相当于示波器或频谱仪等仪器的作用，它是最常见的分析型图符块之一。Analysis 块的创建操作如下。

① 双击系统窗左边图符库选择按钮区内的“信宿”图符按钮，并再次双击移出的“信宿”块，出现信宿定义（Sink Definition）对话框，如图 9-9 所示。

② 单击“Analysis”图符块选中。

③ 最后，单击信宿定义对话框内的 OK 按钮完成信宿选择。

9. 通信库

（1）通信库组成。

System View 的通信库中包含了在设计和仿真中可能用到的各种模块。它使在一台 PC 上仿真一个完整的通信系统成为可能。该库中包含各种纠错编码/解码器、基带信号脉冲成型器、调制器/解调器、各种信道模型以及数据恢复等模块。用通信库中的图标，与基本库及其他专业库中的各图标相配合使用，就可以构成现代通信中各种完整的通信系统模型。通信库中的图标共分为 6 组，如图 9-10 所示。

① 编码/解码器（Encode/Decode）：该组中的图标可以完成一般的信源/信道编码以及对应的解码，如分组码、格雷码、卷积码等；

② 滤波器/数据（Filter/Data）：该组中的图标可以完成通信系统中常用的对信号的滤波，

并可产生规定格式的伪码；

③ 处理器（Processtors）：该组中的图标可以完成通信系统中常用的对信号的处理，如误码率计算、波形成型、位同步、交织等；

④ 调制器（Modulators）：该组中的图标可以完成通信系统中各种常用的调制，如双边带调制、正交调制、脉冲调制等；

⑤ 解调器（Demodulators）：该组中的图标可以完成各种解调，如脉冲解调、正交解调、载波提取环等；

⑥ 信道模型（Channel Models）：该组中的图标可以仿真各种实际的信道，如多径信道、衰减信道等。

（2）选择设置通信库。

在系统窗下，单击图符库选择区内上端的开关按钮 Main，图符库选择区内图符内容将改变，双击其中的图符按钮“Comm”，再次双击移出的“Comm”图符块，出现通信库（Communication Library）选择设置对话框，如图 9-10 所示。通信库中包括通信系统中经常会涉及的 BCH、RS、Golay、Viterbi 纠错码编码/译码器、不同种类的信道模型、调制解调器、分频器、锁相环、Costas 环、误比特率 SERvice、分析等可调用功能图符块。

10. DSP 库

System View 的 DSP 库中包含了在设计和仿真现代数字信号处理中可能用到的各种模块。该库中的图标支持常用的 DSP 芯片所支持的 D4x 标准或是 IEEE 标准等多种信号格式，还可以在浮点操作下指定指数和尾数的长度。用 DSP 库中的图标，与基本库以及专业库中的图标相配合使用，即可构成现代数字信号处理系统中的各种处理模型。DSP 库中的图标共分为 5 组，如图 9-11 所示。

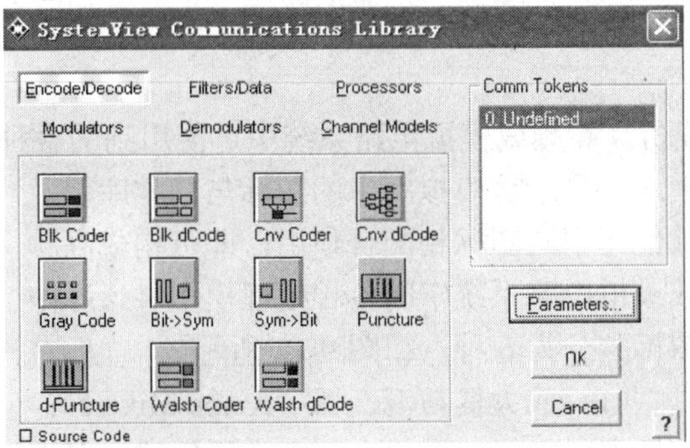

图 9-10　通信库设置对话框

图 9-11　DSP 库设置对话框

（1）代数运算组（Arithmetic）：该组中的图标完成数字信号的各种简单代数运算，如加法、乘法等；

（2）输入/输出组（Input/Output）：该组中的图标完成数字信号处理中的图标与系统中的其他图标相连时所需的格式转换；

（3）位逻辑组（Bit Logic）：该组中的图标将输入的数字信号进行按位的逻辑运算，如与、或、异或等；

（4）信号处理组（Signal/Process）：该组中的图标完成常用的对数字信号变换，如卷积、快速傅里叶变换、离散正弦/余弦变换等；

（5）操作组（Operators）：该组中的图标完成对数字信号的其他处理。

11．逻辑库

（1）逻辑库组成。

System View 的逻辑库中包含了在设计和仿真数字系统中可能用到的各种模块。用逻辑库中的图标与基本库以及其他库中的各图标相配合，即可构成数字系统中的各种处理模型。逻辑库中的图标共分为 6 种，如图 9-12 所示。

① 电路缓存（Gates/Buffers）：该组中包含 74 系列的常用门电路与缓存器，如与门、非门、施密特触发器等；

② 锁存器（FF/Latch/Reg）：该组中包含常用的各种触发器，如 D 触发器、JK 触发器等；

③ 计数器（Counters）：该组中包含几种常用的计数器，如 4 位、12 位计数器；

④ 译码器（Mux/DeMux）：该组中包括两个图标，分别为多路数据选择器以及与之对应的译码器；

⑤ 混合信号处理器（Mixed Signal）：该组中的图标用于完成逻辑库图标与其他图标相连时可能用到的信号转换，如 A/D、D/A 转换等；

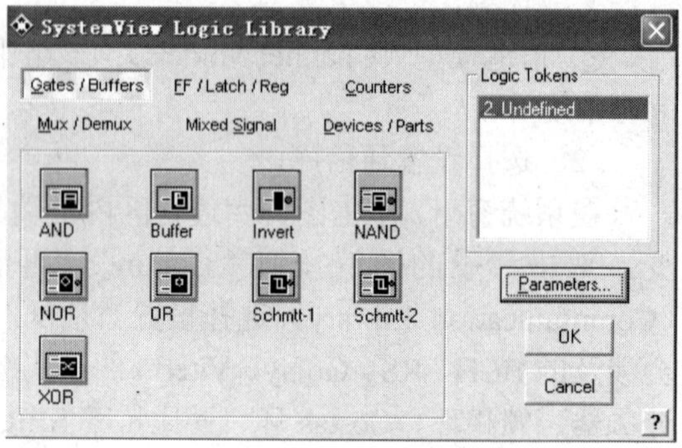

图 9-12　逻辑库设置对话框

⑥ 其他电路（Devices/Parts）：该组中的图标完成其他功能，如 8 位比较器等。

（2）选择设置逻辑库。

在系统窗下，双击图符库选择区内的“Logic”图符按钮，再次双击移出的“Logic”图符块，出现逻辑库（Logic Library）选择设置对话框。通过 6 个选择开关按钮可分门别类地选择库内各种逻辑门、触发器和其他逻辑部件。

12．射频/模拟库

System View 的射频/模拟库中包含在设计或仿真高频或模拟电路系统中可能用到的各种模块。用射频/模拟库中的图标与基本库以及其他库中的图标相配合使用，即可构成高频或模拟电路系统中的各种处理模型。该库中图标共分为 6 种，如图 9-13 所示。

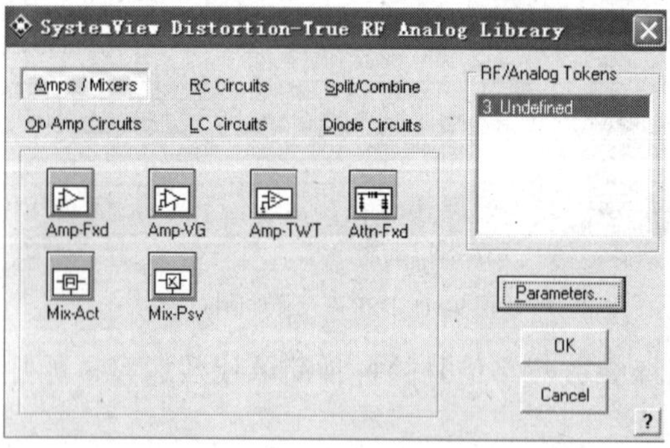

图 9-13　射频/模拟库设置对话框

（1）放大器与混合器（Amps/Mixers）：该组中包含一些模拟电路中常用的放大器电路，如固定增益放大器、可变增益放大器等；

（2）RC 电路（RC Circuits）：该组中包括常用的 RC 电路，如各种 RC 滤波器、RC 微分器等；

（3）功率分配/合成电路（Splite/Combine）：该组中的图标可完成对输入信号按比例分配为几路信号或将几路输入信号合成为一路信号的操作；

（4）运算放大器（Op Amp Circuits）：该组中包括各种常用的运算放大器，如运放锁相环、运放求和、运放反相器等；

（5）LC 电路（LC Circuits）：该组中包括常用的 LC 电路，如各种 LC 滤波器等；

（6）二极管电路（Diode Circuits）：该组中包括几种常用的二极管电路，如阳极接入二极管、阴极接入二极管、齐纳二极管等。

9.2.2　系统定时操作

在 System View 系统窗中完成系统创建输入操作（包括调出图符块、设计参数、连线等）后，首先应对输入系统的仿真运行参数进行设置，因为计算机只能采用数值计算方式。起始点和终止点究竟为何值，究竟需要计算多少个离散样值，这些信息必须告知计算机。事实上，各类系统或电路仿真工具几乎都有这一关键的操作步骤，System View 也不例外。如果这类参数设置不合理，仿真运行后的结果往往不能令人满意，甚至根本得不到预期的结果。有时，在创建仿真系统前就需要设置系统定时参数。

当在系统窗下完成设计输入操作后，首先单击“系统定时”快捷功能按钮，此时将出现系统设置（System Time Specification）对话框，如图 9-14 所示。用户需要设置几个参数框内的参数，包括以下几条。

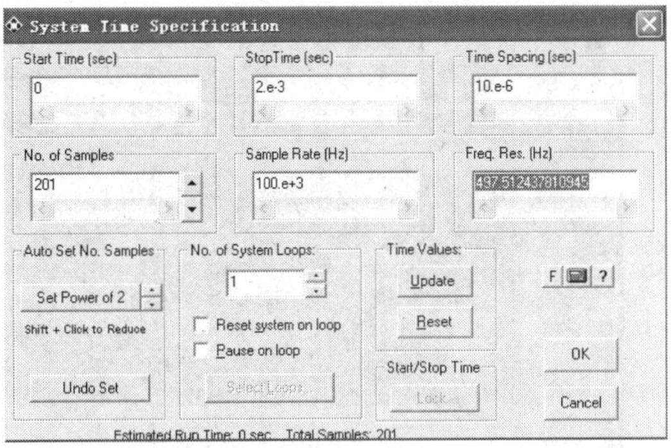

图 9-14　系统定时设置对话框

1. 起始时间（Strat Time）和终止时间（Stop Time）

System View 基本上对仿真运行时间没有限制，只是要求起始时间小于终止时间。一般起始时间设为 0，单位是秒（s）。终止时间设置应考虑到便于观察波形。

2. 采样率（Time Rate）和采样数目（No.of　Samples）

采样间隔和采样数目是相关的参数，它们之间的关系为

采样数目=（终止时间−起始时间）×（采样率）+1

System View 将根据这个关系式自动调整各参数的取值，当起始时间和终止时间给定后，一般采样数目和采样率这两个参数只需要设置一个，改变采样数目和采样率中的任意一个参数，另一个将由系统自动调整，采样数目只能是自然数。

3. 频率分辨率（Freq.Res）

当利用 System View 进行 FFT 分析时，需根据时间序列得到频率分辨率，系统将根据下列关系式计算频率分辨率

频率分辨率=采样率/采样数目

4. 更新数值（Update Values）

当用户改变设置参数后，需单击一次“Time Values”栏内的 Update 按钮，系统将自动更新设置参数，然后单击 OK 按钮。

5. 自动标尺（Auto Scale）

系统进行 FFT 运算时，若用户给出的数据点数不是 2 的整次幂，则单击此按钮后系统将自动进行速度优化。

6. 系统循环次数（NO.of System Loops）

在栏内输入循环次数，对于“Reset system on loop”项前的复选框，若不选中，每次运行的参数都将被保存，若选中，每次运行时的参数不被保存，经多次循环运算即可得到统计平均结果。应当注意的是，无论是设置或修改参数，结束操作前必须单击一次 OK 按钮，确认后关闭系统定时对话框。

9.2.3 分析窗操作

设置好系统定时参数后，单击“系统运行”快捷功能按钮，计算机开始运算各个数学模型间的函数关系，生成曲线待显示调用。此后，单击“分析窗口”快捷功能按钮，进入分析视窗（System View Analysis）进行操作，如图 9-15 所示。

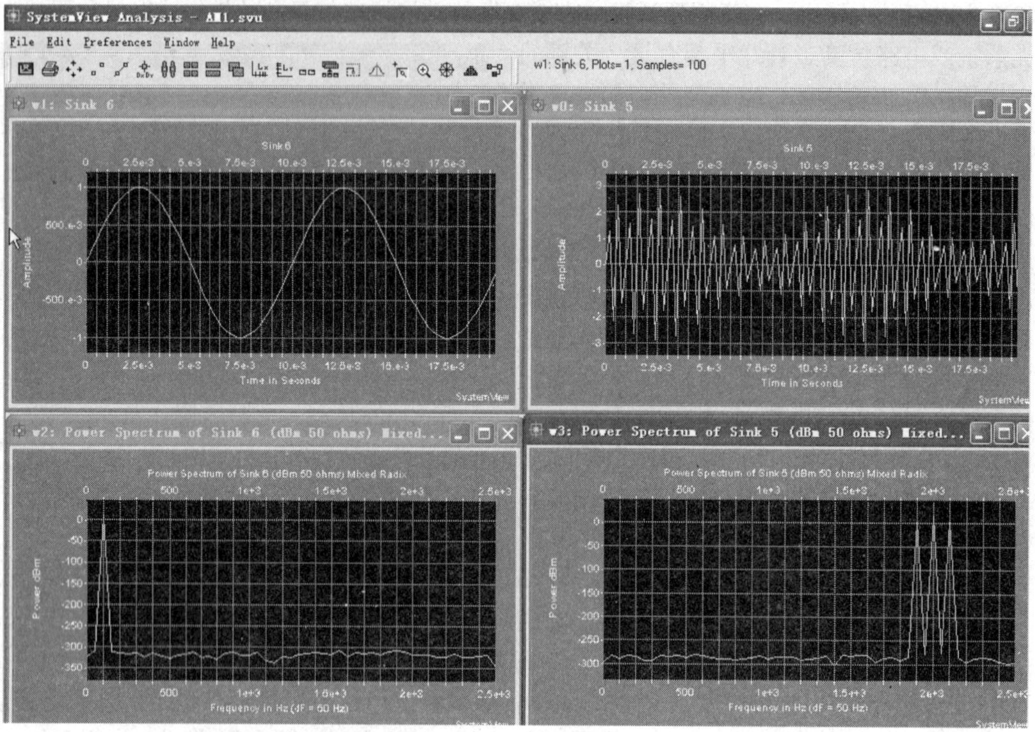

图 9-15 分析窗口界面

分析视窗的主要功能是显示系统窗口中信宿（主要是 Analysis 块）处的各类分析波形、功率谱、眼图、信号星座图等信息。每个信宿对应一个活动波形窗口，各以多种排列方式同时或单独显示，也可将若干波形合成在同一个窗口中显示，以便进行结果对比。在分析窗口下，第一行为“主菜单栏”，包括文件（File）、编辑（Edit）、执行（perferences）、窗口（Windows）、帮助（Help）5 个功能栏；第二行为“工具栏”，如图 9-16 所示。自左至右的图标按钮依次为：

图 9-16 分析窗口主菜单和工具栏

按钮 1：绘制新图　按钮 2：打印图形　按钮 3：恢复　按钮 4：点绘
按钮 5：连点　按钮 6：显示坐标　按钮 7：X 轴标记　按钮 8：平铺显示
按钮 9：横竖显示　按钮 10：层叠显示　按钮 11：X 轴对数化　按钮 12：Y 轴对数化
按钮 13：窗口最小化　按钮 14：打开所有窗口　按钮 15：动画模拟
按钮 16：统计　按钮 17：微型窗口　按钮 18：快速缩放
按钮 19：输入 APG　按钮 20：反系统窗

通信系统的仿真结果主要以不同形式的时域或频域系统影响波形、特性曲线表示，主要包括：时域波形、眼图、功率谱、信号星座图、误码特性曲线等形式，并以活动窗口给出。各类波形显示操作主要与“System View 信宿计算器”对话框的操作有关。当完成了系统创建输入、设置好系统定时参数并运行后，便可进入分析视窗。单击分析视窗左下端信宿计算器按钮，出现“System View 信宿计算器”对话框，如图 9-17 所示。该对话框左上部共有 11 各分类设置开关按钮，右上角的“Select one or more Windows：”窗口内顺序给出了分析系统中的“波形号：用户信宿名称（信宿块编号）”。

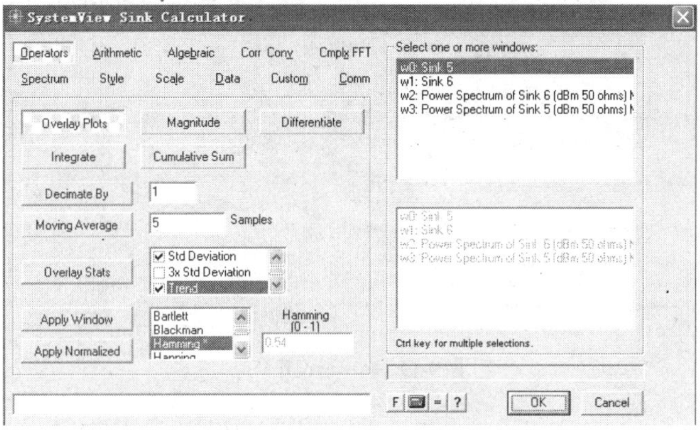

图 9-17　System View 信宿计算器设置对话框

1. *在分析窗下观察时域分析结果*

时域波形是最为常用的系统仿真分析结果表达式。运行分析窗后，单击“工具栏”内的绘制新图按钮（按钮 1），可直接顺序显示出放置信宿图符块的时域波形，并可以任意单击分析窗口工具栏中的“窗口竖排列”（按钮 7）、“窗口横排列”（按钮 8），使显示波形按要求在窗口中横排列的时域波形如图 9-18 所示。

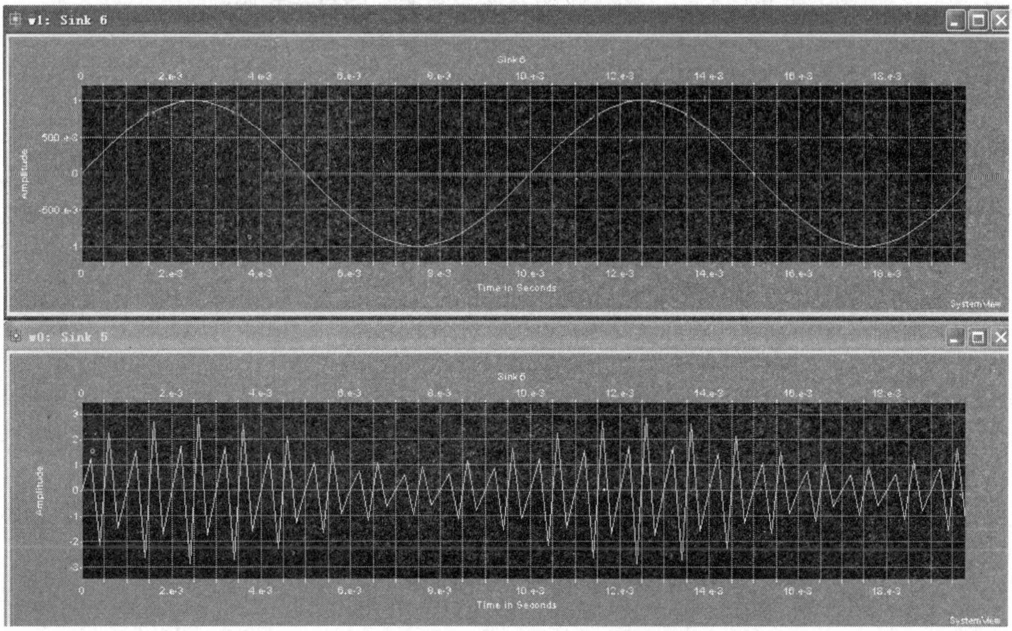

图 9-18　横排列的时域波形

2. *在分析窗下观察功率谱*

当需要观察信号功率谱时，可在分析窗的信宿计算器中单击分类设置开关“Spectrum”，出现如图 9-19 所示的对话框。接下来选择计算功率谱的条件，如选中“Power Spectrum[Db in 50 ohms]”项，则表示计算功率谱的条件为 50Ω欧负载上的对数功率谱；再在“Select one Windows：”栏目内选择欲观察波形，单击按钮 OK 后返回观察窗，功率谱显示窗口即刻出现。

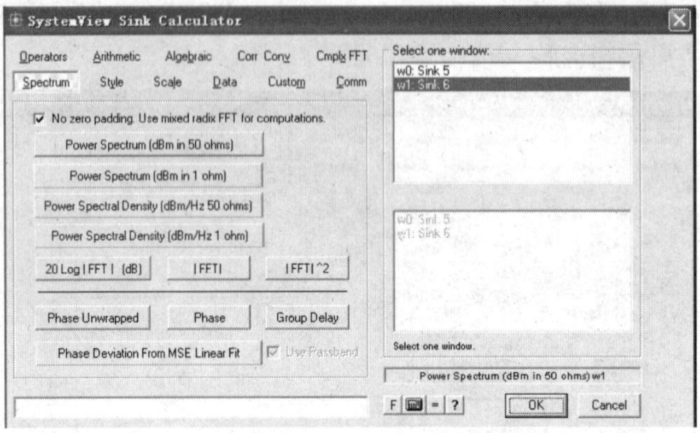

图 9-19　功率谱设置窗口

9.2.4　利用 System View 进行通信系统仿真的基本步骤

（1）进入 System View。双击桌面上的 System View 快捷图标或单击程序组中的 System View 即可启动 System View 软件。

（2）设置系统运行时间。单击工具栏下面的系统定时“System Time”快捷功能按钮，设置起始时间、终止时间、采样数目或采样率。

（3）设置信号源。从图符库中拖出一个信号源图符到设计窗口，双击该图符，在出现的信号源库窗口中设置相应参数，图符将随设计参数的不同显示相应波形。

（4）设置函数等图符。将系统用到的图符拖到设计窗口中，并定义相应的参数。

（5）定义接收图符。拖动接收图符，双击接收图符，设置为相应类型。

（6）连接图符。将信号源、函数、接收图符按照正确的方式进行连接。

（7）运行系统。单击工具条中的运行按钮▶，系统运行，在接收图符中会显示信号波形。

（8）在分析窗口中观察信号。单击按键进入分析窗口，这时可观察到信号的时域波形。

（9）对信号进行频谱分析。单击信宿接收器按钮，选择“Spectrum”分析按钮，选择相应信号，可观察到输入波形的频谱。

（10）结束仿真，保存。通过选择“File”菜单中的“Save”将刚才设计的内容保存下来。

9.3　利用 System View 仿真软件对通信系统进行仿真

9.3.1　模拟通信系统仿真分析

1. *仿真分析内容*

以 AM 为例搭建一个模拟通信系统，以正弦信号为输入信号，观察各部分的波形及频谱。

要求：

（1）观察调制器输出端的波形及频谱；

（2）观察解调器输出端的波形及频谱。

2. 分析目标

熟悉软件的操作方法，通过观察时域、频域波形，对 AM 通信系统的工作原理进行验证。

3. 系统构成框图及原理

AM 通信系统框图如图 9-20 所示。

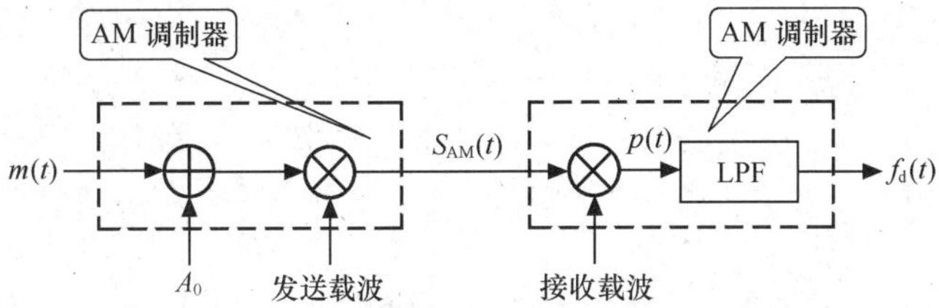

图 9-20　AM 通信系统框图

在发送端，模拟信号 $m(t)$ 与直流信号相加后去调整发送端的载波，得到已调信号 $S_{AM}(t)$；在接收端已调波与接收端载波模拟相乘，经低通滤波器 LPF 后输出。如果发送端与接收端载波同频同相，且其他参数设计合理，则输出端的信号 $f_d(t) \propto m(t)$。

4. 系统仿真分析

（1）进入 System View 系统视窗，设置时间参数。

运行时间：开始时间 Strat Time 为 0s；终止时间 Stop Time 为 0.4s；采样参数：采样频率 Samples Rate 为 5000Hz。

（2）创建系统：调用图符块创建如图 9-21 所示的仿真分析系统。

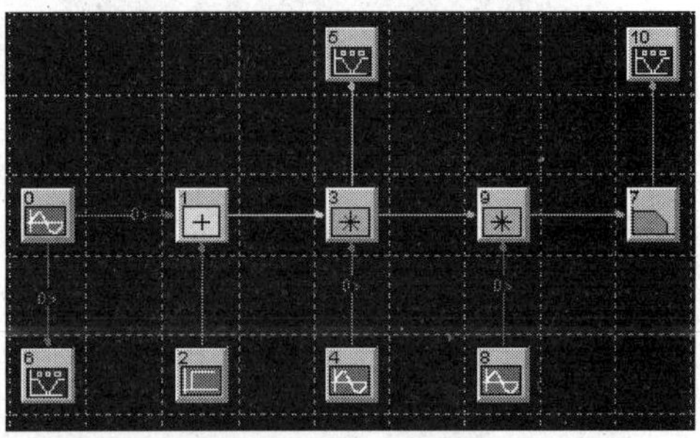

图 9-21　AM 仿真分析系统

系统中各图符块的参数设置如表 9.1 所示。

表 9.1　AM 仿真系统图符块参数设置

编号	图符块属性	类型	参数设置
0	Source	Sinusoid	Amp =1V，Freq=10Hz，Phase=0deg
1	Adder	——	——
2	Source	Step Fct	Amp=2V，Start =0sec，Offset=0V
3，9	Multiplier	——	——
4，8	Source	Sinusoid	Amp =1V，Freq= 200Hz，Phase=0deg
5，6，10	Sink	SvstmView	——
7	Operator	Linear Sys	Butterworth Lowpass IIR，2 Poles，*Fc* =30Hz

其中，Token4 与 Token8 分别为发送和接收端的载波，应进行相关设置，达到同频同相。Token7 为模拟低通滤波器，通过选择操作库中的“Linear Sys”按钮，进一步单击“Filter PassBand”栏中的 Lowpass 按钮，选择 Butterworth 型滤波器，设置滤波器的阶数为 2 阶（No.of Poles=2），滤波器截止频率 Low Cuttoff=30Hz。

（3）运行系统，观察时域波形。单击运行按钮，运行结束后按“分析窗”按钮，进入分析窗后，单击“绘制新图”按钮，则Token6、Token5、Token10活动窗口分别显示出“调制信号”、“已调波”、“解调信号”时域波形，如图9-22所示。

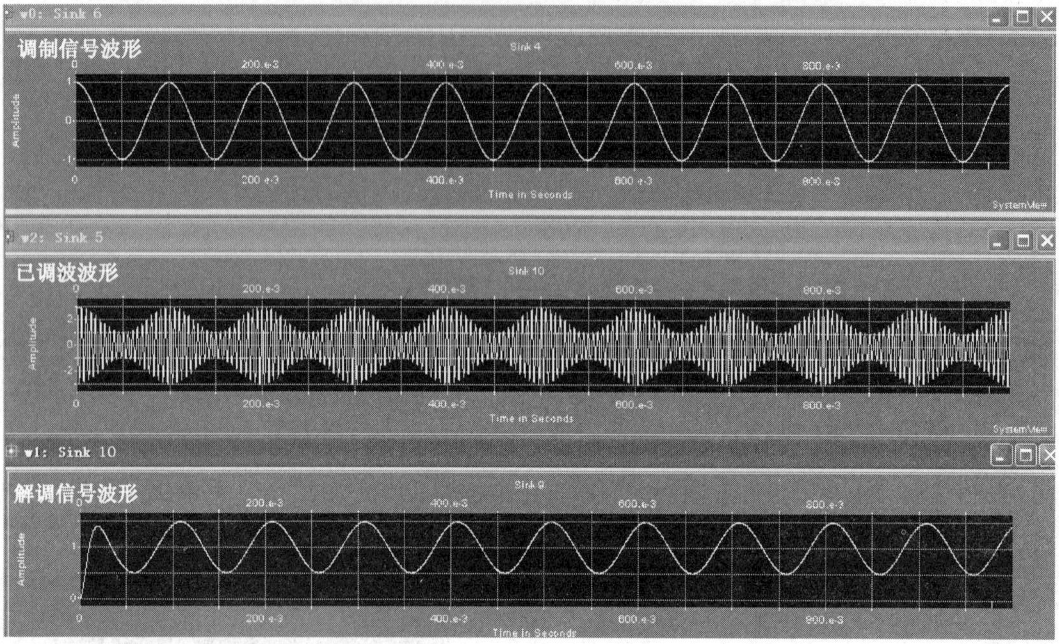

图9-22　AM仿真分析系统时域波形

（4）观察“调制信号”、“已调波”、“解调信号”的频谱。在分析窗下，单击信宿计算器按钮，选择Spectrum项，再选择|FFT|计算各信号的频谱（傅里叶变换），在活动窗口分别显示出“调制信号”、“已调波”、“解调信号”频域波形，如图9-23所示。

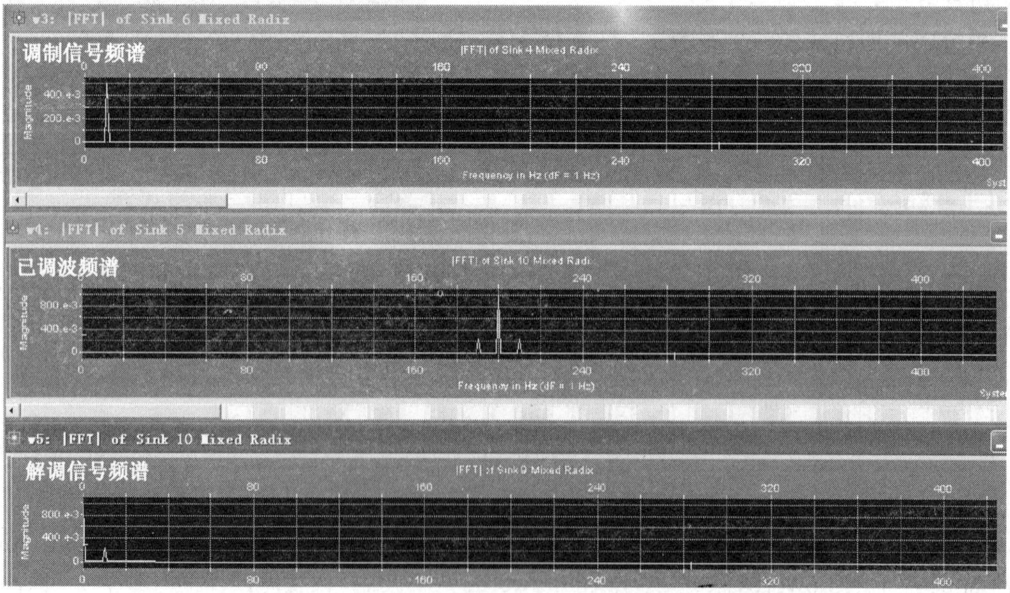

图9-23　AM仿真分析系统频域波形

9.3.2　二进制数字调制系统仿真分析

1. 仿真分析内容

以 2ASK 为例搭建一个数字调制通信系统，以 PN 码为输入信号，观察各部分的波形及频谱。要求：

（1）观察调制信号、已调波、解调器输出信号的波形；

（2）观察调制信号、已调波、解调器输出信号的频谱。

2. 分析目标

熟练使用操作软件，通过观察时域、频域波形，巩固 2ASK 通信系统的工作原理。

3. 系统构成框图及原理

2ASK 数字调制系统如图 9-24 所示。PN 码发生器产生二进制数字序列，与载波模拟相乘，即进行 2ASK 调制，送入信道中传输。在接收端与从信道提取的模拟载波相乘，经低通滤波器后输出原信号。

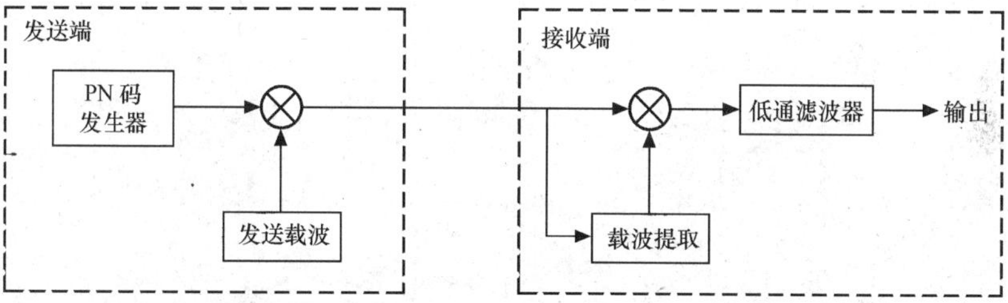

图 9-24　2ASK 系统组成

4. 系统仿真分析

调用图符块创建如图 9-25 所示的 2ASK 仿真分析系统。

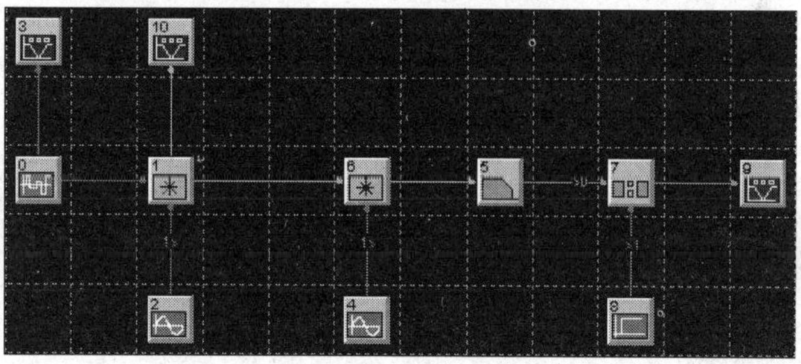

图 9-25　2ASK 仿真分析系统

系统中各图符块的参数设置如表 9.2 所示。

表 9.2　　2ASK 仿真系统图符块参数设置

编号	图符块属性	类型	参数设置
0	Source	PN Seq	Amp = 500e-3V，Offset = 500e-3V，Rate = 10 Hz Levels = 2，Phase = 0 deg
1，6	Multiplier	——	——
2，4	Source	Sinusoid	Amp =1V，Freq= 50Hz，Phase=0deg
3，9，10	Sink	SvstmView	——

续表

编号	图符块属性	类型	参数设置
5	Operator	Linear Sys	Butterworth Lowpass II R，2 Poles，F_c =20Hz
7	Operator	Compare	Comparison = '>'，True Output = 1V，False Output = 0V A Input = t5 Output 0，B Input = t8 Output 0
8	Source	Step Fct	Amp = 250e-3V，Start = 0 sec，Offset = 0V

其中 Token0 为 PN 源，Token2 和 Token4 是彼此同步的载波源，Token5 为二阶低通滤波器，Token7 为比较器。

观察 Token3、Token9、Token10 的时域波形，如图 9-26 所示。

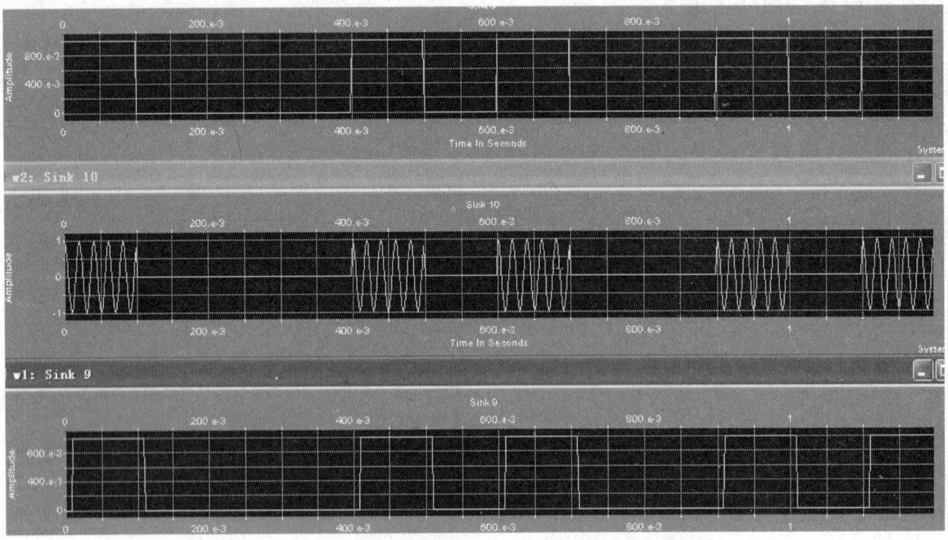

图 9-26　2ASK 仿真分析系统时域波形

观察 Token3、Token9、Token10 的频域波形，如图 9-27 所示。

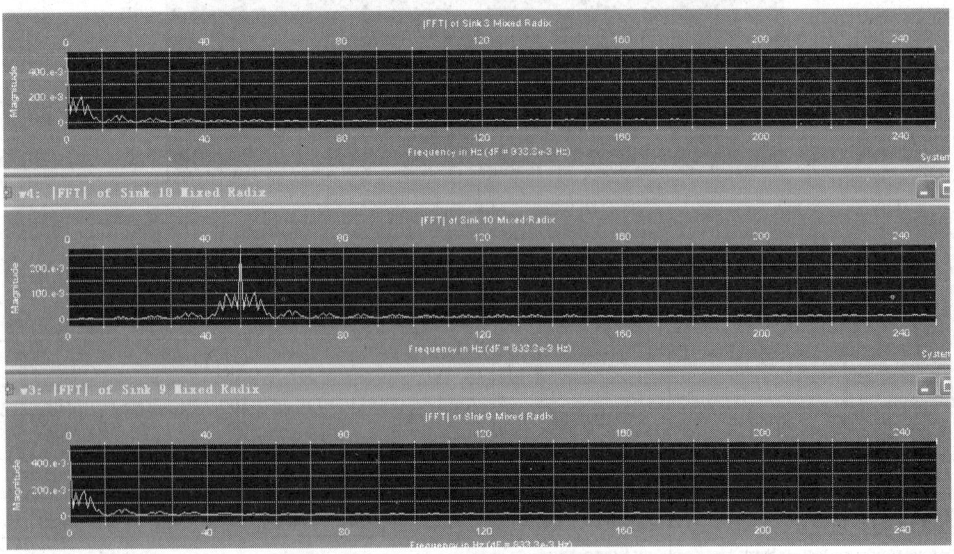

图 9-27　2ASK 仿真分析系统频域波形

习　题

9-1　试用频率分别为 f_1=200Hz、f_2=2000Hz 的两个正弦源，合成一个调制信号 $S(t)=5\sin(2\pi f_1 t)\times\cos(2\pi f_2 t)$。观察其频谱及输出信号波形。

9-2　将一正弦信号与高斯噪声相加后观察输出波形及其频谱，由小到大改变高斯噪声的功率，重新观察输出波形及频谱。

9-3　在设计区内放置两个信号源图符，将其中一个定义为周期正弦波，频率为 200Hz，幅度为 5V，相位为 45°；另一个定义为高斯噪声，标准方差为 1，均值为 0。将两者通过一个加法器图符连接，同时放置一个实时接收器图符，并连接到加法器图符的输出，观察输出波形。

9-4　设信道可用的带宽为 3000Hz，若传送的信号是余弦滚降二进制脉冲，考虑滚降系数为 α=0.5、1 的两种情况，可用的传输速率分别是多少？试用仿真进行验证。

参考文献

1. 沈保锁，侯春萍．现代通信原理．北京：国防工业出版社，2004.

2. 苗长云，沈保锁，窦晋江．现代通信原理及应用．北京：电子工业出版社，2005.

3. 樊昌信，詹道庸，徐炳祥，吴成柯．通信原理．北京：国防工业出版社，2001.

4. 樊昌信．通信原理教程．北京：电子工业出版社，2004.

5. 周炯槃，庞沁华，等．通信原理．北京：北京邮电大学出版社，2002.

6. 宋祖顺，等．现代通信原理．北京：电子工业出版社，2001.

7. 王秉钧，等．通信原理及其应用．天津：天津大学出版社，2000.

8. 冯玉珉．通信系统原理．北京：清华大学出版社，2003.

9. 沈振元，等．通信系统原理．西安：西安电子科技大学出版社，1995.

10. 杜思深，林家薇，等．现代通信原理．北京：清华大学出版社，2004.

11. 沈越泓，高媛媛，魏以民．通信原理．北京：机械工业出版社，2004.

12. 南利平．通信原理简明教程．北京：清华大学出版社，2000.

13. 沈保锁，侯春萍．现代通信原理题解指南．北京：国防工业出版社，2005.

14. 张辉，等．现代通信原理与技术．西安：西安电子科技大学出版社，2002.

15. 李斯伟．数字通信系统原理．北京：人民邮电出版社，2008.

16. 周炯槃．通信原理．北京：北京邮电大学出版社，2008.